JN432926

생태복원 콘서트2

- 당신은 나비 한 마리를 위해 꽃을 심어본 적 있나요? -

생태복원 콘서트2
당신은 나비 한 마리를 위해 꽃을 심어본 적 있나요?

초판 1쇄 인쇄　2025년 11월 14일

발행인　김 경 훈 · 서 정 영

발 행 처　넥서스환경디자인연구원(주)
(우)16006 경기도 의왕시 이미로 40 인덕원 IT밸리 B903
전화　031-424-2930 | 팩스 031-421-2931
이메일 nexus@nexusdesign.co.kr
www.nexusdesign.co.kr

출판신고　2007년 2월 21일 (신고번호 제22-3086호)

ISBN　979-11-87571-35-3

편집디자인　김 보 라

값　35,000원

생태복원 콘서트 2

- 당신은 나비 한 마리를 위해 꽃을 심어본 적 있나요? -

김 경 훈 · 서 정 영 著

넥서스환경디자인연구원 출판부

목차

생각해보기

생각해보기

프롤로그

자연과 공존하는 삶의 꿈꾸며

✚ "우리가 자연을 돌보면, 자연도 우리를 돌볼 것이다."

아침 출근길, 도로 위를 가득 메운 차량들의 경적 소리, 회색 빌딩 사이로 간신히 스며든 햇살, 그리고 무심코 지나치는 작은 가로수 한 그루. 우리는 하루의 대부분을 도시 속에서 보내지만, 그 순간에도 자연은 조용히 우리 곁에 머물러 있다.

그러나 어느새, 우리는 자연과 점점 더 멀어지고 있다.

강과 바다는 오염되고, 숲은 줄어들고, 동물들은 보금자리를 잃어간다. 기후변화는 우리가 예상했던 것보다 훨씬 빠르고 거칠게 우리의 삶을 뒤흔든다. 매년 반복되는 기록적인 폭염과 한파, 극심한 홍수와 가뭄. 사람들은 이제 "봄과 가을이 사라졌다"라고 말한다. 계절의 경계는 희미해지고, 우리가 익숙하던 자연의 리듬마저 낯설게 느껴진다.

우리는 지금껏 편리함과 발전을 좇아 자연을 밀어내며 살아왔다. 그러나 이제는, 그 방향이 옳았는지를 스스로에게 물어야 할 때이다.

"이대로 괜찮을까?"

✚ 자연과 다시 연결되기

불과 몇 년 전만 해도 '생태복원'이라는 단어는 우리에게 익숙하지 않았다. 당시 생태복원은 특정 연구자나 환경 전문가들의 영역처럼 여겨졌고, 자연을 보호하는 또 하나의 방법 정도로만 인식되었다.

하지만 이제는 다르다. 생태복원은 선택이 아니라 필수적인 과정이며, 우리가 모두 함께 만들어가야 할 변화이다. 기후변화로 인한 자연 재해, 각종 질병 그리고 우리가 알지 못하는 사이 사라지는 수많은 생물들. 우리는 날마다 자연이 보내는 경고를 마주하고 있다.

그럼에도 불구하고, 아직 희망은 있다.

자연은 스스로를 되살릴 힘이 있다. 황폐해진 땅에도 다시 나무가 자라고, 오염된 강물이 맑아지며, 사라졌던 동물들이 돌아온다. 우리는 이미 여러 차례 자연의 회복력을 목격해 왔다.

생태복원은 바로 그 과정에서 우리가 해야 할 역할을 찾아가는 길이다.

✚ 우리가 함께할 여정

이 책은 2021년에 출간된 생태복원콘서트의 두 번째 이야기이다. 첫 번째 책이 생태복원의 출발점이었다면, 이번 책은 생태복원의 미래를 준비하는 차원에서 '생태복원의 의미와 중요성'을 되새기고, 우리가 자연과 다시 연결될 수 있는 방법을 탐색하는 여정이다.

특히, 이번 개정판은 생성형 AI와 함께 수많은 질문을 던지고 답을 찾아가는 시행착오를 거치며 완성되었다. AI와 협업하며 아이디어를 검토하고, 다시 확인하고 글과 그림을 수정하는 과정을 반복하면서 더욱 다양한 정교한 통찰을 담아낼 수 있었다.

이를 통해 전 세계에서 수행되고 있는 다양한 생태복원 사례를 보여주고 미래를 대비한 해결책을 찾아볼 수 있었다.

☞ 1부에서는 '생태복원의 필요성'을 탐구한다.

생태복원이란 무엇인지, 왜 중요한지, 그리고 인간과 자연이 새로운 관계를 맺어야 하는 이유를 살펴본다. 또한, 자연이 제공하는 필수적인 혜택(생태계 서비스)이 우리 삶과 경제에 미치는 영향을 분석하고, 지속 가능한 미래를 위한 복원의 역할을 고민하고자 한다.

☞ 2부에서는 '자연을 되살리는 방법'을 살펴본다.

숲, 강, 습지, 도시 등 다양한 환경에서 생태복원을 실현하는 구체적인 방법을 탐색하고, 지역 생물다양성을 지키고 외래종을 관리하며, 생태복원을 성공으로 이끄는 계획을 수립하는 과정도 다룬다. 또한, 생태복원이 탄소중립과 기후변화 대응에 어떤 역할을 하는지도 살펴볼 것이다.

☞ 3부에서는 '생태복원의 미래'를 조망한다.

미래의 생태복원은 단순한 환경 보호를 넘어, 과학과 기술, 정책과 경제, 글로벌 협력과 맞물려 더욱 정교한 방식으로 진화하고 있다. 기후 위기의 심화 속에서 생태복원은 단순한 자연 회복이 아니라, 미래를 설계하는 강력한 도구로 자리 잡고 있다.

✚ 이제, 자연과 함께 새로운 길을 걸어가자

생태복원은 거대한 정책이나 전문가들의 연구에서만 이루어지는 것이 아니다. 우리 주변에서, 일상 속 작은 실천에서도 시작될 수 있다.

"도심 속 녹지를 늘리고 보호하는 일, 고향의 작은 숲을 보전하는 일, 지속 가능한 소비를 고민하는 것…"

이 모든 작은 움직임들이 모이면, 우리는 더 큰 변화를 만들어낼 수 있다. 하지만 이제 우리는 작은 실천을 넘어, 더 넓고 더 깊은 차원의 생태복원을 고민해야 할 때이다.

기후변화와 탄소중립이라는 시대적 과제 앞에서 생태복원은 이제 첨단 기술과 데이터를 기반으로 정교한 과학적 해법과 만나는 중이다. AI는 생태계의 변화를 실시간으로 분석하고, 드론과 자율주행 로봇은 사람의 손길이 닿기 어려운 지역에서 토양을 되살리고 숲을 회복한다. 위성 영상과 IoT 센서는 지구 곳곳의 변화를 정밀하게 포착하며 복원 전략의 방향을 제시한다. 그리고 이 순간에도, 우리가 미처 상상하지 못한 기술들이 생태복원의 현장에 도입되고 있으며, 그 잠재력은 끊임없이 확장되고 있다.

우리는 지금, 과거의 방식에 머무르지 않고 더 효과적이며 지속 가능한 방법으로 자연을 되살릴 수 있는 시대에 서 있다. 이제 생태복원은 환경 보호를 넘어 경제와 사회의 미래를 설계하는 핵심축이 되었다. 전 세계의 협력, 기술의 진보, 그리고 우리 모두의 참여가 하나로 어우러질 때, 생태복원은 단순한 회복을 넘어 지속 가능한 미래로 나아가는 전환점이 될 것이다.

✚ 지금, 자연과 새로운 관계를 시작하자

여러분과 함께 만들어갈 이 이야기가 더 많은 사람에게 희망을 전할 수 있기를 바란다.

"당신은 나비 한 마리를 위해 꽃을 심어본 적 있나요?"

1부. 생태복원의 필요성

1장. 생태복원이란 무엇인가!

자연도 살아 있는 유기체이기 때문에 건강할 때도 있고, 아플 때도 있다. 우리는 상처를 입은 자연이 스스로 회복할 것이라고 믿지만, 인간이 만든 흔적은 생각보다 깊고 오래간다. 생태복원은 단순히 나무를 심고 강을 정비하는 것이 아니라, 자연이 본래의 기능을 되찾아 스스로 살아갈 수 있도록 돕는 과정이다. 과거에는 단순한 환경 정비로 여겨졌지만, 이제는 기후변화 대응과 지속 가능한 미래를 위한 기본 전략이 되었다.

또한, 생태복원과 보전은 함께 이루어져야 한다. 자연을 지키는 것이 보전이라면, 사라진 자연을 되살리는 것이 복원이며, 이 두 가지가 균형을 이룰 때 우리는 더 건강한 환경을 만들 수 있다. 지금 우리가 자연을 되살리는 일에 나서야 하는 이유, 바로 우리의 미래가 그 안에 있기 때문이다.

1.1 자연의 서막

○ 지구의 탄생과 생명의 시작

약 46억 년 전, 우주 먼지와 가스가 중력에 의해 뭉치면서 하나의 행성, 지구가 탄생했다. 초기의 지구는 뜨거운 용암으로 뒤덮여 있었고, 대기에는 이산화탄소, 메탄, 황화수소 등이 가득하여 생명체가 존재할 수 없는 환경이었다. 그러나 시간이 흐르면서 지구는 서서히 식기 시작했고, 대기 중의 수증기가 응축되어 비가 되어 내리기 시작했다. 이 빗방울은 지표를 식히고 바다를 형성하는 데 기여했다. 이렇게 수천만 년에 걸쳐 만들어진 바다는 생명이 탄생하는 터전이 되었다.

한편, 지구 내부에 남아 있던 열에너지는 지각을 움직이게 하는 원동력이 되었다. 맨틀 대류와 판 구조 운동으로 인해 대륙이 갈라지고 이동하면서 산맥이 솟아오르고 강과 바다가 형성되었다. 이러한 지각 변동은 단순히 지형의 형태를 바꾸는 데 그치지 않고, 햇빛의 분포, 물의 흐름, 기온과 바람의 흐름 등 생명에 필요한 다양한 환경 조건을 만들어냈다. 지형의 다양성은 생명이 자리 잡는 데 결정적인 역할을 했다.

지각은 풍화와 침식의 과정을 통해 암석이 천천히 부서지고 분해되어 토양으로 변모했다. 이 과정은 수백만 년에 걸쳐 진행되었으며, 시간이 지남에 따라 유기물과 미생물이 토양에 축적되면서 식물이 뿌리내릴 수 있는 기반이 마련되었다. 토양은 단순한 흙이 아니라, 물질과 생명이 순환하는 생태계의 핵심 구성 요소로 기능하게 되었다.

또한, 물은 생명에 필수적인 자원으로 작용했다. 강, 호수, 습지 등 다양한 수자원은 생명체에게 수분을 공급할 뿐만 아니라, 기후를 조절하고 생물종의 이동과 정착에도 중요한 영향을 미쳤다. 이처럼 지구의 탄생 이후 오랜 시간에 걸쳐 이뤄진 물리적, 화학적, 생물학적 변화는 생명체가 뿌리내릴 수 있는 환경을 하나씩 마련해준 기반이 되었다.

한편, 태양빛, 화산 에너지, 번개와 같은 다양한 에너지원이 작용하며, 바닷속에서는 무기물 간의 복잡한 화학 반응이 일어났다. 이를 통해 간단한 유기분자가 형성되었고, 이들이 결합과 분해를 반복하는 과정을 거치며, 자가 복제와 에너지 대사가 가능한 원시 생명체로 진화하게 되었다. 지구 최초의 생명은 단세포 미생물로, 비록 구조는 단순했지만 환경에 적응하고 증식하며 점차 지구의 환경을 바꾸는 데 결정적인 역할을 하게 된다.

그중에서도 시아노박테리아(남세균)는 광합성을 통해 산소를 방출함으로써 대기 조성을 변화시켰고, 이 산소는 오존층을 형성해 생명체가 육지로 진출할 수 있는 기반을 마련했다. 이렇게 지구는 불덩이 같은 행성에서 생명을 품는 터전으로 변화해왔으며, 이 모든 과정은 인간의 개입 없이 자연 스스로가 수십억 년에 걸쳐 이루어낸 진화의 결과였다.

특히, 지형, 토양, 물은 단순한 배경이 아니라 생명체가 살아가기 위한 필수 조건이었다. 건강한 지형은 물의 흐름을 결정짓고, 토양은 생명을 품을 수 있는 기반이 되며, 물은 생태계 내에서 에너지와 물질의 순환을 가능하게 한다. 이러한 요소들은 오늘날 생태복원에서도 가장 기본적이고 핵심적인 회복의 출발점으로 간주된다.

우리가 지금 복원하고자 하는 자연은, 바로 이처럼 오랜 시간에 걸쳐 스스로 만들어진 세계다. 생태복원은 단지 하나의 기술이 아니라, 지구가 본래 지녔던 자율성과 순환의 원리를 다시 불러오는 과정이다.

지구의 탄생과 생명의 시작은 오늘날 우리에게 다시금 질문을 던진다.

자연은 스스로 얼마나 많은 것을 해낼 수 있었는가?

그리고 우리는 그것을 얼마나 망가뜨려 왔는가?

[그림 1-1] 물에 의한 침식 작용을 보여주는 그랜드 캐니언[1)]

○ 생명의 진화와 생태계의 형성

지구의 바다에서 태어난 최초의 생명은 단순한 단세포 미생물이었다. 눈에 보이지 않을 만큼 작지만, 이들은 증식하며 환경에 적응했고, 돌연변이를 통해 새로운 형태로 진화해 나갔다.

시간이 흐르며 생명은 다세포 생물로 진화했다. 세포 간 협력을 통해 조직과 기관을 가진 생명체들이 나타났고, 바다에서는 해조류, 산호, 어류 등이 각기 다른 생태적 틈새를 채우며 번성했다.

약 5억 년 전 '캄브리아기 대폭발' 시기에는 오늘날 대부분의 동물 조상이 등장했고, 이후 생명은 육지로 진출했다. 먼저 자리 잡은 것은 식물로, 이끼와 양치류 등은 자외선과 건조한 환경에 적응하며 토양을 고정하고 광합성으로 에너지를 생산했다. 식물은 산소를 공급하고 기후를 안정시키는 데 기여했으며, 토양 형성과 수분 보존,

1) 그랜드 캐니언(Grand Canyon), 또는 대협곡은 미국 애리조나주의 고원지대 콜로라도강에 있는 거대한 계곡으로서, 자연의 위대함과 신비로움을 고스란히 간직하고 있다. 그랜드 캐니언은 500 ~ 600만년 동안 침식작용을 통해 형성된 거대한 계곡으로 약 400km 이상 펼쳐져 있고, 가장 높은 림(Rim)의 고도는 약 2,100 ~ 2,400m에 이른다.

서식 기반 제공 등 다양한 생태적 역할을 수행했다.

뒤이어 곤충, 양서류, 파충류, 포유류 등 다양한 동물들이 육지로 올라와 식물과 함께 서식지를 넓혔다. 이들은 먹이, 번식, 피난처를 둘러싸고 포식과 피식, 협동과 경쟁, 기생과 공생의 다양한 상호작용을 형성하며 하나의 유기적인 관계망을 이루었다.

이처럼 생명체와 그들의 관계가 어우러져 생태계가 만들어졌다. 생태계는 단순한 생물 집합이 아니라 햇빛, 물, 공기, 토양 등과 상호작용하는 복잡한 생명 시스템이며, 숲, 습지, 강, 바다 등 각기 다른 구조와 기능을 지닌다.

특히, 미생물, 곰팡이, 벌, 개미 같은 작은 생물들은 생태계 유지에 핵심적이다. 미생물은 유기물 분해와 질소 고정을, 곰팡이는 낙엽 분해를, 곤충은 수분 매개와 토양 개량을 담당하며 생태계 균형을 지탱한다. 이들은 '보이지 않는 주인공'이다.

그런데 여기서 생각해봐야 할 내용은, 생태계가 파괴되는 과정은 자연이 형성된 순서를 거꾸로 되짚는 과정이며, 그 시간도 매우 짧은 시간 안에 이루어진다는 것이다. 가장 먼저 보이지 않는 미생물과 토양 생태계가 무너지고, 이어 식생이 사라지며, 서식지를 잃은 동물들이 떠나가고, 결국 생명 간의 관계망 전체가 끊어지는 일이 벌어진다. 생태계는 복잡하고 연결된 구조이기에, 기본이 되는 한두 개의 고리가 끊어지면 전체 시스템에 영향을 미친다.

따라서 이 책에서 얘기하고자 하는 생태복원의 과정은 이 붕괴의 순서를 역순으로 따라가는 일이어야 한다. 가장 먼저 지형과 물의 흐름, 토양 환경을 복원하고, 그 위에 식물을 도입하며, 시간이 흐르면 동물이 스스로 돌아올 수 있는 여건을 만들어야 한다. 생태복원은 단순히 '복구'하는 것이 아니라, 자연이 스스로를 형성해온 방식을 존중하고 모방하는 일이 되어야 한다.

[그림 1-2] 생태계를 복원하는 일의 다양한 범위[2)]

생명의 진화는 단순히 생물의 수와 종류가 늘어나는 과정이 아니었다. 그것은 생물과 환경, 그리고 생물 상호 간의 관계가 점차 정교하게 얽히며 자연이라는 복잡하고 역동적인 시스템이 형성되어 온 여정이었다. 생명이 다양해질수록 생태계는 더욱 복잡해졌고, 이러한 복잡성은 곧 생태계의 안정성과 회복력의 기반이 되었다. 바로 이 연결성과 균형이 오늘날 우리가 복원하고자 하는 생태계의 핵심 가치이다.

따라서 생태복원은 단순히 개체 수를 늘리거나 나무를 심는 데 그치지 않는다. 그것은 무너진 자연의 관계망을 다시 엮고, 각 생명이 제자리를 찾아 조화롭게 공존할 수 있도록 환경을 회복하는 과정이다. 우리가 되살리고자 하는 자연은 수십억 년에 걸쳐 생명이 쌓아온 진화의 성과이며, 이는 미래 세대에게 물려주어야 할 가장 소중한 유산이다.

2) 현재 생태복원에서 다루는 대상은 개별 종(반달가슴곰, 여우, 산양 등)을 복원하는 데에서 출발하여 생물종과 그들이 살고 있는 환경까지 포함하는 범위로 다양하게 이루어지고 있다.

그 많던 싱아는 정말 누가 다 먹었을까!

"그 많던 싱아는 누가 다 먹었을까!"

이 문장은 박완서 작가의 자전적 소설 제목이자, 일제강점기와 해방기 속 유년의 풍경과 상실을 담은 상징이다. 소설 속 싱아는 단순한 들풀이 아니다. 그것은 자연과 함께한 어린 시절, 순수한 감각, 그리고 잊혀진 삶의 조각이다.

그런데 요즘 젊은 세대는 "싱아가 뭐지?" 라고 묻는다. 이름은 들어봤지만 본 적도, 먹어본 적도 없는 풀.

그 질문에는 우리가 잃어버린 자연의 흔적이 숨어 있다. 실제 싱아(Aconogonon alpinum)는 마디풀과의 여러해살이풀로, 습한 들이나 산기슭, 논둑에 자라며 6 ~ 8월엔 연한 흰 꽃을 피운다. 하지만 사람들 기억 속 싱아는 꽃이 아닌, 시큼한 어린 줄기의 맛이다. 껍질을 벗겨 씹으면 입안 가득 퍼지던 봄의 향.

시골 아이들에겐 자연이 주는 소박한 간식이었고, 봄 밥상에 오르던 나물이기도 했다. 데쳐서 고추장에 무친 싱아 무침은 봄이 왔다는 신호였다. 하지만 어느 순간부터 그 많던 싱아는 사라졌다. 누가 다 먹은 것이 아니라, 우리가 싱아가 자라던 자리를 없앤 것이다. 개울가에 깔린 콘크리트, 논둑 위의 도로, 정리된 공원, 정돈된 도시를 만드는 사이, 싱아는 조용히 사라졌다. 싱아의 부재는 단순한 생물종 감소가 아니라, 우리가 자연을 어떻게 대하는지를 보여주는 상징이다.

자연은 한순간에 사라지지 않는다. 아주 조금씩, 너무 늦게 눈치채도록 사라진다. 그래서 박완서 작가의 문장은 지금도 유효하다. 한 세대가 잃어버린 자연에 대한 질문이자, 다음 세대가 회복해야 할 생태 감수성에 대한 선언이다.

"정말, 그 많던 싱아는 누가 다 먹었지?"

○ 자연의 질서와 순환의 조화

지구와 생명의 진화는 단순한 변화의 연속이 아니었다. 수십억 년에 걸쳐 자연은 스스로 질서를 만들고 조화를 이루며, 순환의 흐름 속에서 정교한 생명 시스템을 구축해왔다. 생물과 무생물이 얽히고, 에너지와 물질이 순환하며, 다양한 생명체가 서로 영향을 주고받는 이 구조는 유연하면서도 단단하게 작동하는 생태계의 원리였다.

자연 생태계는 에너지의 흐름을 중심으로 움직인다. 모든 생명체는 태양에서 비롯된 에너지를 필요로 하며, 식물과 조류는 광합성으로 유기물을 생산한다. 이 유기물은 초식동물, 육식동물, 분해자에게 전달되며, 생명체들은 고유한 역할을 수행하며 하나의 에너지 네트워크를 이룬다.

또한, 자연은 물질의 순환이라는 정교한 시스템도 유지한다. 탄소, 질소, 인 등은 생물의 몸을 구성하고, 소비 · 배출 · 분해 과정을 거쳐 다시 환경으로 되돌아간다. 예를 들어, 식물이 흡수한 탄소는 먹이사슬을 따라 이동하고, 생물이 죽은 후엔 분해자에 의해 대기나 토양으로 돌아간다. 이러한 순환은 자연이 버려지는 것 없이 자원을 재활용하는 구조임을 보여준다.

자연의 순환 시스템은 인공 기술보다 훨씬 효율적이고 지속가능하다. 생태계는 에너지를 낭비하지 않고, 부산물도 다시 생명의 자원이 되며 모든 존재가 서로를 지탱한다. 이는 생태복원을 설계할 때 반드시 고려해야 할 핵심 철학이다.

이와 동시에 자연은 외부 충격에 대응할 수 있는 회복력을 갖추고 있다. 예컨대 산불로 일부 숲이 소실되더라도 씨앗과 뿌리, 토양 구조가 유지되면 숲은 다시 자란다. 그러나 이 회복력도 무한하지 않다. 일정 임계점을 넘으면 생태계는 본래 상태로 돌아가지 못하고, 기능이 완전히 상실되거나 전혀 다른 구조로 바뀔 수 있다.

따라서 생태복원은 단순히 나무를 심거나 동물을 다시 들여놓는 것처럼 보이는 외형적인 복원만으로는 충분하지 않다. 그것은 자연이 수십억 년에 걸쳐 형성해 온 질서와 균형, 순환, 복원력의 원리를 깊이 이해하고, 그것을 되살리는 행위여야 한다. 인간은

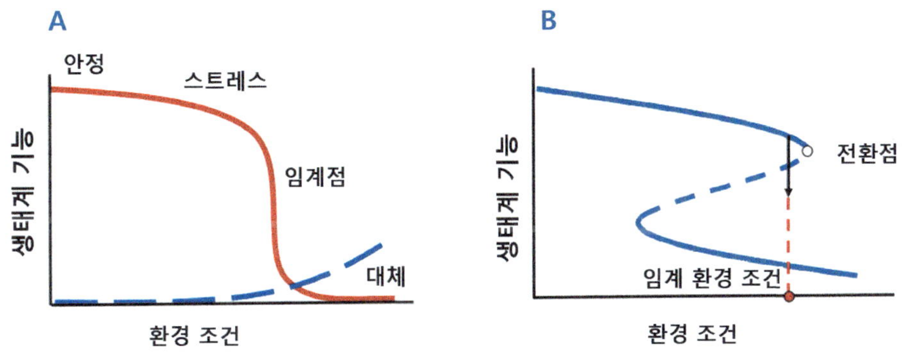

[그림 1-3] 생태계에서의 임계값 및 전환점3)

자연을 '만들어내는' 존재가 아니라, 자연이 스스로 회복할 수 있도록 기반을 마련하고 방해를 줄이는 조력자가 되어야 한다. 생태복원의 핵심은 자연의 방식을 이해하고, 그 방식에 따르는 것이다.

그리고 바로 여기서, 「생태복원 콘서트」의 두 번째 여정이 시작된다.

우리는 어떻게 자연의 흐름을 되짚고, 그 질서와 순환을 회복해 나갈 수 있는지를 하나하나 살펴보게 될 것이다. 숲과 강, 도시와 습지, 그리고 우리가 살아가는 터전 곳곳에서, 자연은 회복될 수 있다. 그 과정은 결코 단순하거나 빠르지 않지만, 우리가 자연의 방식에 귀를 기울이고 존중한다면, 복원은 분명히 가능하다.

생태복원은 단절된 자연의 교향곡을 다시 연주하는 일이다.

이제, 그 첫 음을 함께 연주할 시간이다.

---

3) 생태계 임계값, 전환점에 대한 개념
A. 안정된 상태에서 환경 스트레스를 받으면 점차 임계점에 도달하고, 결국 새로운 생태계로 대체되는 과정을 겪는다.
B. 생태계 내에서는 두 가지 대체 가능한 상태가 있으며, 이 상태들은 불안정한 평형선(점선)과 임계환경조건으로 구분된다. 이때 환경 조건이 원래대로 돌아가더라도 생태계가 원래 상태로 회복되지 않을 수 있다.
(출처 : Munson, S. M., *et al.*. (2018). Ecosystem thresholds, tipping points, and critical transitions. New Phytologist, 218(4), 1315-1334을 기준을 재작성)

엔트로피와 생태복원 : 무질서 속에서 질서를 찾다

민둥산에 나무를 심는다고 가정해보자. 처음에는 사람들이 일정한 간격으로 질서정연한 숲을 조성하지만, 시간이 흐르면서 나무는 불규칙하게 자라고 바람이나 동물이 씨앗을 퍼뜨리면서 다양한 식물이 자라기 시작한다. 결국 처음의 질서는 사라지고, 더 복잡하고 건강한 생태계가 형성된다.

이 과정은 열역학 제2법칙, 즉 엔트로피 증가 법칙으로 설명할 수 있다. 엔트로피는 무질서도를 나타내며, 자연은 시간이 지날수록 무질서한 방향으로 변화한다. 하지만 이 무질서가 오히려 생태계의 다양성과 안정성을 높인다.

- ✅ 산불 후 파괴된 숲 → 엔트로피 최대 (무질서)
- ✅ 규칙적으로 조성된 인공림 → 엔트로피 최소 (하지만 불안정)
- ✅ 다양한 생물이 자리 잡은 숲 → 엔트로피 증가 (더 안정적인 질서)

생태복원은 엔트로피를 억제하는 것이 아니라, 자연이 스스로 질서를 회복하도록 돕는 과정이다. 초기에 인간이 일정한 질서를 부여할 수 있지만, 궁극적으로는 자연의 복잡한 상호작용이 복원을 이끈다.

단순한 구조는 외부 충격에 약하지만, 복잡한 생태계는 변화에 유연하게 대응한다. 따라서 생태복원은 정돈된 풍경을 만드는 것이 아니라, 자연의 복원력을 존중하며 에너지 흐름과 생태적 균형을 회복시키는 일이다.

결국, 생태복원은 자연이 스스로 질서를 찾아가도록 돕는 것이며, 엔트로피의 원리를 이해하는 것은 장기적으로 안정적이고 지속가능한 생태계를 조성하는 데 핵심적인 통찰을 제공한다.

1.2 생태복원의 정의와 개념

인간의 삶은 자연에 깊이 뿌리내리고 있다. 깨끗한 공기, 물, 비옥한 토양, 생물다양성 등은 생존에 필수적인 자연의 혜택이다. 그러나 지난 세기 동안 인간은 자연을 과도하게 착취하며 그 가치를 당연시했고, 그 결과 많은 생태계가 기능을 잃고 기후변화, 생물다양성 손실, 자연재해 등의 위기가 심화되었다. 이 속에서 생태계를 회복시키는 노력은 인간과 자연의 지속적 공존을 위한 핵심 전략으로 부상하고 있다.

생태복원이란 인간 활동이나 재해로 훼손된 생태계를 본래의 건강한 상태나 기능으로 회복시키는 과정이다. 이는 단순히 나무를 심거나 물길을 정비하는 것을 넘어서, 생태계가 스스로 유지될 수 있는 환경을 조성하고 인간과 자연이 조화롭게 공존할 수 있도록 돕는 것이다.

자연은 본래 회복력을 지니고 있으나, 심각한 훼손 상태에서는 스스로 회복이 어렵거나 시간이 오래 걸릴 수 있다. 생태복원은 이러한 회복을 촉진하며, 생물다양성 증진, 기후 조절, 물 관리, 서식지 회복 등 다양한 생태계 서비스를 지원한다.

국제생태복원학회(SER)는 생태복원을 "파괴되거나 손상된 생태계를 본래의 상태와 기능으로 회복하는 의도적이고 과학적인 활동"이라 정의하고 있다. 이는 단순한 환경 정화가 아닌 과학과 계획에 기반한 생태계 기능을 회복하는 과정이라는 것이다.

생태복원은 구조적 복원과 기능적 복원의 두 가지 방식으로 접근한다. 구조적 복원은 도로나 개발로 단절된 생태축을 연결하거나 변형된 강의 흐름을 복원하는 물리적 환경 개선을 말한다. 반면 기능적 복원은 초식동물과 포식자 간의 균형 회복 등과 같이 생태계 내 상호작용을 복원하는 데 초점을 둔다.

결국 생태복원은 과거 상태의 단순 재현이 아니라, 미래에도 지속 가능한 생태계를 만드는 과정이다. 자연의 자생력을 존중하고 과학기술을 활용해 생태계를 되살리는 일은 이제 우리가 감당해야 할 중요한 책무이다.

'생태복원'과 '생태계 복원', 무엇이 같고 무엇이 다를까?

'생태복원(ecological restoration)'과 '생태계 복원(ecosystem restoration)'은 비슷하게 들리지만, 초점과 사용 맥락에서 차이가 있다.

생태복원은 훼손된 자연을 생태학적 원리에 따라 회복시키는 과정 중심의 개념이다. 단순한 식재를 넘어 생물다양성, 생태계 기능, 물질 순환과 에너지 흐름을 복원해 자연의 자생력을 되살리는 데 목적이 있다. 복원 생태학을 기반으로 하며, 장기적이고 체계적인 접근이 필요하다. 예를 들어, 산불 피해지에 선구식물을 도입해 토양을 안정시키고 자생종의 정착을 유도하는 방식이 해당한다.

반면, 생태계 복원은 산림, 하천, 해양 등 특정 생태계 단위의 구조와 기능을 회복하는 대상 중심의 표현이다. 국제기구나 정부, 시민단체 등이 주도하는 정책과 캠페인에서 주로 사용된다. 대표적으로 유엔환경계획(UNEP)의 '유엔 생태계 복원 10년(2021 ~ 2030)'은 전 세계에서 황폐해진 생태계를 복원하려는 글로벌 주도권이다.

즉, 생태복원은 복원의 원리와 방법에 중점을 둔 학술적 개념이고, 생태계 복원은 대상과 실천에 중점을 둔 정책적 개념이다. 두 개념은 상호보완적인 관계이며, 생태복원이 복원의 철학과 방향을 제시한다면 생태계 복원은 이를 실행에 옮기는 역할을 한다.

「생태복원콘서트」는 이 둘을 맥락에 따라 유연하게 사용하되, 개념 차이를 명확히 인식함으로써 독자들에게 더 깊이 있는 이해를 제공하고자 한다. 용어 선택은 단순한 표현의 문제가 아니라, 우리가 자연과 어떤 관계를 맺고자 하는지에 대한 관점을 드러내는 일이기 때문이다.

○ 구조적 복원 : 생태계의 물리적 기반 세우기

생태계가 온전히 기능하기 위해서는 건강한 토양, 흐르는 물길, 울창한 숲, 그리고 해양 생태계 등 지구상에 있는 자연이라는 시스템 내에서 조화가 유지되어야 한다. 그러나 인간의 무분별한 개발과 기후변화로 인해 이러한 기반이 무너지면, 자연은 스스로 회복하기 어려운 상황에 놓이게 된다. 이러한 문제를 해결하기 위해 이루어지는 구조적 복원은 물리적으로 훼손된 환경을 회복시켜 생태계가 다시 기능할 수 있도록 돕는 과정이다. 단순히 나무를 심고 오염된 강을 정화하는 것을 넘어, 자연이 스스로 오랫동안 유지될 수 있는 토대를 마련하는 것이 핵심이다.

▷ 식물과 토양

자연을 떠올릴 때 우리는 흔히 풀이나 나무 같은 식물에 주목하지만, 모든 생태계의 기초는 식물이 뿌리를 내리는 토양에 있다. 산업화와 도시화로 인해 토양 오염과 사막화는 점점 심각한 문제가 되었고, 오염된 땅에서는 식물이 자랄 수 없어 생태계의 순환도 멈추게 된다.

이러한 문제 해결을 위한 대표적 사례가 미국 환경보호청(EPA)의 브라운 필드(Brownfield) 프로그램이다. 이 프로그램은 러스트 벨트(Rust Belt)[4] 등 오염된 산업 · 유휴 부지를 조사하고 정화하여, 안전하게 재활용할 수 있도록 연방 차원에서 지원하는 정책이다. 정화된 부지는 공동체 정원, 공공시설, 주거지, 상업 공간 등으로 재개발되어 도시 재생과 생태복원의 출발점이 되고 있다.

한편, 기후변화로 인한 사막화도 토양 복원의 필요성을 강조하고 있다. 중국 쿠부치 사막에서는 수십 년간의 대규모 복원 프로젝트를 통해 풀과 나무를 심고, 토양 관

4) 미국 북동부와 중서부 지역에 걸쳐 있는 전통적인 산업 중심지를 가리키는 용어이다. 원래는 철강, 자동차, 석탄, 기계 등 중공업과 제조업이 발달했던 지역이었으나, 1970년대 이후 산업 쇠퇴와 함께 경기 침체, 인구 유출, 도시 공동화 등의 현상이 나타나면서 '녹슨 벨트(Rust Belt)'라는 이름이 붙여졌다.

리 프로그램을 운영하면서 사막화의 속도를 어느 정도 억제했다. 이는 단순한 녹지 확대를 넘어, 지역 생태계를 회복하고 인간이 지속해서 활용할 수 있는 환경 조성에 이바지한 사례다.

이와 같이 토양은 단지 식물의 기반이 아니라, 생태계 전체를 지탱하는 토대이자 회복의 시작점이다.

▷ 강과 습지

흐르는 물은 생명의 원천이다. 그러나 하천이 오염되거나 댐·제방으로 단절되면 자연스러운 흐름이 막히고, 수중 생물의 이동 경로도 차단된다. 미국 엘와(Elwha)강 복원 프로젝트는 이 문제를 해결한 대표 사례다. 강을 가로막던 댐이 철거되자 강은 원래의 흐름을 되찾았고, 연어의 산란지가 복구되며 주변 생태계도 점차 회복되었다.

강과 습지는 자연의 정화 시스템이기도 하다. 유럽 다뉴브(Danube)강 유역에서도 강변 습지를 복원하고 자연의 자정 능력을 회복시켜 수질을 개선하는 데 초점을 맞췄다.

이처럼 하천과 습지 복원은 생태계 회복은 물론, 홍수·가뭄 완화와 수자원 확보에도 기여한다. 특히 기후변화에 따른 물 부족과 수해가 빈번해지는 상황에서, 건강한 하천과 습지는 탄력 있는 물 순환과 기후 적응의 핵심 기반이 된다.

▷ 산림과 도시 생태

산림은 탄소를 흡수하고 다양한 생물의 서식지를 제공하는 중요한 생태 공간이다. 그러나 벌목과 도시 개발로 전 세계 숲은 빠르게 감소하고 있으며, 특히, 생물종이 풍부한 열대우림은 무분별한 벌채로 큰 타격을 받고 있다. 브라질의 대서양 숲 복원 프로젝트는 이를 해결하기 위해 지역 고유종을 다시 도입하고 숲의 구조를 회복하는 방식으로 진행되었다. 이는 단순한 녹지 확대가 아니라 생물다양성을 고려한 지속 가능한 숲 복원의 사례로 평가된다.

도시에서도 녹지 복원의 중요성은 커지고 있다. 서울 난지도에 조성된 하늘공원과 노을공원은 과거 쓰레기 매립장을 생태공원으로 탈바꿈시킨 대표 사례다. 이러한 도시 생태복원은 미세먼지를 줄이고 열섬 현상을 완화하는 동시에, 시민들에게 생태적 가치를 체험할 기회를 제공하는 공간이 된다.

숲과 도시는 서로 다른 환경이지만, 모두 생태계 회복과 기후변화 대응에 있어 핵심적인 역할을 한다.

[그림 1-4] 쓰레기매립장을 개선하여 조성한 난지한강공원 생태습지원

공룡, 지금 세상에서 살 수 있을까?

유전공학이 발전해 공룡을 되살릴 수 있다면, 그들은 현대 지구에서 살아남을 수 있을까? 영화 쥬라기공원처럼 공룡이 현실에 등장하는 상상은 흥미롭지만, 실제로는 많은 과학적 장벽이 존재한다.

무엇보다 환경 차이가 가장 큰 걸림돌이다. 공룡이 살던 쥬라기·백악기 시기에는 산소와 이산화탄소 농도가 지금보다 높았다. 당시 산소 농도는 현재보다 최대 10% 높았으며, 거대한 공룡이 활발히 움직이는 데 필수적인 조건이었다. 현재의 낮은 산소 농도에서는 제대로 호흡하지 못하거나 쉽게 지칠 가능성이 크다.

먹이 문제도 만만치 않다. 초식 공룡은 하루 수백 킬로그램의 식물을 섭취해야 하는데, 고대 식물(양치식물, 소철류 등)은 대부분 사라졌고, 현대 식물은 이들의 소화 구조에 맞지 않을 수 있다. 육식 공룡은 더 심각하다. 과거의 거대 초식동물이 없기 때문에 먹이 자체가 존재하지 않으며, 결국 인공 공급에 의존해야 한다.

서식 공간 역시 문제다. 도시화로 넓은 자연이 사라진 현대에는 공룡이 활동할 초원이 거의 없다. 도심 출현 시 큰 혼란이 불가피하고, 결국 격리된 구역에 가두는 수밖에 없다.

면역 문제도 있다. 수천만 년 전 멸종한 공룡은 현대의 바이러스나 세균에 대한 면역이 없다. 인간에겐 가벼운 감기도 공룡에겐 치명적일 수 있다.

결국 공룡을 되살리는 것이 기술적으로 가능하더라도, 그들이 현대 생태계에서 자립해 살아가는 것은 거의 불가능하다. 생명은 단순히 살아 있는 것이 아니라, 환경과 조화를 이루며 진화한 존재다. 지금 우리가 할 일은 과거를 되살리는 것이 아니라, 생명이 지속될 수 있는 미래를 지키는 일일지도 모른다.

▷ 해양

해양 생태계는 지구 환경 조절에 핵심적인 역할을 하지만, 해수 온도 상승, 산호초 백화, 오염 등으로 심각한 위기를 겪고 있다. 특히 산호초는 해양 생물의 서식지이자 연안 생태계를 보호하는 중요한 요소지만, 그 면적과 종류가 전 세계적으로 급감하고 있다. 이에 대응해 호주는 대산호초(Great Barrier Reef) 복원 프로젝트를 추진하며, 인공 산호초 조성과 보호구역 설정 등의 노력을 기울이고 있다.

또 다른 해양 복원의 핵심은 맹그로브 숲 보호이다. 맹그로브는 연안을 태풍과 해일로부터 보호하고, 탄소를 저장하는 기능도 수행한다. 필리핀과 인도네시아 등은 지역 주민과 협력해 맹그로브 복원을 추진하며, 해안 보호와 기후변화 대응을 동시에 실현하고 있다.

○ 기능적 복원 : 생태계의 본래 기능을 되살리기

기능적 복원은 단순히 생태계의 외형을 되돌리는 것이 아니라, 물질 순환, 에너지 흐름, 생물 간 상호작용 등 본래 기능을 회복하는 데 목적이 있다. 식물, 동물, 포식자의 균형이 유지될 때 생태계는 건강하게 작동한다.

그러나 인간의 개입으로 이 순환이 깨지면 그 영향은 예상보다 넓게 퍼진다. 아프리카 사바나에서는 과도한 경작과 방목으로 질소 순환이 붕괴되어 토양이 황폐화되었지만, 일정 구역을 비워두자 자연스럽게 식생이 회복되었다. 이는 인간의 직접적 개입보다 자연의 회복력을 이끌 조건을 만드는 것이 얼마나 중요한지를 보여준다.

해안 생태계도 마찬가지다. 맹그로브가 복원된 해안은 태풍 피해를 줄이며, 필리핀의 사례처럼 자연의 방어력을 회복시킴으로써 실질적인 효과를 입증하고 있다. 단순한 나무 심기나 정비보다 중요한 것은, 맹그로브가 해일을 막고, 습지는 홍수를 흡수하며, 산림은 산사태를 예방하는 자연 고유의 기능을 되살리는 일이다.

생태복원은 자연을 통제하려는 것이 아니라, 자연 스스로 회복할 수 있는 조건과 기회를 만들어주는 것이다. 작은 선택 하나가 생태계 회복의 전환점이 되기도 한다. 대표적 사례가 포식동물의 재도입이다. 먹이사슬 상위에 있는 포식자가 사라지면 생태계 전체의 균형이 무너진다. 이들을 복귀시키는 것만으로도 하위 종의 과잉을 억제하고, 식생 및 서식지 복원이 연쇄적으로 이뤄질 수 있다.

스코틀랜드 케언곰스(Cairngorms) 국립공원은 한때 거의 사라졌던 스코틀랜드 야생고양이(Felis silvestris)의 복원을 추진 중이다. 이 고양이는 설치류와 토끼를 조절하며 먹이사슬의 균형을 유지한다. 2023년부터 시작된 복원 사업은 방사, 서식지 관리, 지역사회 협력 등을 포함하며, 2024년에는 야생에서 새끼가 태어나는 성과도 있었다. 이는 포식자 복귀를 통한 생태계 회복의 모범 사례로 주목받고 있다.

복원은 단지 과거 환경을 되돌리는 것이 아니라, 자연이 본래 기능을 지속 가능하게 수행하도록 돕는 장기 전략이다. 자연은 회복력을 지니고 있지만, 인간의 잘못된 개입은 그 가능성을 막을 수 있다. 그렇기에 생태복원은 최소한의 개입으로 최대의 효과를 내는, 자연을 존중하는 방식이어야 한다.

구조적 복원과 기능적 복원은 서로를 보완한다. 하천의 물길이 복원되어도 수생 생물이 없다면 기능은 회복되지 않고, 정화된 토양에도 생명체가 돌아오지 않으면 생태계는 유지될 수 없다. 구조적 복원이 회복의 틀을 제공한다면, 기능적 복원은 그 안에 생명의 흐름을 다시 불어넣는 일이다. 두 방식이 조화를 이룰 때, 생태계는 진정한 '복구'가 아닌 '회복'에 이르게 된다.

○ 생태복원의 중요성

생태복원은 기후변화 완화와 적응 측면에서 그 중요성이 분명히 드러난다. 복원된 생태계는 대기 중 탄소를 흡수 · 저장하며 지구 온난화 억제에 기여한다. 특히 맹그로브 숲은 육지와 해양을 연결하는 생태계로서 블루카본 저장에 효과적이며, 필리핀의 복원 사례는 해안 생태계 회복과 탄소 흡수를 동시에 실현하고 있다.

또한, 복원된 숲과 습지는 자연재해 완화에도 기여한다. 하천 복원은 물의 흐름을 조절해 홍수 위험을 줄이고, 산림 복원은 지반을 안정시켜 산사태를 예방한다. 이러한 사례는 전 세계에서 확인되고 있으며, 생태복원이 단순한 자연 회복을 넘어 기후위기 대응 전략으로 주목받는 이유다.

[그림 1-5] 생태복원에 적용되고 있는 다양한 자연기반해법

현재 많은 국가들은 자연기반해법(Nature-based Solutions, NbS)을 중심에 두고 생태복원 정책을 강화하고 있다. 이는 미래 사회의 회복력과 지속가능성을 높이는 핵심 수단으로 자리매김하고 있다.

▷ 생물다양성 보호와 생태계 서비스 회복

생태복원은 생물다양성 보호에 중요한 역할을 한다. 전세계적으로 현재 약 100만 종이 멸종 위기에 처해 있으며, 이는 생태계 서비스와 인간 삶에 심각한 영향을 미친다. 복원 활동은 멸종위기종의 서식지를 회복하고 생물 간 상호작용을 되살려 생물다양성 증진에 기여한다.

동시에 복원된 생태계는 인간 사회에도 실질적인 혜택을 준다. 깨끗한 물과 공기를 공급하며, 경제적 안정과 복지를 촉진한다. 생태관광이 활성화되면 지역 주민에게 새로운 일자리를 제공하는 효과도 있다. 예를 들어 코스타리카는 숲 복원을 통해 생물다양성을 회복하고 생태관광 중심지로 성장했다. 한국의 순천만 갯벌 복원도 생태적 가치를 회복하며 지역 주민의 생계에 긍정적인 영향을 주고 있다.

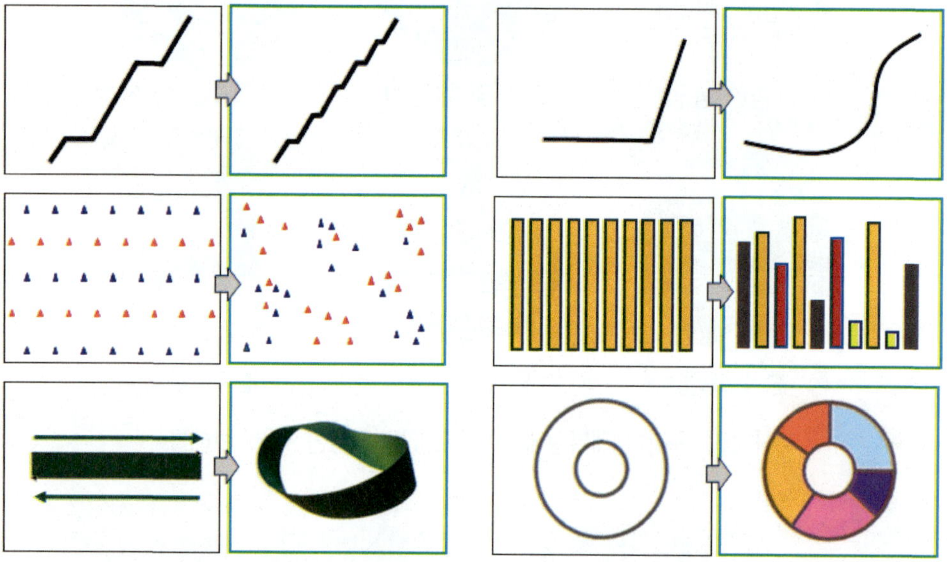

[그림 1-6] 자연에서 생태복원의 개념을 보여주는 다양한 그림[5)]

5) 자연은 직선형이 아니라 곡선형으로 이루어져 있으며, 식물은 줄을 맞춰서 자라지 않고 다양하게 섞이면서 무질서하게 자라게 된다. 또한, 숲이 조성되는 과정은 일방적이기 않고 순환과정을 거치며, 색상과 구조에서 다양한 패턴을 보여주게 된다.

▷ 생태복원과 인간의 역할

생태복원은 단순히 과거 환경을 복원하는 것이 아니라, 인간과 자연이 새로운 관계를 맺는 과정이다. 이를 통해 우리는 자연에 대한 책임을 실천하고, 미래 세대에게 건강한 환경을 물려줄 수 있다. 알도 레오폴드(Aldo Leopold)의 '대지 윤리'에서 처럼, 인간은 자연의 지배자가 아닌 일부로서 조화를 이루며 살아가야 한다. 생태복원은 이러한 윤리적 책임을 실현할 수 있는 기회를 제공한다.

생태복원의 궁극적인 목표는 자연이 인간의 개입 없이도 스스로 유지되고 자생력을 갖는 상태로 회복되는 것이다. 복원은 단기 프로젝트가 아니라 장기적 지속 가능성을 지향해야 하며, 이를 위해 자연의 회복력과 지역사회의 지속적인 참여가 함께 이루어져야 한다.

인공섬도 생태계가 될 수 있을까?

인공섬은 자연적으로 형성된 섬이 아니라, 인간이 매립이나 구조물 설치를 통해 만든 섬이다. 주로 주거지, 항만, 관광지 개발 등 도시 확장이나 경제 성장을 목적으로 건설된다. 하지만 해저를 준설하고 모래 · 암석을 쌓는 과정에서 해류가 바뀌고, 수질이 변화하며, 기존 해양 생물의 서식지가 파괴되는 등 해양 생태계에 큰 영향을 준다.

이러한 문제를 단적으로 보여주는 사례가 두바이의 팜 아일랜드(Palm Jumeirah)다. 야자수 모양으로 설계된 이 인공섬은 세계적인 관광 명소지만, 조성 과정에서 1억 톤이 넘는 모래와 암석이 해저에 투입되었다. 이로 인해 해류 순환이 방해되고, 해수의 자정 능력이 약화되었으며, 퇴적물이 쌓이며 산호초와 어류의 서식환경이 변화되었다. 일부 지역에선 수온 · 염도 변화로 생물다양성 감소도 나타났다. 팜 아일랜드는 개발 중심 인공섬이 환경에 남긴 부정적 흔적을 보여준다.

반면 네덜란드의 마르커바덴(Marker Wadden)은 생태복원을 목적으로 만들어진 인공섬이다. 퇴적물로 인해 수질이 악화된 인공호수 '마르커호'의 생태계를 개선하기 위해 설계되었으며, 자연보전단체 · 정부 · 과학자들이 협력해 갯벌, 모래톱, 담수호수 등 다양한 생태 환경을 조성했다. 그 결과 조류, 수서곤충, 물고기 등이 자연스럽게 유입되었고, 일부는 철새 번식지로 기능하고 있다. 이는 인공섬이 복원의 도구가 될 수 있음을 보여주는 모범 사례다.

두 사례는 인공섬이 어떻게 설계되고 어떤 목적을 갖느냐에 따라 생태계 파괴의 상징이 될 수도, 복원의 실험장이 될 수도 있음을 보여준다. 인공섬은 단순한 구조물이 아니라, 인간과 자연의 관계를 새롭게 형성할 수 있는 공간이 되어야 하므로, 지속 가능한 해양 · 도시 미래를 위한 포괄적인 접근이 필요하다.

1.3 시대별 생태복원 개념의 변화

자연은 단순한 자원이 아니라 우리의 삶과 떼려야 뗄 수 없는 존재다. 그러나 산업화 이전까지 인간은 자연을 정복하고 개발해야 할 대상으로 여겼으며, 이러한 사고방식은 인간과 자연의 관계를 단절시키고 환경 파괴를 초래했다. 시간이 흐르면서 자연을 바라보는 시각이 변화함에 따라 생태복원의 개념도 발전해왔다.

과거에는 단순히 훼손된 지역을 인간이 직접 개입하여 복구하는 방식이었다면, 점차 생태계의 자생력을 회복하고 지속 가능한 관계를 형성하는 방향으로 발전하고 있다. 이는 철학적 사고의 변화와 맞물려, 생태복원이 단순한 환경 정비를 넘어 윤리적 책임과 기후변화 대응의 핵심 전략으로 자리 잡게 되었음을 보여준다.

○ 자연을 정복해야 할 대상으로 본 시기 : 물리적 복구 중심의 생태복원(19세기 후반 ~ 1980년대)

19세기 후반부터 20세기 중반까지 자연은 인간 문명의 발전을 위한 원자재 공급처로 여겨졌다. 산업혁명은 이러한 인식을 강화했고, 자연을 개발 · 정복하는 것이 문명의 진보로 여겨졌다. 이 같은 인식은 르네 데카르트(René Descartes)의 이원론적 철학에 뿌리를 두고 있다. 그는 인간의 이성과 자연을 분리해 사고했으며, 이는 자연을 기계처럼 분석 · 활용 가능한 대상으로 보는 인간 중심주의(Anthropocentrism)로 이어졌다.

이 시기의 생태복원은 주로 물리적 환경 정비에 초점을 맞췄다. 오염된 하천 정화, 벌채된 산림 복구 등은 외형 복구와 경제적 효용을 중시했으며, 생물다양성이나 생태계 기능 회복은 뒷전이었다. 예를 들어, 과거 대규모 조림 사업은 생장이 빠른 단일 수종 중심으로 진행됐고, 이는 조기 녹화와 목재 생산 효율을 우선한 결과였다.

우리나라의 경우, 1960 ~ 70년대 치산녹화사업이 대표적이다. 전쟁과 산업화로 훼손된 산림을 회복하려는 이 사업은 산림 면적 확대와 황폐지 복구에 기여하며 국토

녹화에 성공했다. 산사태와 토양 유실 방지, 연료자원 확보에도 긍정적인 효과가 있었다. 그러나 단기 복구와 경제적 목적에 집중되다 보니, 생태적 다양성이나 장기적 생태 건강에 대한 고려는 부족했다.

○ 자연을 하나의 유기적 시스템으로 본 시기 : 기능적 복원의 확대(1990 ~ 2000년대)

20세기 중반 이후 생태학이 발전하면서, 자연은 단순한 물리적 요소의 집합이 아닌 생물과 환경이 상호작용하는 유기적 시스템으로 인식되기 시작했다. 이러한 관점의 전환은 생명 중심주의(Biocentrism)와 생태계 중심주의(Ecocentrism) 철학과 맞물려 발전하였다.

알도 레오폴드(Aldo Leopold)는 '대지의 윤리(Land Ethic)'에서 인간은 자연을 정복하는 존재가 아니라, 그 일부로서 조화를 이루며 살아가야 한다고 주장했다. 자연은 인간의 이익을 넘어 그 자체로 내재적 가치를 지닌다고 보았다. 아른 네스(Arne Næss) 또한 '심층 생태학(Deep Ecology)'을 통해 인간 중심주의를 넘어 모든 생명과 생태계의 동등한 가치를 강조했다.

이러한 철학은 생태복원 접근에도 영향을 미쳤다. 단순한 복구를 넘어, 생태계가 스스로 기능을 회복할 수 있도록 돕는 방향으로 전환되었다. 생물 간 상호작용과 에너지 흐름을 복원하는 기능적 복원이 확대되었다.

우리나라에서도 4대강 정비사업 이후, 일부 하천 복원 프로젝트가 기능적 회복에 초점을 맞추기 시작했다. 일부 구간에서는 인공 구조물을 철거하고 자연형 하천을 복원했으며, 그 결과 수질 개선과 생물 서식지 회복이 확인되었다.

이처럼 생태복원은 물리적 정비를 넘어서 생태계가 자율적으로 유지될 수 있는 조건을 마련하는 방식으로 진화하고 있다. 현대 생태복원은 생태학적 원리와 지역사회 참여를 결합해 지속 가능한 생태계 회복을 지향하고 있다.

벌레는 왜 항상 혐오의 대상일까?
: 곤충에 대한 편견과 생태계에서의 진짜 역할

"으악, 벌레다!"

어릴 적 한 번쯤 외쳤던 말이다.

우리는 흔히 곤충을 지저분하고 불쾌한 존재로 여기며, 바퀴벌레나 날파리, 애벌레 등을 보면 본능적으로 피하거나 없애려 한다. 하지만 이 '벌레'들은 지구상에서 가장 오래 살았고, 가장 다양하며, 가장 부지런한 생명체들이다.

곤충은 생태계의 기본이자 연결자다. 꿀벌과 나비는 꽃가루받이를 도와 식물이 씨앗을 맺도록 해주고, 풍뎅이는 유기물을 분해해 순환을 돕는다. 잠자리, 기생벌 등은 해충을 조절하며 생태계의 균형을 유지한다. 특히, 꿀벌과 같은 수분 곤충은 세계 식량 생산의 절반 이상을 좌우할 만큼 중요하다. 만약 곤충이 사라지면 생태계뿐 아니라 우리의 식탁도 흔들린다.

이러한 곤충의 가치는 생태복원 현장에서도 확인된다. 식물보다 먼저 도착해 서식지 회복의 기초를 마련하고, 곤충을 따라 조류, 양서류, 소형 포유류가 돌아오며 복원이 본격화된다. 또한, 곤충은 환경 변화에 민감해 복원지의 생태 건강을 진단하는 생물지표로도 활용된다.

최근에는 곤충을 미래 식량 자원으로 주목하는 흐름도 있다. 인구 증가와 단백질 부족 문제 속에 있다. 그럼에도 불구하고 많은 사람들은 곤충을 여전히 '쓸모없는 벌레'로 여긴다. 도시화와 위생 중심 문화 속에서 곤충은 혐오의 대상으로 밀려났지만, 생물다양성 관점에서 곤충은 생명의 순환 고리를 지탱하는 핵심이다. 인간에게 이롭고 해로운 기준만으로 곤충을 평가하는 시각은 지나치게 편협하다.

곤충은 생태계를 유지하고, 복원을 돕고, 미래 식량 위기 해결의 열쇠가 될 수 있는 존재다.

○ 지속 가능성과 환경 윤리의 융합 : 현대 생태복원 (2010년대)

21세기 들어 생태복원은 기후변화 대응과 지속 가능한 발전을 위한 전략으로 자리 잡았다. 유엔의 지속가능발전목표(SDGs)와 연계되면서, 생태복원은 단순한 환경 복구를 넘어 경제적 · 사회적 지속가능성과 연결되고 있다.

대표 사례로 블루카본(Blue Carbon) 프로젝트가 있다. 이는 맹그로브 숲, 염습지, 해초밭 등 해양 · 연안 생태계를 보호하고 복원하면서 탄소를 흡수하는 방식이다. 이러한 생태계는 단위면적당 육상보다 더 많은 탄소를 저장할 수 있어, 탄소중립 실현의 수단으로 주목받고 있다.

또한, ESG(Environmental, Social, Governance) 경영 확산에 따라, 많은 기업들이 생태복원에 참여하고 있다. 이는 단순한 환경 보호를 넘어 지역사회와의 관계 강화, 장기적 기업 가치 제고를 위한 전략으로 활용되고 있다.

이처럼 현대의 생태복원은 환경적 가치에 그치지 않고, 경제 · 사회적 가치 창출과 연결된 통합적 접근으로 진화하고 있다.

▷ 지역사회와 협력하는 참여형 복원

최근에는 지역사회와 협력하는 참여형 생태복원이 강조되고 있다. 주민들이 복원 과정에 직접 참여하고, 이후 관리와 보존 활동까지 함께 수행하는 방식이 확대되는 추세다. 이는 단순한 자연 보호를 넘어 지역 경제 활성화와 공동체의 지속 가능한 발전을 함께 도모하는 방향으로 발전하고 있다.

예를 들어, 주민들이 숲을 복원하고 이를 바탕으로 생태관광(Ecotourism)을 운영하는 모델이 확산되고 있으며, 농촌과 해안 지역에서는 지속 가능한 어업 · 농업과 결합한 생태복원도 활발히 이루어지고 있다.

이러한 접근은 생태복원을 단순한 환경 회복이 아닌, 인간과 자연이 상호 이익을 주고받는 지속 가능한 구조로 자리잡게 하고 있다.

▷ 정책과 제도의 적극적 개입

현대 생태복원의 주요 특징 중 하나는 정책과 제도의 적극적인 개입이다. 정부와 국제기구는 법률과 제도적 수단을 통해 복원 사업을 체계적으로 지원하며, 구체적이고 실행 가능한 목표를 설정하고 있다.

- 유럽연합(EU) : 2023년 제안된 「EU 생태복원법(Nature Restoration Law)」은 2030년까지 육상 및 해양 생태계의 최소 20% 복원을 목표로 하고, 2050년까지 가능한 모든 훼손 생태계의 복원을 지향한다.
- 미국 : '30×30 이니셔티브(30×30 Initiative)'를 통해 2030년까지 국토의 30%를 보호 또는 복원하고, 'America the Beautiful' 계획을 통해 실행 전략을 추진 중이다.
- 한국 : 국립공원 등 보호지역 확대와 함께 하천·습지 복원을 강화하고 있으며, 생물다양성 전략, 자연공원기본계획, 습지보전기본계획 등을 통해 복원의 중장기 목표를 설정하고 있다.

이러한 제도적 기반과 정책적 노력은 생태복원이 단순한 환경 개선을 넘어, 지속 가능성과 기후위기 대응을 위한 국가 및 국제사회의 가치로 자리 잡고 있음을 보여준다.

▷ 현대 생태복원의 통합적 접근

과거 생태복원이 훼손된 환경의 물리적 복구에 집중했다면, 현대 생태복원은 자연의 회복력을 극대화하고 인간과 자연의 조화를 추구하는 지속 가능한 방식으로 변화하고 있다.

오늘날 생태복원은 단순한 환경 개선을 넘어, 기후변화 대응, 생물다양성 보전, 자연재해 예방, 경제적 지속 가능성을 함께 실현하는 도구로 자리 잡고 있다. 인간과 자연이 공존하는 미래를 만들어가는 것이 현대 생태복원의 핵심 목표다.

앞으로 생태복원은 환경뿐 아니라 사회 · 경제적 측면에서도 지속 가능성을 확보하는 주요 전략이 될 것이다. 이를 위해 지역사회, 정부, 기업, 국제기구 간 협력이 필요하며, 장기적 복원 계획의 수립과 실행이 중요하다.

생태복원은 더 이상 전문가들만의 영역이 아니라, 모두가 함께 참여하고 실천해야 할 공동의 과제다. 우리가 복원의 가치를 인식하고 동참할 때, 자연은 다시 우리에게 풍요로운 미래를 열어줄 것이다.

○ 미래를 향한 생태복원의 패러다임(2020년대 이후)

생태복원은 더 이상 훼손된 환경을 단순히 복구하는 데 그치지 않고, 자연과 인간이 공존할 수 있는 지속 가능한 환경을 조성하는 방향으로 발전하고 있다. 과거에는 자연을 인간이 개조해야 할 대상으로 보았지만, 현대 생태복원은 자연의 자생력을 존중하고 이를 지원하는 방식으로 전환되었다.

오늘날 생태복원은 기후변화 대응과 인류 생존을 위한 전략으로 자리잡고 있으며, 향후에는 정교한 기술과 협력 중심의 접근이 더욱 요구될 것이다. 산림 복원, 블루카본 프로젝트, 생물다양성 보호 정책 등은 국제사회가 탄소중립(Net Zero)을 실현하기 위해 중점적으로 추진하고 있는 영역이다.

앞으로의 생태복원은 단기적 복구를 넘어 장기적 지속 가능성을 고려해야 한다. 지역 생태계를 반영한 복원 설계, 복원 이후의 지속적 관리까지 포함하는 통합적 전략이 중요해지고 있다.

첨단 기술과 데이터 기반의 접근도 확대되고 있다. 위성 데이터와 인공지능(AI)을 통한 생태계 예측, 드론을 활용한 종자 파종, IoT 기반 실시간 모니터링 등은 현대 생태복원의 핵심 도구로 떠오르고 있다. AI는 복원 대상 지역과 적합한 식생을 자동으로 분석해 정밀한 복원을 가능케 하고, 기후 변화에 따른 생태계 대응 전략도 과학적으로 수립할 수 있게 한다.

무엇보다 생태복원은 인간과 자연이 대립하는 관계가 아니라 함께 살아가는 방식을 모색하는 과정이다. 우리는 자연을 지배하는 존재가 아니라, 그 안에서 살아가는 구성원이며, 생태복원은 이 관계를 새롭게 정립하는 기회가 된다. 이를 위해 지역사회의 참여가 더욱 중요해지고 있으며, 주민들이 직접 나무를 심고 생태계를 돌보는 참여형 복원 사례도 늘고 있다.

앞으로 생태복원은 기술, 정책, 윤리, 지역 협력이 결합된 총체적 접근이 요구된다. 기업들은 ESG 원칙에 따라 복원 사업을 확대하고, 정부와 시민사회는 지속 가능한 복원을 위한 정책과 실천을 강화하고 있다. 국경을 초월한 국제 협력과 공동 복원 프로젝트도 활발해지며, 생태복원은 이제 모두가 함께 참여해야 하는 공동의 과제로 자리매김하고 있다.

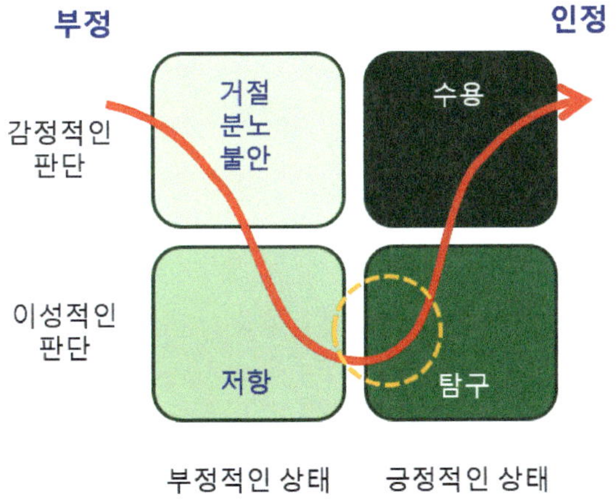

[그림 1-7] 생태복원에 대한 패러다임의 변화[6)]

6) 생태복원에 대한 패러다임의 변화를 나타내는 그래프로서, 사람들은 새로운 변화에 처음에는 부정적인 입장을 보이다가 시간이 지나면서 변화를 받아들이게 되는 심리 상태를 보여준다. 필자가 볼 때 지금은 생태복원에 대해서는 긍정적인 상태로 변화하는 단계라고 생각된다.

결국, 생태복원의 패러다임 변화는 인간이 자연과 새로운 관계를 형성해 나가는 과정이며, 이는 단순한 환경적 문제를 넘어 우리의 미래를 결정짓는 중요한 요소가 된다. 생태복원은 우리가 자연과 함께 살아가는 방법을 배우고, 더 나은 세상을 만들어 가기 위한 노력이다.

이제 우리는 단순한 복원을 넘어, 자연이 지속 가능하게 회복될 수 있도록 돕고, 자연과 조화를 이루며 살아가는 방법을 고민해야 할 때다. 생태복원은 과거로 돌아가는 것이 아니라, 미래를 위한 새로운 시작이다. 과학과 기술, 지역사회와의 협력이 어우러진 새로운 복원 방식이 자리 잡는 시대, 우리는 자연을 단순히 보호하는 것을 넘어, 자연과 함께 살아가는 길을 모색해야 한다.

1.4 복원과 보전의 차이와 상호작용

산업화와 도시화로 인간과 자연의 조화로운 공존이 어려워지고 있다. 개발과 보전은 종종 대립 개념으로 인식되지만, 지속 가능한 환경 관리를 위해서는 복원(Restoration)과 보전(Conservation)의 균형이 필요하다.

복원은 훼손된 생태계를 회복하는 인간의 개입 과정이고, 보전은 아직 훼손되지 않은 자연을 보호하는 활동이다. 두 접근은 목적과 초점이 다르지만, 상호보완적으로 작용할 때 시너지를 낸다. 복원된 생태계가 보호되지 않으면 다시 훼손될 수 있고, 보전 대상이 부족하면 복원의 필요성이 더 커진다.

지속 가능한 미래를 위해서는 복원과 보전이 결합된 통합 전략이 필요하다. 단순한 환경 회복을 넘어서, 장기적인 생태계 건강과 탄력성을 확보해야 하며, 이는 인간과 자연이 공존하는 새로운 패러다임을 실현하는 기반이 될 것이다.

○ 복원 : 훼손된 자연을 되살리는 과정

복원은 생태계가 본래의 건강한 기능을 회복하고 지속적으로 유지될 수 있도록 돕는 과정이다. 단순히 나무를 심거나 물길을 정비하는 것을 넘어, 생물다양성을 회복하고 서식지를 복원하여 자율적으로 유지 가능한 생태 시스템을 구축하는 것이 핵심이다.

도시 확장과 산업화로 많은 생태계가 훼손되면서, 복원의 필요성은 더욱 커지고 있다. 기후변화, 자연재해, 생물다양성 감소 등 다양한 문제가 악화되는 가운데, 건강한 생태계는 탄소 저장, 수질 정화, 기후 조절 등 필수 기능을 수행한다. 이러한 기능이 약화되면 인간 사회도 위기에 직면하게 되기 때문에, 복원은 단순한 환경 보호를 넘어 지속 가능한 미래를 위한 필수적인 수단이라고 할 수 있다.

대표 사례 중 하나는 영국 동부 펜스(Fens) 지역의 습지 복원이다. 한때 광활했던 습지는 농업 개발로 99% 이상 소실되었고, 토양 침식과 홍수 문제가 심각했다. 이를 해결하기 위해 'Great Fen Project'가 추진되었으며, 철새와 수생 생물이 돌아오고, 수자원 관리, 탄소 흡수, 생태관광 등에서 긍정적인 효과를 얻었다. 이 사례는 복원이 환경 회복뿐만 아니라 지역사회의 지속 가능성에도 기여할 수 있음을 보여준다.

중국 쿠부치(Kubuqi) 사막 복원도 주목할 만하다. 심각한 사막화 지역이던 이곳은 수십 년간 식생 복원과 생태공학 기술이 적용되어 모래 이동이 억제되고 식생이 회복되었으며, 일부 지역에선 강수량 증가도 관찰되었다. 동시에 생태관광, 태양광 발전, 약용 식물 재배 등 녹색 산업이 활성화되어 지역 주민들에게 새로운 경제적 기회를 제공하고 있다.

이처럼 생태복원은 단순한 자연 회복이 아니라, 생태계 기능을 되살리고 인간과 자연이 조화롭게 공존할 수 있도록 돕는 과정이다. 지역의 특성과 필요에 맞는 전략을 통해 생태계는 자생력을 되찾고, 복원은 점점 사회 · 경제적 가치 창출의 수단으로 확대되고 있다. 이를 위해 과학적 연구, 정책 지원, 지역사회의 적극적인 참여가 필수적이다.

○ 보전 : 미래 세대를 위한 자연 보호

보전은 아직 훼손되지 않은 자연을 보호하여 장기적인 생태적 안정성을 유지하는 것을 목표로 한다. 보호구역 지정, 멸종위기종 보호, 생물다양성 유지, 개발 제한 등 다양한 방식으로 건강한 생태계를 유지하는 수단이다.

보전의 중요성은 복원보다 예방이 더 효과적이라는 점에서 더욱 강조된다. 한 번 파괴된 생태계를 복원하는 데는 막대한 비용과 시간이 들지만, 보전을 통해 사전에 방지하면 적은 자원으로도 지속 가능한 환경을 유지할 수 있다. 자연의 기능이 온전히 유지되도록 보전하는 일은 생물다양성 보호뿐 아니라 기후 조절, 수자원 관리, 재해 예방 등 생태계 서비스의 안정적 유지를 위한 필수 조건이다.

[그림 1-8] 제주 곶자왈[7] 도립공원에 보전되어 있는 숲

대표적 사례로 코스타리카의 열대우림 보전 정책이 있다. 과거 급속한 산림 훼손을 겪었던 코스타리카는 강력한 보호구역 지정과 재생 프로그램을 통해 열대우림의 절반 이상을 보전하는 데 성공했다. 이로 인해 생물다양성이 회복되고, 생태관광이 활성화되며 국가 경제에도 긍정적 효과를 주었다. 이는 보전이 환경 보호를 넘어 경제적 지속 가능성까지 연결될 수 있음을 보여준다.

국내 사례로는 제주도의 곶자왈 보전 활동이 주목된다. 곶자왈은 용암지대에 형성된 독특한 숲으로 생물다양성이 높지만, 개발 압력에 직면하고 있다. 이에 시민단체와 지방정부가 협력하여 보전 활동을 강화하고 있으며, 생태관광 모델을 정착시키려는 노력이 함께 이루어지고 있다.

7) 곶자왈은 화산활동 중 분출한 용암류가 만들어낸 불규칙한 암괴지대로 '곶'과 '자왈'의 합성어인 제주어이다. 곶자왈은 암괴들이 불규칙하게 널려있는 지대에 형성된 숲으로, 다양한 동·식물이 공존하며 독특한 생태계가 유지되고 있다.

○ 복원과 보전의 상호작용 : 지속 가능한 자연 관리의 핵심

복원과 보전은 독립적인 개념이 아니라 상호보완적으로 작동한다. 훼손된 자연은 복원을 통해 되살릴 수 있지만, 장기적인 보호 없이는 다시 훼손될 수 있고, 보전만으로는 이미 망가진 생태계를 회복하기 어렵다. 두 접근이 조화를 이룰 때 생태계의 건강성과 지속 가능성을 극대화할 수 있다.

한국의 자연형하천 조성 프로젝트는 이 상호작용을 잘 보여준다. 하천 생태계를 복원한 후 이를 보호구역으로 지정함으로써 추가 훼손을 막고 복원의 효과를 지속시켰다. 이처럼 복원과 보전이 유기적으로 결합될 때, 생태계는 안정적으로 유지되고 자연은 본래의 기능을 수행할 수 있다.

복원과 보전은 단순한 환경 관리 활동을 넘어, 인간이 자연에 대해 책임을 지는 윤리적 실천이기도 하다. 철학자 한스 요나스(Hans Jonas)는 책임 윤리(Principle of Responsibility)를 통해 "미래 세대의 생존 가능성을 보장하기 위해 현재 세대가 자연에 책임을 져야 한다"고 주장하며, 복원과 보전의 윤리적 기초를 제시했다. 이런 관점에서 복원은 자연에 진 빚을 갚는 행위이고, 보전은 그 균형을 유지하려는 노력이다.

복원과 보전은 과거의 손실을 되돌리고 미래의 훼손을 막는 '두 개의 날개'와 같다. 복원된 자연은 보전을 통해 지속되고, 보전된 자연은 복원의 필요를 줄이며 생태계의 안정성을 높인다. 이 두 활동이 균형을 이룰 때, 인간과 자연이 공존하는 지속 가능한 미래가 가능해진다.

궁극적으로 우리가 지향해야 할 방향은 복원과 보전이 조화를 이루는 자연 관리 시스템의 구축이다. 이러한 통합적 노력은 자연의 회복력과 안정성을 되살리며, 공존의 해법을 제공할 것이다.

도시 한복판에 벌이 산다
: 도시 양봉, 모두를 위한 선택일까?

서울의 빌딩 옥상과 노들섬, 시청 등 도심 곳곳에는 꿀벌을 위한 벌통이 설치되어 있다. 이는 2012년부터 서울시가 추진해 온 도시 양봉 프로젝트 덕분이다. 꿀벌 보호와 도심 생태 복원을 목표로 시작된 이 사업은 예상보다 높은 가능성을 보였다. 농약 사용이 적고, 꽃이 다양한 도시 환경이 오히려 꿀벌에게 적합한 서식지가 되었기 때문이다. 최근에는 ESG 경영을 실천하는 기업들도 옥상에서 꿀벌을 기르고, 직원들이 꿀을 수확하는 프로그램을 운영하고 있다.

도시 양봉은 단순한 양봉이 아니다. 꿀벌은 꽃가루받이를 통해 식물 번식과 생태계 유지에 기여한다. 꿀벌이 늘면 도심 녹지의 식물이 더 건강하게 자라고, 도시 생태계가 풍성해진다. 실제로 유럽과 북미에서는 도시 양봉 이후 개화율 증가가 관찰되기도 했다.

그러나 우려도 있다.

- ✔ "벌이 많아지면 쏘일 위험이 크지 않을까?"
- ✔ "도심에서 벌을 키우는 게 과연 안전할까?"

이에 대해 관계자들은 꿀벌은 공격성이 거의 없으며, 벌통은 인적이 드문 옥상에 설치된다고 설명한다. 꿀을 수확할 때 꿀벌과의 접촉은 최소화되며, 주거지와도 거리를 둔다. 하지만 시민들의 불안은 여전히 고려해야 할 요소다.

서울의 도시 양봉은 해외에서도 주목받고 있으나, 보다 정교한 운영 기준이 필요하다. 도시와 자연이 조화를 이루기 위해서는 꿀벌을 사랑하는 이들뿐만 아니라, 벌을 꺼리는 시민의 목소리까지 반영하는 포용적 정책이 필요하다.

2장. 자연과 인간, 새로운 관계를 시작하다

자연은 인간에게 삶의 터전과 자원을 제공하며, 우리는 그 안에서 문명을 발전시켜왔다. 하지만 시간이 흐르면서 인간과 자연의 관계는 균형을 잃기 시작했고, 우리는 자연을 정복하고 개발하는 대상으로만 바라보게 되었다. 강을 막고, 숲을 개간하며, 도시를 확장하는 동안 자연은 점차 훼손되었고, 결국 기후변화, 생물다양성 감소, 대기오염 등의 환경 위기를 불러왔다. 우리는 과거와 같은 방식으로 자연을 이용하는 것이 더 이상 지속 가능하지 않다는 것을 깨닫게 되었다.

이제는 자연과 인간이 새로운 관계를 맺어야 할 때다. 우리는 자연을 단순한 자원이 아니라, 공존해야 할 존재로 바라보아야 하며, 개발과 보전, 이용과 복원의 균형을 맞춰야 한다.

2.1 자연에 남긴 인간의 흔적들

자연은 인간이 살아가는 터전이자 생명의 근원이다. 인류 문명이 시작되기 전부터 자연은 먹을 것과 물, 공기, 삶의 공간을 제공해왔다. 그러나 시간이 흐르며 자연을 활용하는 방식이 급격히 바뀌었고, 그 결과 생태계는 병들기 시작했다. 농업과 도시화, 산업화, 기술 발전으로 문명은 성장했지만, 자연은 점차 본래 모습을 잃었다. 강의 흐름은 인공적으로 바뀌고, 숲은 사라졌으며, 바다와 대기는 오염되었다. 이는 환경 문제를 넘어 생태계의 균형을 무너뜨리고 기후 위기를 초래하고 있다.

이러한 변화는 단순한 개발이 아니라 환경 자체를 근본적으로 바꾸는 과정이었다. 문제는 이 변화가 빠르게 진행되며 자연이 스스로 회복할 수 있는 한계를 넘어서고 있다는 점이다. 우리는 이제 과거를 돌아보며 자연과 새로운 관계를 어떻게 맺을지 진지하게 고민해야 한다.

▷ 도시화와 환경 변화

현대 사회에서 인구의 대부분은 도시에서 생활하고 있으며, 도시화는 편리한 생활과 경제적 번영을 가져왔다. 도시는 산업과 교통, 상업이 집중되며 삶의 질을 높이는 다양한 시설을 제공하지만, 동시에 환경에 큰 영향을 미치고 있다.

도시화가 진행되면서 녹지 공간은 줄어들고 도로와 건물이 늘어나 도시 열섬 현상이 발생한다. 콘크리트와 아스팔트가 낮에 열을 흡수하고 밤에 방출하면서 도시 기온은 주변보다 2 ~ 4℃ 높아진다고 한다. 이와 같은 변화는 폭염과 에너지 소비, 온실가스 배출 증가로 이어진다.

또한, 자동차와 공장에서 배출되는 오염물질로 인해 미세먼지(PM10)와 초미세먼지(PM2.5) 농도도 증가한다. 북경, 델리, 서울 등 대도시는 대기오염으로 인해 호흡기와 심혈관 질환이 증가하는 문제를 겪고 있다. 결국 삶은 편리해졌지만, 환경과 건강은 위협받고 있다.

▷ 강과 하천의 변화

한때 자유롭게 흐르던 강과 하천은 댐과 인공 제방으로 본래 모습을 잃고 있다. 중앙아시아의 아무다리아강과 시르다리아강은 20세기 중반 관개 농업으로 흐름이 차단되며 아랄해는 수량의 90% 이상이 줄고, 어류와 수생 생물이 사라지는 생태 재난을 겪었다. 염분 상승과 토양 황폐화, 대기 오염은 지역 기후와 주민 건강에도 악영향을 미쳤다.

미국 컬럼비아강 유역의 그랜드쿨리 댐과 존데이 댐은 회귀성 어류인 연어의 이동을 차단하거나 지연시켜 개체수가 급감했고, 연어를 먹이로 삼는 야생동물과 지역 어업에도 피해를 주었다. 특히 어린 연어가 하류로 이동하는 과정에서 수력설비로 인한 생존율 저하가 문제로 시적되있다.

[그림 1-9] 하천에 설치된 보를 철거한 사례 (설악산국립공원, 가는고래골)[8)]

국내에서도 소양강댐과 충주댐 등의 대형 댐 건설은 어류의 회유를 차단하고, 퇴적 지형을 변화시키는 등 생태계에 다양한 영향을 미쳤다. 이러한 인공 구조물은 자연적인 홍수 조절 기능을 약화시키고, 하천의 자정 능력 또한 감소시키는 결과를 낳았다. 이에 대응하여 새만금 갯벌 복원, 4대강 유역 생태복원, 일부 댐 철거와 같은 다양

---

8) 국립공원공단에서는 공원내의 하천에 설치되어 있는 인공구조물을 철거하고, 하천을 생태적으로 복원하기 위한 시범사업을 시행하고 있다.

한 복원 노력이 추진되고 있으며, 어도 설치, 수생식물 복원 등 자연형 하천 복원 사업도 점차 확대되고 있다.

▷ 해안선 변화와 습지 감소

미국 루이지애나 연안은 북미 최대 규모의 해안 습지 생태계를 보유하고 있으며, 해양 생물의 주요 산란장일 뿐만 아니라 허리케인과 같은 자연재해로부터 내륙을 보호하는 완충지 역할을 한다. 그러나 해수면 상승, 해안 침식, 퇴적물 유입 감소 등으로 인해 이 지역은 빠르게 소실되고 있다. 1932년부터 2016년까지 약 5,200㎢의 육지가 바다에 잠겼으며, 이는 서울시 면적의 약 8.6배에 해당한다.

이러한 습지 손실은 생물다양성 감소는 물론, 허리케인 카트리나와 같은 재난 피해의 확대, 지역 어업 기반의 약화로도 이어졌다. 이에 루이지애나 주정부와 미 육군 공병단은 미시시피강의 자연적인 퇴적물 흐름을 회복하는 대규모 복원 프로젝트를 추진하고 있다. 이는 인간 활동으로 단절된 자연의 흐름을 되살리는 시도로, 단순한 공학적 개입을 넘어 생태적 회복을 지향한다.

이 사례는 생태계가 단순한 물리적 공간이 아니라, 인간의 생존과 경제, 안전을 포괄하는 복합적 가치를 지닌 존재임을 보여준다. 생태복원은 훼손된 공간을 단순히 치유하는 것을 넘어, 자연과 인간의 관계를 새롭게 설계하는 과정인 것이다.

▷ 산림 파괴와 기후변화

산림은 식량과 자원, 수자원 조절, 탄소 저장 등 다양한 생태계 서비스를 제공하지만, 과도한 벌목과 농지 확장, 도시화로 전 세계적으로 빠르게 감소하고 있다. FAO의 「2020 세계 산림자원 평가 보고서」에 따르면, 2015~2020년 동안 매년 약 1,000만 헥타르의 산림이 사라졌으며, 이는 대한민국 전체 면적에 해당한다.

특히 아마존은 전 지구 탄소순환과 생물다양성 유지의 핵심이지만, 벌목과 농업 확장으로 면적의 약 20%가 이미 파괴되었거나 훼손됐다. 일정 수준 이상 손실되면 생태계가 스스로 회복하지 못하는 임계점에 도달할 수 있으며, 이는 기후 시스템의 심각한 변화로 이어질 수 있다.

우리나라도 과거 급격한 산림 훼손을 겪었다. 한국전쟁 이후 국토 대부분의 산림이 파괴되었고, 벌목과 화전 농업으로 황폐화가 심화되었다. 이를 극복하기 위해 1970년대 치산녹화사업을 통해 전국적인 나무심기와 숲가꾸기가 이뤄졌고, 국토의 60% 이상이 산림으로 회복되었다.

최근에는 이상기후로 인한 산불이 다시 산림을 위협하고 있다. 동해안과 경상도에서 발생한 대형 산불은 상풍과 건조한 기후로 빠르게 확산되며 복원을 더욱 어렵게 만들고 있다. 이에 정부와 시민사회는 감시 시스템과 방화선 구축, 산불에 강한 숲 조성 등을 추진하고 있다.

[그림 1-10] 국가산불위험예보시스템[9]
(http://forestfire.nifos.go.kr/main.action)

9) 산림청에서는 전국 각 지역별 지형조건, 산림의 상황과 기상청 예보정보를 바탕으로 온도, 습도, 풍속 등의 기상조건을 실시간으로 종합 분석하여 산불 위험도가 높은 지역을 예측하여 예보하는 서비스를 제공하고 있다.

▷ 국제 협력과 미래를 위한 선택

전 세계적으로 기후위기와 생물다양성 감소에 대응하기 위한 국제 협력이 활발히 이루어지고 있다. 이는 특정 국가의 문제가 아닌, 인류 공동의 과제가 되었기 때문이다. UN(국제연합), UNEP(유엔환경계획), IPCC(기후변화에 관한 정부간 협의체) 등 국제 기구들은 지속 가능한 미래를 위해 생태복원 프로젝트를 지원하며, 정책 권고, 기술 이전, 재정적 지원을 통해 글로벌 전략 수립에 기여하고 있다.

자연은 한 번 훼손되면 회복까지 오랜 시간이 걸리며, 때로는 영구적인 손실로 이어지기도 한다. 그러나 복원은 불가능한 것이 아니다. 생태계가 자율적으로 회복할 수 있도록 돕는 것이 생태복원의 본질이다.

우리가 남긴 흔적을 되돌릴 수 있을까?

자연은 더는 기다려주지 않는다. 지금이야말로 실천에 나설 때이다. 생태복원은 과거의 회복이자 미래를 위한 선택이며, 협력한다면 자연과 공존하는 지속 가능한 삶은 충분히 가능하다.

산불이 발생한 후 언제쯤 숲이 회복될 수 있을까?

산불은 산림 생태계에 급격하고 광범위한 변화를 일으키는 대표적인 자연 교란 현상이다. 일정 규모 이상의 산불은 수목과 초본류, 동물, 미생물 군집을 소멸시키고, 토양의 물리·화학적 특성에도 큰 영향을 준다.

하지만 산불은 단순한 파괴로만 볼 수 없다. 생태계는 스스로 회복할 수 있는 회복력을 지니며, 산불 이후의 환경은 종종 천이 초기 단계로 작용한다.

복원은 비교적 빠르게 시작된다. 국내 연구에 따르면 1년 내에 선구종 식물이 자라 토양 유실을 막고, 5년 내 관목류가 등장하며, 10 ~ 20년이면 나무가 자라 숲의 구조가 나타나기 시작한다.

그러나 구조 회복이 곧 생태계 복원 완료를 의미하지는 않는다. 식생이 재형성되었더라도, 토양 미생물, 수분 순환, 동물의 회귀, 종 간 상호작용 같은 기능적 복원이 이루어져야 비로소 복원이 완성된다. 일부 학자는 완전한 회복까지 수십 년에서 100년 이상이 걸릴 수 있다고 본다.

복원 속도는 기후, 지형, 토양, 생물종 구성, 산불의 강도·빈도 등에 따라 달라진다. 특히 기후변화로 인한 고온·건조화, 극한 기상현상은 회복 주기를 지연시키거나 생태 천이 방향을 바꾸는 요인이 된다.

이에 따라 많은 전문가들은 자연 회복력만으로는 한계가 있으며, 과학 기반의 복원 전략이 필요하다고 강조한다. 예를 들어 토양 침식 방지시설 설치, 토양의 건강성 회복, 선구식물 도입, 자생 수목 식재 등은 복원 안정성을 높이고 회복을 촉진할 수 있다.

결국 산불 이후의 산림 복원은 생태 기능의 장기적 회복을 목표로 해야 하며, 그 과정은 느리고 복잡하다. 산불은 생태계 재편의 기회가 될 수 있지만, 회복에는 시간과 이해, 그리고 적절한 개입 또는 절제된 관찰이 필요하다.

2.2 생태계 파괴가 불러온 대가와 교훈

우리는 자연과 깊이 연결된 세상에 살고 있으며, 생태계는 물, 공기, 토양, 기후 등 인간 삶의 기반을 제공한다. 그러나 산업화, 도시화, 자원 남용으로 자연은 지속적으로 훼손되어 왔고, 그 대가는 점점 더 심각해지고 있다.

생태계 불안정은 자연재해의 빈도와 강도를 높이고, 식량과 물 부족, 전염병 확산 등의 위기를 초래한다. 이는 환경을 넘어 인간 사회 전체의 지속 가능성을 위협하는 문제이다. 이제 자연의 경고를 더 이상 외면할 수 없다.

하지만 희망은 있다. 생태계를 복원하고 보호함으로써 자연과의 관계를 회복하고 지속 가능한 미래로 나아갈 수 있다. 이는 모두가 함께 감당해야 할 시대적 책임이다.

○ 기후변화와 자연재해의 증가

생태계 파괴는 기후변화와 극단적 자연재해 증가의 주요 원인이다. 최근 우리는 기록적인 폭염, 홍수, 가뭄, 산불 등 전례 없는 현상을 체험하고 있으며, 이는 단순한 기상이변이 아니라 인간 활동으로 인한 생태계 불안정이 초래한 구조적 위기이다.

2019 ~ 2020년 호주 산불은 약 1억 헥타르의 산림을 태우고 30억 마리의 야생동물에게 영향을 미친 대표적 사례다. 이는 기후변화로 인한 생태계 붕괴의 경고였다. 캘리포니아 산불도 기온 상승, 장기 건조, 산림 관리 부족이 복합적으로 작용한 결과로 매년 큰 피해를 일으키고 있다.

2025년 1월 캘리포니아 남부에서 발생한 산불은 최근 수십 년 사이 가장 파괴적이었다. 팔리세이즈와 이튼 지역에서 시작된 화재는 산타아나 바람과 건조한 기후로 빠르게 확산되어 20여 명이 사망하고, 1만6천 채 이상의 건물이 피해를 입었으며, 경제적 손실은 280억 달러에 달했다. 이는 미국 역사상 가장 비용이 큰 자연재해 중 하나로, 기후변화가 주요 원인으로 지목되었다.

기후변화로 인한 집중호우는 산사태 발생을 증가시키고 있다. 우리나라는 2020년대 들어 여름철 집중호우가 심화되며, 최근 10년간 전체 산사태 피해의 약 85%가 7 ~ 8월에 집중됐다. 단순한 기상이변을 넘어, 이는 기후 변화로 인한 구조적 위험으로 평가된다.

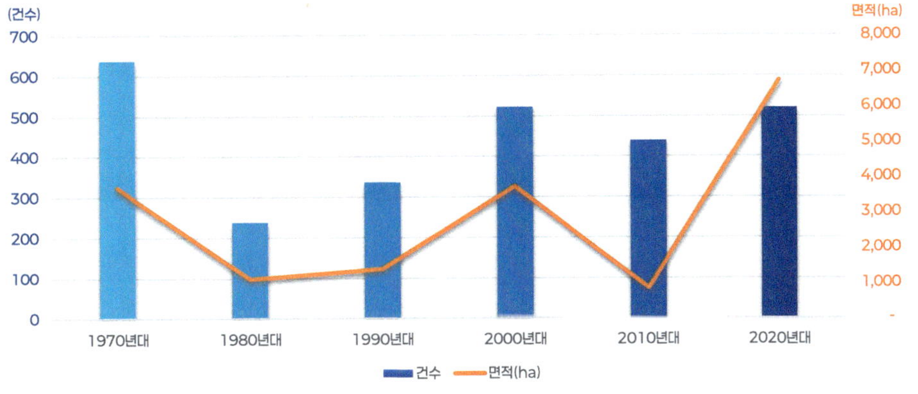

[그림 1-11] 우리나라 산불피해 자료[10)]

산불뿐 아니라 홍수와 태풍의 강도와 빈도도 높아지고 있다. 2024년 7월 태풍 '개미'는 필리핀 루손섬과 마닐라에 기록적인 폭우를 쏟아 60만 명이 대피하고 최소 20명이 사망했으며, 마닐라 전역은 하루 300mm 이상의 폭우로 침수되었다.

방글라데시와 태평양 도서 국가들은 해수면 상승과 강력한 태풍으로 해안 침식과 주민 이주 피해가 가속화되고 있으며, 이는 기후난민 문제로 번지고 있다. 전문가들은 생태복원을 통해 해안 방어력을 높이고 지속 가능한 도시계획을 마련해야 한다고 지적한다.

10) 산림청 홈페이지에 게시된 산불 통계자료(이 자료에는 2025년 영남 일대에서 발생한 산불 관련 자료는 아직 포함되지 않았음).

별(★) 볼일 없는 하루

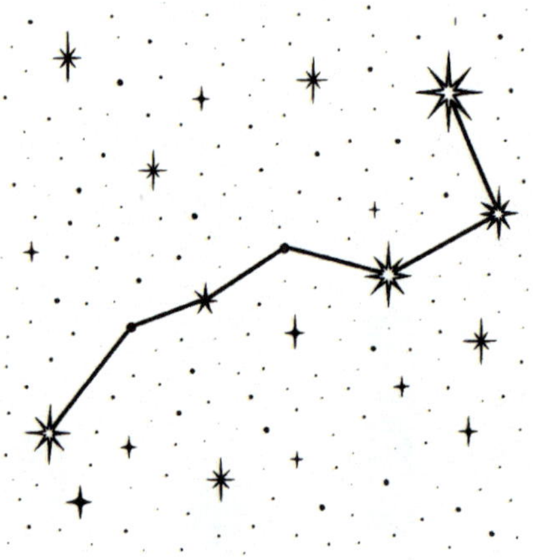

현대 도시의 밤은 더 이상 어둡지 않다. 24시간 불이 꺼지지 않는 도시는 발전의 상징처럼 보이지만, 그 이면에는 우리가 인식하지 못한 문제가 숨어 있다.

과도한 인공조명으로 발생하는 현상, 즉 '빛공해'는 단순히 밤하늘의 별을 가리는 것을 넘어, 생물의 생체리듬과 생태계의 균형에까지 영향을 미친다. 특히 야행성 동물과 곤충은 인공조명에 매우 취약하다. 밤에 활동하는 이들에게 과도한 빛은 방향 감각을 혼란시키고, 짝짓기·먹이활동·이동을 방해한다. 예를 들어 나방과 박쥐는 빛에 끌려 먹이를 놓치거나 포식자에게 쉽게 노출된다.

대표적인 사례가 반딧불이다. 한때 여름밤을 수놓던 반딧불이는 이제 일부 청정 지역에서만 볼 수 있다. 이들은 빛으로 짝을 찾지만, 인공조명이 강하면 신호가 희미해져 번식이 어려워지고, 이는 수생태계 붕괴의 신호로도 해석된다.

별도 마찬가지다. 도시 하늘에서 별이 안 보이는 건 별이 없어서가 아니라, 우리가 다른 빛으로 별빛을 가려버린 탓이다. 예전에는 별을 보며 계절과 방향을 읽고 자연과 연결됐지만, 지금은 그 연결이 점점 약해지고 있다.

빛은 필요하지만, 지나친 조명은 생명을 위협한다. 빛공해는 조류 이동을 방해하고 곤충의 집단 폐사, 생물 간 상호작용 단절 등을 일으킨다. 인간에게도 수면장애, 생체리듬 교란 등 건강 문제를 유발한다. 빛공해는 에너지 절감 차원을 넘어 생태계 복원의 과제로 인식되어야 한다.

밤이 어두워야 살아갈 수 있는 생명들이 있다. 우리가 너무 밝게 만든 도시의 밤을 되돌아보는 일, 그것이 자연의 균형을 회복하는 첫걸음이 될 것이다.

○ 생물다양성 감소와 생태계 붕괴

생태계 파괴는 단순한 환경 훼손을 넘어 생물다양성 손실이라는 심각한 결과를 초래한다. 현재 전 세계적으로 약 100만 종의 생물이 멸종 위기에 처해 있으며, 이는 개별 종의 소멸을 넘어 생태계 전체의 기능과 서비스 붕괴 위험성을 내포하고 있다. 생물다양성은 인간이 의존하는 자연 자원의 기반을 이루며, 이를 보전하지 못할 경우 농업, 어업, 수질, 대기 정화, 기후 조절 등 필수 생태계 서비스가 위협받는다.

특히 벌, 나비, 새, 박쥐와 같은 수분 매개 생물의 감소는 농작물 수분 과정에 영향을 미쳐 농업 생산성 저하로 이어질 수 있다. 유엔 식량농업기구(FAO)와 생물다양성과 생태계서비스에 관한 정부간 플랫폼(IPBES)에 따르면, 수분 매개체가 담당하는 농업 부문의 경세적 가치는 전 세계적으로 연간 약 2,350억 ~ 5,770억 달러에 이른다. 따라서 이들의 감소는 식량 안보 위협과 세계 경제의 불안정성을 초래할 수 있다.

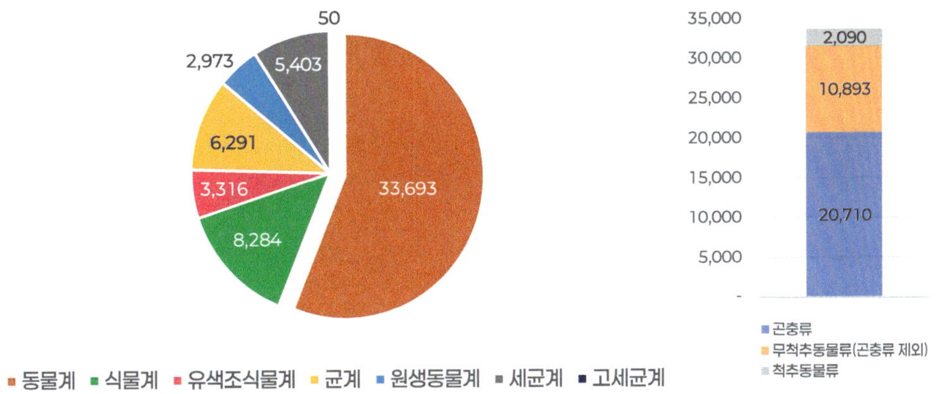

[그림 1-12] 우리나라의 생물다양성 현황[11]

11) 2023년 통계자료에 의하면 우리나라의 생물종수는 60,010종이다. 이중 동물계가 33,693종(56.2%)으로 가장 많으며, 또한 동물계 중에서는 곤충류가 20,701종이 조사되었다(2023 국가생물다양성 통계자료집, https://www.nibr.go.kr/aiibook/).

육상 생물다양성 감소는 산림 생태계의 안정성을 약화시키며, 토양 유실, 홍수 위험 증가, 기후변화 대응력 저하 등 연쇄적 영향을 일으킨다. 식물과 곤충이 제공하는 자연적인 토양 유지 기능이 약해지면 농업의 지속 가능성도 위협받는다. 이는 단순한 환경 문제가 아니라, 인간 사회 생존 기반을 위협하는 구조적 위기이다.

해양에서도 생물다양성 감소는 심각한 문제다. 산호초 백화현상은 해양 생물에 치명적 영향을 주며, 해양 먹이사슬을 불안정하게 만든다. 산호초는 해양 면적의 1% 미만을 차지하지만, 전체 해양 생물의 25% 이상이 산호초에 의존하고 있어 그 손실은 해양 생태계 전체를 위협한다.

산호초 소멸은 수천만 명의 생계를 위협하는 요소이기도 하다. 세계자연보전연맹(IUCN)은 산호초가 관광업과 연안 어업 의존도가 높은 국가들의 경제에 직결되는 중요한 자원임을 강조한다. 산호초가 사라지면 관련 어종이 급감하고 먹이사슬 불균형이 발생해 연안 어업과 글로벌 수산업 전반에 영향을 미친다. 현재 해양 생물의 감소는 어획량 저하로 이어지며, 이는 저소득 국가의 식량 안보와 어업 종사자의 생계에 직접적인 위협이 되고 있다.

○ 생태계 복원을 통한 희망과 해결책

생태계 파괴는 인간과 자연 모두에게 깊은 상처를 남겼지만, 자연은 회복의 기회를 허락한다. 세계 곳곳에서 진행되는 생태복원 프로젝트들은 우리가 자연과의 관계를 다시 맺고, 지속 가능한 미래를 향해 나아갈 수 있음을 보여준다.

한국의 순천만 습지 복원은 해양 생태계 회복의 대표적인 사례다. 갯벌을 되살리고, 탄소 흡수와 블루카본 저장을 강화했으며, 폐염전과 양식장을 연안 습지로 전환해 생물다양성을 높였다. 이와 함께 생태관광을 통해 지역 경제 활성화에도 기여하며 복원의 다양한 가치를 입증했다.

아프리카의 대녹색장성(Great Green Wall) 프로젝트는 사하라 사막 남부에 녹지대를 조성해 사막화를 막고, 수백만 헥타르의 황폐지를 복원했으며, 수십만 개의 녹색 일자리를 창출하는 성과를 거두고 있다.

하지만 이러한 성과가 지속되기 위해서는 정부와 국제기구의 노력만으로는 충분하지 않다. 지역사회와 개인의 참여가 병행되어야 하며, 에너지 절약, 쓰레기 줄이기, 친환경 소비 같은 일상 속 실천이 더해질 때 비로소 자연과의 관계 회복이 가능하다.

보호구역 지정, 환경 교육, 지역 중심의 복원 활동 등은 생태계를 건강하게 유지하는 중요한 기반이 된다. 이런 움직임이 사회 전반으로 확산될 때, 생태계는 다시 인간의 삶을 지탱하는 든든한 토대가 될 수 있다.

생태복원은 단순한 환경 보호를 넘어, 인간의 생존과 삶의 질을 지키는 필수적인 과제다. 자연이 보내는 경고를 더 이상 외면하지 말고, 조화를 이루는 선택을 통해 생태계가 스스로 회복할 수 있는 조건을 마련해야 한다.

잡초는 정말 쓸모없는 식물일까?

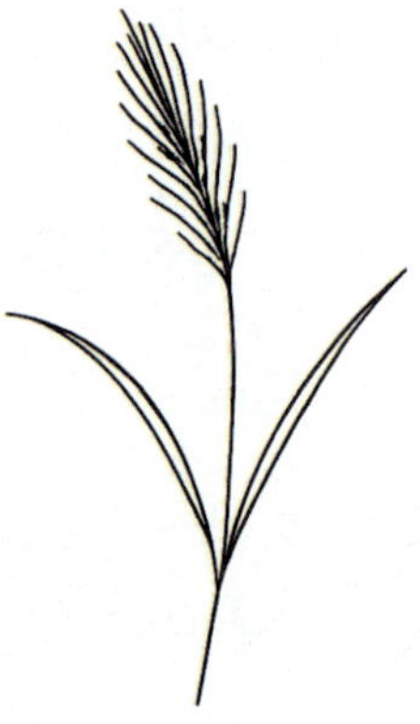

'잡초'라는 말에는 부정적 이미지가 담겨 있다. 정원이나 농지에서 자라는 원치 않는 식물, 작물의 성장을 방해하는 존재, 그래서 제거해야 할 대상으로 여겨진다. 실제로 농업에서는 잡초가 양분 · 수분 · 햇빛을 작물과 경쟁하며 수확량을 줄이는 요인으로 간주된다.

하지만 생태복원의 관점에서는 이야기가 달라진다. 훼손된 땅은 생명이 살기 어려운 공간이며, 침식에 취약하고 유기물이 부족하다. 이런 땅에 가장 먼저 자리 잡는 것이 바로 잡초다. 강한 생명력으로 지표면을 덮고, 뿌리로 토양을 고정해 침식을 막는다. 자연이 복원을 위해 보내는 '1차 대응조'와 같다.

잡초는 단지 땅을 덮는 것에 그치지 않는다. 토양 미생물 활동을 활성화하고, 유기물을 공급하며, 다른 식물이 자랄 수 있는 환경을 만든다. 곤충이 돌아오고, 곤충을 따라 새가 오면서 서식지와 생물다양성이 서서히 회복된다.

초기 복원지에서 쑥, 망초, 달맞이꽃 같은 식물이 먼저 자리 잡는 것도 이런 이유다. 이들 선구식물은 생태계 회복의 문을 여는 안내자 역할을 한다.

물론 모든 잡초가 긍정적인 것은 아니다. 외래종 일부는 생태계에 위협이 될 수 있다. 그러나 많은 잡초는 무너진 생태계에 숨통을 틔워주는 존재이기도 하다.

우리는 기억해야 한다. '잡초'라는 이름은 식물이 아니라 인간이 붙인 것이다. '쓸모없음'이라는 판단은 인간 중심의 시각에서 비롯된 오만일 수 있다.

무심코 뽑아버린 그 풀 한 포기,
자연은 그것을 '복원의 시작'이라 부르고 있었는지도 모른다.

※ 선구식물(pioneer species)은 황폐하고 척박한 환경에 가장 먼저 정착하는 식물로, 토양 형성과 생태계 회복의 출발점이 된다. 선구식생(pioneer vegetation)은 이러한 선구식물들이 모여 형성한 초기 식물 군락으로, 생태계 천이의 첫 단계를 이룬다. 이들은 다른 생물이 자랄 수 있는 환경을 조성하며 생태계 복원의 기초를 마련한다.

2.3 지속 가능한 미래를 위한 공존의 방법

우리의 미래는 자연과 인간이 어떻게 공존하느냐에 달려 있다. 생태계는 단순한 자원 공급원이 아니라 인간 삶의 기반이다. 하지만 산업화와 도시화는 자원의 과도한 착취와 생태계 훼손으로 이어져 왔고, 이제는 자연과 조화를 이루는 새로운 방식으로의 전환이 필요하다. 이는 환경 보호를 넘어, 인간이 생태계의 일부로서 균형 있게 살아가는 새로운 패러다임 구축을 뜻한다.

이러한 전환을 위해서는 생태계 복원, 지속 가능한 생활, 국제 및 지역 협력, 환경 교육, 기술 혁신, 정책 지원이 함께 작동해야 한다. 그중 생태계 복원은 단순한 환경 정비가 아니라, 파괴된 자연의 기능을 되살리는 핵심 과정이다. 이를 통해 우리는 생물다양성을 증진하고, 기후변화를 완화하며, 생태계 서비스의 가치를 회복할 수 있다.

또한, 일상 속 소비 습관과 에너지 사용 방식도 생태계에 직접적 영향을 미친다. 재생에너지 사용, 폐기물 감축, 순환경제 도입 등은 필수적인 실천이며, 에너지 절약이나 플라스틱 줄이기, 로컬푸드 소비 같은 작은 행동도 큰 변화를 이끌 수 있다.

하지만 이런 변화는 국가의 노력만으로는 어렵고, 지역과 국제사회의 협력이 함께 해야 가능하다. 유엔생물다양성협약(UNCBD)은 2022년 제15차 당사국총회(COP15)에서 "쿤밍-몬트리올 글로벌 생물다양성 프레임워크(Kunming-Montreal Global Biodiversity Framework)"를 채택하며, 2030년까지 생물다양성 손실을 중단하고 복원하기 위한 구체적 목표를 제시했다. 이는 전 세계가 공동의 책임 아래 실천을 강화할 수 있도록 이끄는 기준이 되고 있다.

국제적 노력과 더불어, 지역사회 기반 복원도 중요하다. 예를 들어, 서울숲 복원은 도심 생태계를 회복하고 시민에게 자연 체험 기회를 제공해 도시 생태복원의 대표 사례로 평가받는다. 지방 하천 복원도 주민 참여와 행정 협력을 바탕으로 생태계 회복과 지속 가능한 이용의 균형을 이루고 있다.

이러한 지역 실천을 더욱 튼튼하게 만드는 기반은 환경 교육과 인식의 변화다. 환경 교육은 단순한 지식 전달을 넘어, 자연에 대한 이해와 책임 의식을 키우는 과정이다. 특히 청소년 대상의 체계적인 교육은 미래 세대가 자연과 조화를 이루며 살아갈 수 있도록 준비시키는 중요한 밑거름이 된다. 많은 보고서들도 지역 참여와 청소년 교육이 생태복원 성공의 핵심임을 반복해 강조하고 있다.

또한, 첨단 기술은 복원의 효율성과 정밀도를 높이는 데 중요한 역할을 한다. 인공지능(AI)은 방대한 환경 데이터를 분석해 복원 전략을 제시하며, 드론과 원격 센서는 자연 환경의 훼손과 복원 과정의 모니터링에 실질적인 도움을 준다. 해양 플라스틱 문제 해결에도 AI가 오염 예측과 수거 전략 수립에 활용되면서, 기술은 인간의 한계를 보완하는 강력한 수단이 되고 있다.

무엇보다 이러한 노력의 토대는 정책적 뒷받침이다. IPCC는 기후변화 대응과 생태복원을 위한 국제 협력과 제도 구축의 중요성을 강조한다. 한국의 탄소중립법은 탄소 감축과 복원을 연계한 제도를 마련했고, EU의 그린딜은 생태 보전, 순환경제, 탄소중립을 통합한 강력한 정책 프레임워크를 제시한다. 정책은 기술과 시민 참여를 연결해 실질적 변화를 이끄는 동력이다.

결국, 자연과 공존하는 미래는 시민 실천, 지역 책임, 국제 연대, 과학과 정책의 통합을 통해 가능하다. 생태복원은 단지 훼손된 자연을 되돌리는 일이 아니라, 인간과 자연의 새로운 관계를 설계하는 일이다. 이제 그 변화의 길 위에 우리가 서야 할 때다.

기후변화와 영구동토층 : 깨어나는 고대 병원체의 위협

기후변화로 지구 평균기온이 상승하면서, 북극을 포함한 고위도 지역의 영구동토층이 점차 해빙되고 있다. 수천 년간 얼어 있던 이 지층은 동물 사체, 식물 유기물, 고대 세균과 바이러스 등 다양한 미생물이 보존된 생물학적 타임캡슐이다. 이 토양이 녹으면 비활성 상태였던 병원체가 다시 활성화될 수 있으며, 이는 인류 건강에 심각한 위협이 될 수 있다.

실제 사례도 존재한다. 2016년 러시아 시베리아 야말반도에서는 75년 만에 탄저병이 재출현했다. 해빙된 동토층에서 드러난 순록 사체에서 탄저균(Bacillus anthracis)이 방출되었고, 이로 인해 수십 명이 병원에 입원하고 2,000마리 이상의 순록이 폐사했다. 이는 기후변화가 전염병 재확산을 직접 촉진할 수 있음을 보여준다.

과학자들은 동토층에서 수만 년 된 고대 바이러스를 복원하기도 했다. 프랑스 엑스마르세유대학 연구팀은 시베리아 동토에서 발견한 '피토바이러스(Pithovirus sibericum)'를 단세포 생물(아메바)에 감염시키는 데 성공했다. 이 바이러스는 인간에게는 감염되지 않았지만, 고대 병원체의 생존 가능성을 보여주는 사례다.

문제는, 이들 병원체 대부분이 현대인의 면역체계가 한 번도 접한 적 없는 것들이라는 점이다. 과학자들은 탄저균 외에도 천연두, 페스트, 인플루엔자 등의 병원체가 동토층에 보존되어 있을 가능성도 우려하고 있다.

이러한 사례는 기후변화가 생태계 문제를 넘어 인류 보건과 생존을 위협하는 사안임을 분명히 한다. 따라서 기후 대응 전략은 단순히 탄소중립이나 생태복원에 국한되지 않고, 감염병 대비, 공공보건, 국제 협력을 포함하는 통합적 접근이 필요하다.

3장. 자연이 주는 혜택 : 생태계 서비스란?

우리는 매일 자연이 주는 혜택 속에서 살아가고 있지만, 그 소중함을 종종 잊고 지낸다. 깨끗한 공기를 마시고, 맑은 물을 마시며, 풍요로운 식량을 얻는 일은 물론, 숲과 바다가 기후를 조절하고 재해를 완화하는 역할까지...

자연은 우리의 삶을 지탱하는 수많은 기능을 묵묵히 수행하고 있다. 이러한 생태계 서비스는 단순한 자연의 선물이 아니라, 인류의 생존과 경제적 안정, 사회적 복지를 가능하게 하는 핵심 기반이다. 그러나 산업화와 도시화의 확산으로 인해, 이 소중한 생태계 서비스는 점점 위협받고 있다. 산림 훼손, 환경오염, 기후 변화는 자연의 기능을 약화시키고 있으며, 이로 인해 우리가 누려왔던 혜택들도 서서히 사라지고 있다.

지금 우리는 중요한 선택의 기로에 서 있다. 자연을 보호하고, 훼손된 생태계를 복원해야만 그 혜택을 미래 세대까지 지속할 수 있다. 자연과의 조화로운 공존 없이는 건강한 삶도, 지속 가능한 발전도 기대할 수 없다. 우리가 지금 어떤 행동을 하느냐가 미래의 삶의 질을 결정짓는다.

3.1 자연이 제공하는 필수 서비스
: 우리가 몰랐던 자연의 특별한 선물

자연은 단순한 풍경이 아니라, 우리의 생존과 삶의 질을 지탱하는 근본이자 인류 문명의 지속을 위한 핵심 기반이다. 생태계는 다양한 자원과 혜택을 제공하며, 이를 '생태계 서비스(Ecosystem Services)'라 한다. 이는 공급, 조절, 문화, 지지의 네 가지로 구분되며, 우리의 일상은 물론 경제와 사회 전반에 영향을 미친다.

우리가 사용하는 물, 공기, 식량은 모두 자연이 제공하는 정교한 서비스의 산물이다. 숲은 이산화탄소를 흡수하고 산소를 내뿜으며, 토양과 강은 깨끗한 물을 제공한다. 습지는 동식물의 서식처이자 홍수를 조절하는 기능을 하며, 생물다양성의 원천이 된다. 이러한 서비스는 사회의 건강, 경제적 안정, 문화적 풍요를 가능하게 하지만, 그 중요성은 종종 간과된다.

[그림 1-13] 생태계가 우리에게 제공해주는 다양한 서비스

특히 많은 생태계 서비스는 눈에 보이지 않기에 그 가치가 쉽게 인식되지 않는다. 산림의 기후 조절, 토양 미생물의 영양 순환, 해양의 탄소 흡수 기능 등은 삶에 결정적인 영향을 주지만 체감하기 어렵다.

이처럼 생태계 서비스 개념은 다소 학술적이고 추상적으로 느껴질 수 있으며, 보호의 필요성도 잊혀지기 쉽다. 특히 도시에서는 물리적 거리감으로 인해 이러한 서비스가 더욱 멀게 느껴진다.

그러나 우리의 일상에도 생태계 서비스는 존재한다. 여름날 나무 그늘의 시원함이나, 깨끗한 공기와 물은 자연의 기능을 실감하게 한다. 이러한 체험은 환경 보호를 넘어, 자연과 인간이 조화롭게 공존하는 지속 가능한 미래를 설계하는 데 중요한 출발점이 된다.

○ 공급 서비스(Supply Services) : 자연이 제공하는 생명의 자원

공급 서비스는 생태계가 인간에게 제공하는 필수 자원, 즉 식량, 물, 목재, 의약품 등의 생산을 가능하게 하는 기능을 말한다. 인류는 오랜 세월 자연으로부터 자원을 얻어 문명을 발전시켜 왔으며, 현대 사회에서도 자연에 대한 의존은 여전히 절대적이다.

우리가 소비하는 식량의 상당 부분은 자연의 섬세한 균형에 의해 유지된다. 전 세계 주요 작물의 75% 이상은 벌, 나비 등 수분 매개 곤충에 의존하며, 이들의 감소는 농업 생산성 저하로 이어진다. 최근에는 살충제, 서식지 파괴, 기후변화 등으로 꿀벌 개체수가 급감하면서 일부 지역에서 실제로 과일이나 채소의 생산량이 줄고 있다.

해양도 중요한 식량 공급원이다. 수십억 명이 해산물에 의존하고, 어업은 수백만 개의 일자리를 창출한다. 그러나 어류 자원의 30% 이상이 남획 상태이며, 참치 · 대구 등 일부 주요 어종은 개체수 급감으로 해양 생태계의 균형까지 위협받고 있다.

공급 서비스에는 산업적 자원도 포함된다. 목재는 건축, 종이 생산 등 여러 분야에서 필수적이며, 해마다 수천만 톤이 사용된다. 하지만 무분별한 벌목은 산림 파괴를 초래하고, 탄소 흡수력 저하와 생물다양성 손실로 이어진다.

자연은 의약품 개발에서도 핵심적이다. 예컨대 아스피린(Aspirin)은 버드나무 껍질의 살리신에서 유래했으며, 말라리아 치료제 키니네(Quinine)는 남미 키나나무 껍질에서 추출된 천연 알칼로이드로, 17세기 페루 원주민의 전통에서 비롯되었다. 이처럼 다양한 현대 의약품이 식물, 해양 생물, 미생물에서 유래되었고, 이는 생물다양성 보전이 인류 건강과 직결됨을 보여준다.

자연은 단순히 식량을 넘어 목재, 약재, 천연섬유 등 산업 자원의 원천이며, 과학기술 발전의 토대가 되어왔다. 이러한 자원들이 지속적으로 공급되기 위해서는 생태계의 건강성이 전제되어야 하며, 공급 서비스의 안정적 유지와 생태계 보호는 인류 생존을 위한 필수 조건이다.

○ 조절 서비스(Regulating Services) : 자연이 제공하는 균형 유지 기능

자연은 단순히 자원을 제공하는 것을 넘어, 스스로 환경의 균형을 유지하고 안정적으로 조절하는 기능을 수행한다. 이를 '조절 서비스'라 하며, 기후 조절, 대기 정화, 자연재해 완화 등이 여기에 포함된다. 이러한 기능은 인간 사회의 안전과 건강을 지탱하는 보이지 않는 보호막과도 같다.

숲은 지구의 '공기 청정기'이자 '기후 조절 장치' 역할을 한다. 1헥타르의 숲은 연간 약 10톤의 이산화탄소를 흡수해 대기의 탄소 균형을 유지하며 기후변화 완화에 기여한다(IPCC). 도시 내 녹지는 미세먼지를 줄이고 여름철 기온을 낮추는 데 효과적이다. 연구에 따르면 녹지가 풍부한 도시는 평균 2~4℃ 낮은 기온을 유지하며, 이는 열섬현상 완화와 폭염 피해 감소에 기여한다.

해양과 습지도 기후 조절에 필수적이다. 바다는 대기 중 이산화탄소의 30% 이상을 흡수하고, 맹그로브 숲, 해초지, 염습지 등은 탄소를 제거해 장기적으로 저장하는 '블루카본' 기능을 수행한다. 이는 일부 육상 숲보다 더 효과적인 탄소 흡수원으로 평가된다.

습지는 또 하나의 강력한 자연 방어 체계로, 홍수를 조절하고 극한 기후로부터 인간과 생태계를 보호한다. 연구에 따르면 건강한 맹그로브 숲이 있는 해안 지역은 태풍과 해일 피해를 60% 이상 줄일 수 있어, 생명과 재산을 지키는 중요한 자연의 방패 역할을 한다.

이처럼 자연의 조절 서비스는 우리가 인식하지 못하는 사이에도 끊임없이 작동하며, 인간 사회의 안전을 지탱하는 중요한 기반이 되고 있다.

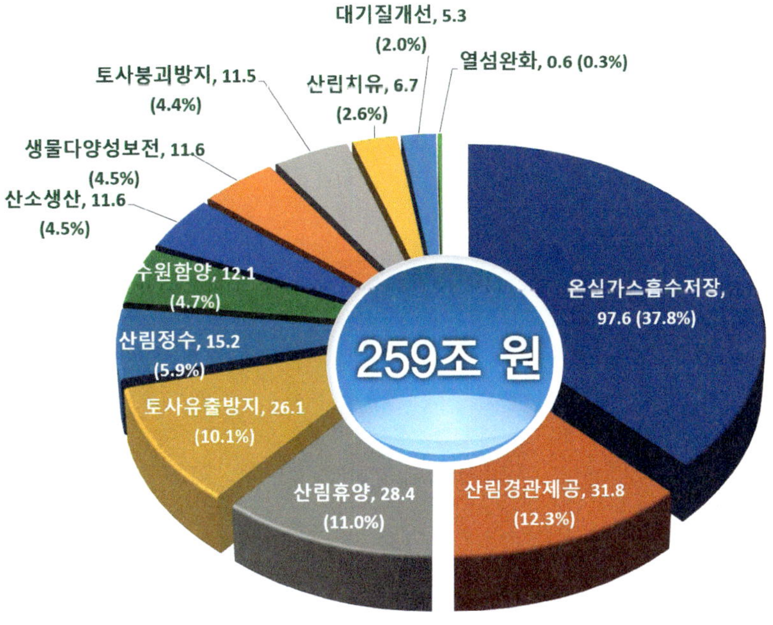

[그림 1-14] 산림의 공익적 기능 (산림청 정책브리핑 자료 재인용)[12)]

12) 산림청은 산림의 공익기능 가치가 2020년 기준으로 259조원에 이른다고 발표했다. 1960년 이후 약 120억 그루의 나무를 심고 잘 가꾸어 산림의 전체 나무부피(임목축적)는 14배나 증가하였다. 그 결과, 우리나라 국민은 울창한 산림으로부터 1인당 연간 499만원의 혜택을 받고 있다. 이 평가액은 이전 2018년 기준 평가액 221조원에서 38조원(16.9%)이 증가한 것으로, 2020년 국내총생산(GDP) 1,941조원의 13.3%, 농림어업총생산(34.3조원)의 8.1배에 해당하는 규모이다(산림청 보도자료. 2023.3.29.).

○ 문화 서비스(Cultural Services) : 자연이 주는 정신적 가치

자연은 단순한 생존 공간이 아니라, 우리의 정신과 감성을 풍요롭게 하고 문화와 예술, 정서적 안정에 깊이 영향을 미치는 요소다. 문화 서비스는 자연이 인간에게 제공하는 심미적 · 정신적 · 문화적 가치를 의미하며, 이는 삶의 질과 밀접한 관련이 있다.

울창한 숲 속에서 단 30분 머무는 것만으로도 스트레스 호르몬인 코르티솔 수치가 감소하고 면역력이 높아진다고 알려져 있다. 숲을 걷거나 바다를 바라보는 행위는 심리적 안정을 주며, 이러한 효과는 다양한 연구에서 입증되었다. 이를 기반으로 '산림치유(Forest Healing)'와 '자연기반 치유(Nature-Based Therapy)'가 각광받고 있다.

자연은 예술과 문학의 영감의 원천이기도 하다. 반 고흐의 '별이 빛나는 밤'은 자연에서 받은 감동으로 탄생한 작품이며, 한국의 한시와 민속화에도 사계절의 아름다움과 자연과 인간의 조화를 담은 철학이 반영되어 있다.

[그림 1-15] 자연휴양림내 조성되어 있는 숲[13]

13) 자연휴양림은 산림자원의 지속가능한 경영을 도모하면서 숙박시설, 편의시설 등 기본적인 휴양시설을 설치하여 국민의 보건휴양, 정서함양, 산림교육 등을 위한 야외휴양공간을 제공함과 동시에 산림소유자의 소득향상에 이바지하기 위한 산림이다. 누구나 '숲나들e https://www.foresttrip.go.kr'에서 예약하고 이용할 수 있다.

또한, 자연은 경제적 가치도 지닌다. 전 세계 생태관광 산업은 연간 수백조 원 규모로 성장하고 있으며, 자연기반 관광과 휴양은 지속 가능한 성장의 핵심이다. 한국에서도 지리산, 설악산 등 국립공원을 중심으로 생태관광이 활발하며, 제주 곶자왈 숲과 울릉도 원시림은 국내외 관광객들에게 인기를 끌고 있다.

산림 휴양은 현대인의 신체적 · 정신적 건강 증진에 중요한 역할을 한다. 한국의 국립산림치유원 등에서는 숲속 명상, 아로마 테라피, 생태 탐방 등을 통해 도시 생활에 지친 이들에게 회복의 기회를 제공하고 있다.

하지만 도시화와 환경 파괴가 가속화되면서 자연의 문화적 가치는 점점 사라지고 있다. 녹지 공간이 부족한 도시일수록 우울증과 불안 장애 발병률이 높고, 자연과의 단절은 사회적 고립과 스트레스 증가로 이어질 수 있다는 연구도 있다.

결국, 자연은 단순한 배경이 아니라, 인간의 정신적 풍요와 문화적 창조성을 이끄는 중요한 기반이다. 우리가 숲과 강, 산과 바다에서 휴식과 영감을 얻어왔듯이, 자연을 보존하고 회복하는 일은 환경 보호를 넘어 우리의 정신과 삶을 지키는 일이다.

○ 지지 서비스(Supporting Services) : 생태계의 근본적인 기반

자연은 끊임없이 순환하며, 우리가 살아가는 데 필요한 모든 것을 만들어낸다. 지지 서비스는 이러한 자연의 기본 기능으로, 토양 형성, 생물다양성 유지, 영양소 순환, 광합성 등 생태계가 스스로를 유지하게 하는 근본 과정을 포함한다. 직접 체감하긴 어렵지만, 이 기능 없이는 우리가 누리는 다른 생태계 서비스도 지속될 수 없다.

건강한 토양은 식량 생산, 숲의 성장, 수자원 보존 등 여러 서비스의 출발점이다. 토양 속 미생물과 곰팡이는 유기물을 분해해 식물이 흡수할 수 있는 영양분으로 바꾼다. 이 과정이 없다면 토양은 척박해지고 생장도 불가능해진다. 네덜란드는 이런 자연

원리를 바탕으로 첨단 토양 관리 기술을 도입해 세계적인 농업 강국이 되었다[14].

생물다양성은 생태계 건강을 유지하는 핵심이다. 생물이 다양할수록 생태계는 탄탄하며, 환경 변화에도 쉽게 무너지지 않는다. 꿀벌과 나비는 과일과 채소 생산에 필수이고, 포식자는 해충 개체수를 조절한다. 그러나 생물다양성의 감소는 생태계 균형을 무너뜨리며, 결국 인간 사회에도 영향을 미친다.

또 다른 핵심 기능은 영양소 순환이다. 미생물과 곰팡이가 토양과 물속에서 영양소를 순환시켜 식물과 동물이 자랄 수 있게 한다. 이 과정이 막히면 토양은 메마르고, 수중 생물은 산소 부족으로 위험해진다.

해초지와 맹그로브 숲처럼 블루카본 생태계는 이산화탄소를 흡수하고 장기 저장하는 기능이 있다. 이들은 육상 숲보다 3 ~ 5배 더 많은 탄소를 저장할 수 있어, 기후변화 대응에 효과적인 전략으로 평가받는다.

자연은 우리가 인식하지 못하는 사이에도 스스로를 조절하며 인간에게 꼭 필요한 것을 만들어낸다. 지지 서비스는 생태계의 뿌리이자 인간 생존의 기반이며, 이 기능이 지속될 수 있도록 돕는 것이 바로 지속 가능한 미래를 만드는 길이다.

---

14) 네덜란드는 첨단 토양관리 기술을 활용해 제한된 농지에서도 높은 생산성을 달성하고 있다. 센서, 위성, 드론 등을 통해 토양의 수분, 영양분, 산도 등을 정밀하게 분석하고 맞춤형 농업을 실현한다. 이러한 기술 기반의 정밀농업은 수확량 증대와 자원 절약을 동시에 가능하게 해, 농업 강국으로 성장하는 기반이 되었다.

사료에서 식탁까지 : 닭을 통해 본 에너지 흐름의 비효율성

생태계에서 에너지는 끊임없이 이동하고 변환된다. 생물은 먹이를 통해 에너지를 얻지만, 그 대부분은 체온 유지, 활동, 소화 등 생명 활동에 사용되고, 열로 방출된다. 다음 단계로 전달되는 에너지는 전체의 10 ~ 20% 정도이며, 나머지 80 ~ 90%는 손실된다.

이 에너지 흐름의 법칙은 닭과 사료의 관계를 통해 쉽게 이해할 수 있다. 예를 들어, 한 사람이 1년간 필요한 단백질과 에너지를 닭고기로만 섭취한다고 가정하면, 약 300마리의 닭이 필요하다. 닭 한 마리를 키우는 데 평균 4kg의 사료가 소요되므로, 총 1,200kg(1.2톤)의 사료가 소비된다.

즉, 한 사람의 1년치 에너지를 닭고기로 공급받기 위해서는 그보다 훨씬 많은 식물 기반 에너지(사료)가 필요하며, 이 과정에서 단계별로 대부분의 에너지는 열로 손실된다. 인간에게 도달하는 에너지는 그중 극히 일부에 불과하다.

이러한 구조는 생명체가 질서 있는 상태를 유지하기 위해 더 큰 무질서(에너지 손실과 분산)를 환경에 초래한다는 역설을 보여준다. 살아 있는 존재는 에너지를 얻기 위해 반드시 더 많은 에너지를 소비하고 손실하는 존재인 것이다.

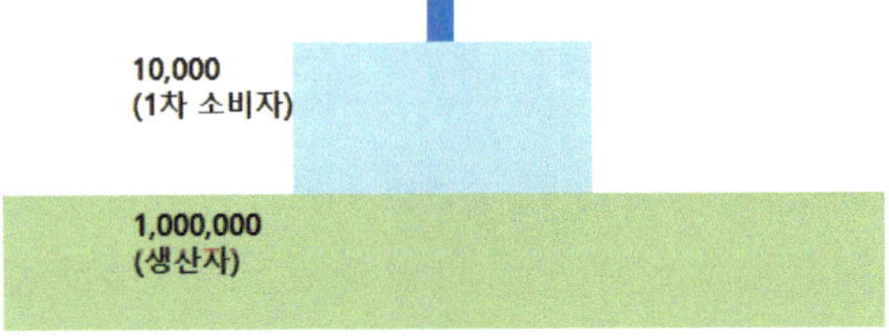

※ 참고로 한국농촌경제연구원의 농업전망 통계(2024년)에 따르면, 2023년 국내에서 도축된 닭은 10억1137만마리로 집계되었다. 이를 우리나라 인구(5,000여만명)로 나누면 1인당 닭 소비량은 26마리이다.

3.2 생태복원이 우리의 삶과 경제에 주는 혜택

우리는 자연의 혜택을 당연하게 여기며 살아간다. 그러나 기후변화와 환경파괴로 인해 생태계가 급격히 변하면서, 자연이 제공하던 많은 서비스가 사라지고 있다. 이를 해결하는 중요한 방법 중 하나가 생태복원이다. 생태복원은 단순한 환경 복구를 넘어 삶의 질을 높이고, 경제적 가치를 창출하며, 지속 가능한 미래를 만드는 길이다.

○ 생태복원과 우리의 삶

우리가 숨 쉬는 공기, 마시는 물, 먹는 음식은 모두 건강한 생태계에서 비롯된다. 자연은 단순히 우리가 이용하는 자원의 공급원이 아니라, 우리의 삶을 지탱하는 필수적인 기반이다. 생태계는 인간에게 깨끗한 환경을 제공하고, 기후를 조절하며, 자연재해로부터 보호하는 역할을 한다. 그러나 산업화와 도시화가 가속화되면서 많은 생태계가 심각하게 훼손되었고, 그 결과 대기오염과 수질오염이 심화되며, 자연재해의 빈도와 강도 또한 증가하고 있다.

▷ 생태복원을 통한 공기 및 수질 개선

도시화와 산업화는 대기와 수질 오염의 주요 원인이다. 그러나 생태복원을 통해 깨끗한 공기와 물을 되찾을 수 있다. 도시 숲과 녹지 공간을 확충하면 미세먼지를 줄이고 도심 온도를 낮출 수 있다. 예를 들어 서울시는 미세먼지 저감을 위해 다양한 도시숲을 조성하고 있으며, 이는 녹지 확대를 통해 공기 질 개선과 열섬현상 완화에 기여하고 있다. 연구에 따르면 도시숲이 조성된 지역은 미세먼지 농도가 평균 25% 이상 감소한다. 녹지는 또한 시민의 스트레스를 줄이고 정신 건강을 증진하는 데 도움을 준다.

수질 오염도 생태복원을 통해 해결할 수 있다. 자연 습지는 오염물질을 정화하는 기능이 있어 하천과 호수의 수질 개선에 기여한다. 미국 플로리다의 에버글레이즈

(Everglades) 복원 계획은 세계 최대 규모의 생태계 복원 프로젝트로, 수질 개선과 생물다양성 회복, 홍수 조절을 목표로 한다. 이 계획의 일환으로 조성된 인공 습지 시스템은 2023년 기준 약 13억 톤의 물을 처리하고, 160톤의 인을 제거해 83%의 오염물질 저감 효과를 달성했다. 이 정화 기능은 수질 향상은 물론 홍수 조절과 서식지 보호에도 중요한 역할을 한다(National Park Service).

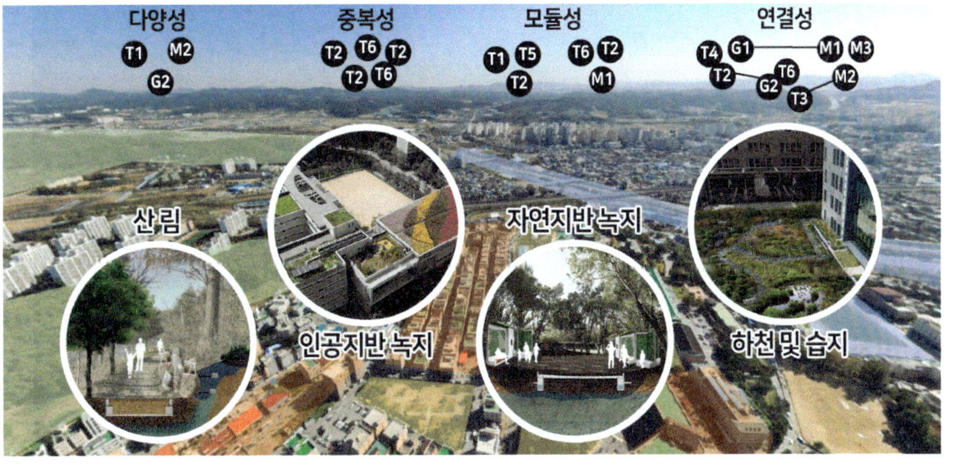

[그림 1-16] 회복력 개념을 적용한 도시생태복원 연구 사례

▷ 생태계 복원과 자연재해 완화

자연은 인간을 보호하는 강력한 방패 역할을 한다. 건강한 산림, 습지, 해양 생태계는 자연재해의 피해를 줄이는 데 중요한 기능을 한다. 해안 지역의 맹그로브 숲은 태풍과 해일의 충격을 완화하는 자연 방어막 역할을 하며, 연구에 따르면 건강한 맹그로브가 있는 지역은 태풍 피해가 60% 이상 감소한다. 이는 해안 주민의 생명과 재산 보호에 큰 기여를 한다.

산림복원도 산사태와 홍수 예방에 효과적이다. 한국은 1970년대 이후 대규모 산림녹화 사업을 통해 산사태와 홍수 피해를 크게 줄였으며, 현재도 복원이 지속되고 있다. 일본은 자연형 하천 복원으로 하천 주변 숲과 습지를 회복시켜 홍수 빈도를 낮추고 지역 주민의 안전을 확보했다.

▷ 생태계 건강과 인간 건강의 연결성

건강한 생태계는 인간의 건강과 밀접하게 연결되어 있다. 생태계가 훼손되면 종 다양성이 줄고, 균형 붕괴로 인해 새로운 질병 발생 위험이 높아진다. 세계보건기구(WHO)와 세계은행(World Bank)에 따르면 최근 수십 년간 새롭게 발생한 감염병의 약 70 ~ 75%는 동물에서 유래한 인수공통감염병이다.

코로나19 팬데믹은 이를 대표하는 사례다. 서식지 파괴와 삼림 벌채로 인해 박쥐 등 야생동물과의 접촉이 늘어나면서 인수공통감염병 발생 위험이 커졌다. 에볼라, 사스, 메르스와 같은 질병도 자연 서식지 훼손과 깊은 관련이 있다. 결국, 생태복원은 환경 보호를 넘어, 인류의 안전과 건강을 지키는 길이다.

▷ 지속 가능한 생태복원을 위한 공동 노력

생태계 복원은 정부나 환경 단체만의 일이 아니다. 개인, 지역사회, 기업, 정부가 함께 협력해야 지속 가능한 환경을 만들 수 있다. 지역사회는 도시 내 녹지를 확대하고, 하천과 습지를 보호하며, 생물다양성 유지에 힘써야 한다. 기업은 지속 가능한 자원 사용과 친환경 생산 방식을 도입해야 하며, 정부는 복원 정책을 적극 추진해야 한다. 특히 ESG 경영 원칙을 도입하는 기업이 늘면서, 생태복원과 환경 보호에 대한 기업의 책임이 더욱 부각되고 있다. 탄소중립을 목표로 생태계 복원 프로젝트에 참여하는 기업의 활동은 지속 가능한 발전을 위한 중요한 흐름이 되고 있다.

들개의 귀환으로 되살아난 사바나 : 고롱고사 국립공원의 아프리카 들개 복원

잠비아의 고롱고사(Gorongosa) 국립공원은 과거 야생동물이 풍부했지만, 내전과 밀렵으로 많은 동물이 사라졌다. 특히 아프리카 들개는 이 지역에서 완전히 자취를 감췄다.

들개가 사라진 후 초식동물, 특히 부시벅 영양이 급격히 증가했고, 초원과 강가 식생이 과도하게 뜯기며 토양 침식과 수질 악화가 발생했다.

2018년, 생태학자들과 보전 단체는 들개 복원 프로젝트를 시작했다. 다른 지역에서 포획한 들개 10여 마리를 공원에 들여와 유대감을 형성하게 한 뒤 방사했다. 들개들은 본능적으로 초식동물을 사냥했고, 그 결과 초식동물의 행동 패턴도 변했다. 무리 지어 다니던 동물들은 원래처럼 밀림과 덤불 속에 숨어 다니기 시작했다.

[들개의 귀환이 생태계를 바꾼 과정]

① 초식동물 개체수 조절 → 초원 식생 회복

② 강가 환경 개선 → 침식 감소, 수질 개선

③ 생물다양성 회복 → 곤충, 조류, 소형 포식자 복귀

아프리카 들개의 복원은 단순한 종 복원이 아니라 생태계 전체 회복으로 이어졌다. 이 프로젝트는 생물 한 종이 생태계 기능에 어떤 영향을 주는지를 잘 보여주며, 개체수 회복을 넘어 생태계 기능 회복을 고려한 전략적 접근의 중요성을 시사한다.

○ 생태복원과 경제

건강한 자연은 관광 산업을 활성화하는 중요한 자원이 된다. 생태복원을 통해 자연이 회복되면 관광산업이 성장하고, 지역사회에 경제적 기회도 확대된다.

대표 사례로 코스타리카를 들 수 있다. 1940년대 국토의 약 75%가 숲으로 덮여 있었지만, 1980년대에는 무분별한 벌채와 농업 확장으로 산림 면적이 21%까지 줄었다. 이후 정부는 산림 벌채를 엄격히 제한하고, '환경 서비스 지불제도(PES)' 등 다양한 복원 정책을 추진해 산림을 점진적으로 회복시켰다. 현재 국토의 50% 이상이 다시 숲으로 복원되었고, 이는 생태관광 산업과 연계되어 연간 수십억 달러의 수익을 창출하며 GDP의 약 8%를 차지하는 핵심 산업으로 성장했다.

한국의 순천만 습지 복원도 성공 사례다. 갯벌이 매립 위기에 놓였으나, 지역사회와 정부의 협력으로 복원에 성공하면서 연간 수십만 명이 찾는 생태관광 명소로 탈바꿈했다. 순천만 국가정원과 습지센터를 중심으로 다양한 생태체험 프로그램이 운영되며, 지역 경제에도 긍정적인 영향을 주고 있다.

▷ 생태복원과 문화·자연유산을 결합한 관광 모델

생태복원은 단순히 환경을 되돌리는 것을 넘어, 문화유산과 자연유산을 결합한 새로운 관광 산업으로 확장되고 있다. 이러한 접근은 지역 경제를 활성화하고, 지속 가능한 관광 모델로 자리 잡아가고 있다.

영국의 습지 센터(Wetland Centre)는 도심 내 훼손된 습지를 복원해 생태 체험 공간으로 조성한 대표 사례다. 이곳은 자연 속에서의 휴식과 교육을 동시에 제공하며, 생태관광 프로그램을 통해 지속 가능한 수익도 창출하고 있다. 이는 성공적인 운영 사례로 평가되며, 유럽 전역에서 유사한 복원 기반 관광 프로젝트가 확대되고 있다.

네덜란드의 오스트파르더스플라선(Oostvaardersplassen) 프로젝트는 인공 개입을 최소화하고 대형 초식동물을 도입해 생태계 스스로 균형을 이루도록 설계되었다.

이 지역은 조류와 야생 동물이 자유롭게 살아가는 생태관광 명소로 발전했으며, 방문객들은 인위적 간섭이 배제된 자연 그대로의 풍경을 경험할 수 있다.

스페인의 도냐나(Do ana) 국립공원 역시 좋은 사례다. '도냐나 2005' 프로젝트를 통해 농지로 전용됐던 습지를 원형에 가깝게 복원하고, 멸종위기종의 서식지를 회복함으로써 자연 관광과 지역 경제 활성화를 동시에 이루었다.

이처럼 생태복원 기반 관광은 자연환경 회복과 함께 지역의 문화적 자산을 연계해 지속 가능한 발전을 이끄는 전략으로 주목받고 있다. 복원된 자연 공간을 관광 자원으로 활용하는 방식은 생태계 보전의 중요성을 널리 알리고, 동시에 환경 보호와 경제 활동의 균형을 이루는 효과적인 해법이 될 수 있다.

▷ 생태복원을 통한 새로운 산업과 일자리 창출

생태복원은 새로운 산업을 창출하고 지속 가능한 일자리를 만드는 기회가 된다. 태양광, 풍력 등 재생에너지 산업과 함께, 자연기반해법(NbS)도 빠르게 성장하고 있다. 대규모 숲 복원사업은 산림 관리 전문가, 생태관광 가이드, 환경 엔지니어 등 다양한 직업을 만들어낸다. 브라질의 대서양숲(Atlantic Forest) 복원 프로젝트에서는 10만 명 이상의 일자리가 창출됐고, 지역 주민들에게 지속 가능한 숲 관리 교육도 제공되었다.

도시 녹화와 그린 인프라도 생태복원 기반의 경제 성장을 이끄는 핵심 요소다. 미국 뉴욕의 그린 루프(Green Roof) 프로젝트는 옥상에 녹지를 조성해 에너지 절감과 일자리 창출을 동시에 이뤄낸 사례다. 자빗츠 센터(Javits Center)는 대형 그린 루프 설치를 통해 연간 수천만 리터의 빗물을 흡수하고 냉방 에너지 소비를 25% 줄였다. 미국 환경보호청(EPA)에 따르면, 녹지 옥상은 냉방 부하를 최대 70%까지 줄이고 실내 온도를 약 15°C 낮춰 열섬현상 완화와 공기질 개선에도 기여한다.

한편, 유럽연합(EU)은 '그린 시티 어코드(Green City Accord)'와 '그리닝 시티즈

파트너십(Greening Cities Partnership)'을 통해 도시 녹지 확장을 정책적으로 추진 중이다. 이는 생물다양성 보전, 기후 회복력 강화, 삶의 질 향상, 고용 창출을 아우르는 지속 가능한 도시 개발 모델로 주목받고 있다.

▷ 탄소중립과 생태복원의 경제적 가치

탄소중립을 위한 노력 속에서 생태복원은 탄소 시장(Carbon Market)과 연계되며 경제적 가치를 높이고 있다. 해양과 습지가 흡수하는 탄소는 블루카본(Blue Carbon)으로 불리며, 탄소배출권 시장에서 높은 가치를 인정받는다. 특히 인도네시아와 필리핀은 맹그로브 복원을 통해 블루카본 시장에서 새로운 경제적 기회를 창출하고 있다. 맹그로브 숲은 육상 생태계보다 더 많은 탄소를 저장할 수 있어, 탄소배출권 거래에서 핵심 자원으로 주목받고 있다.

최근 국제 정세와 경제 불확실성으로 탄소 시장이 일시적으로 위축되었지만, 탄소 감축은 장기적인 글로벌 목표로, 시장의 회복 가능성은 높다. 이에 따라 탄소 크레딧(Carbon Credit)을 활용한 생태복원 프로젝트도 꾸준히 확대되고 있다. 미국과 유럽에서는 기업들이 숲을 복원해 탄소 크레딧으로 전환·판매하는 모델을 도입하고 있으며, 이는 ESG 경영 확산과 맞물려 생태복원의 경제적 가치를 더욱 강화하고 있다.

탄소 시장이 단기적 변동성을 겪고 있음에도 불구하고, 기후변화 대응과 지속가능발전목표(SDGs) 달성을 위한 정책 지원이 확대되고 있는 만큼, 생태복원 기반의 탄소 시장은 향후 중요한 경제적 기회로 성장할 것으로 기대된다.

▷ ESG 경영과 생태복원 투자

기업들은 ESG(Environmental, Social, and Governance) 경영 원칙에 따라 생태복원 프로젝트에 적극 투자하고 있다. 글로벌 기업들은 탄소중립 목표 달성과 지속 가능한 경영 강화를 위해 자연기반해법(NbS)을 활용한 복원 사업을 확대 중이다.

마이크로소프트(Microsoft)는 2030년까지 탄소 네거티브(Carbon Negative)를 달성하고, 2050년까지 누적 탄소 배출 전체를 제거하겠다는 목표를 세웠다. 이를 위해 복원 기금을 조성하고, 브라질 아마존 및 대서양림 복원 프로젝트에 투자하는 등 자연 기반 탄소 제거 사업을 추진하고 있다.

한편, 아마존(Amazon)도 2040년 탄소중립(Net Zero)을 목표로 LEAF (Lowering Emissions by Accelerating Forest finance) 연합에 참여해 열대우림 보존에 나서고 있다. 특히 2024년에는 브라질 파라주에서 약 1억 8천만 달러 규모의 탄소 크레딧을 확보해 산림 보호와 지역사회 지원을 동시에 추진 중이다.

유럽연합(EU)은 '리와일딩 유럽(Rewilding Europe)' 프로젝트를 통해 유럽 전역의 자연 서식지를 복원하고 있다. 이 사업은 기업과의 협력을 기반으로 생태계 회복뿐 아니라 생태관광 활성화, 지역 경제 재생, 지속 가능한 비즈니스 모델 구축까지 아우르는 통합적 접근으로 주목받고 있다.

○ 지속 가능한 발전을 위한 투자

생태복원은 더 이상 단순한 환경 보호의 개념에 머물지 않는다. 그것은 인류가 지속 가능한 미래를 설계하기 위한 핵심 투자이자 전략으로 자리매김하고 있다. 유엔은 '생태계 복원 10년(2021 ~ 2030)'을 선언하며 생태복원을 지속 가능한 발전의 중심 과제로 설정했고, 기후변화에 관한 정부간 협의체(IPCC) 역시 생태복원이 기후위기 대응과 식량 안보, 건강한 환경 조성을 위한 필수 수단임을 분명히 하고 있다. 이는 단순히 훼손된 자연을 복구하는 것을 넘어, 인간과 자연이 공존하는 새로운 질서를 구축하는 혁신적인 과정이다.

이러한 전환을 현실화하기 위해서는 정부와 기업, 시민 사회의 공동 노력이 필요하다. 정부는 생태복원을 촉진할 수 있는 제도적 기반을 마련해야 하며, 기업은 ESG 경영을 통해 책임 있는 투자와 지속 가능한 비즈니스 모델을 실현해야 한다. 실제로 유럽연합(EU)은 '그린 딜(Green Deal)'을 통해 생태복원과 기후 대응을 핵심 경제 전략으로 채택하고 있다. 예를 들어, 복원된 맹그로브 숲은 대기 중 탄소를 흡수해 기후 변화를 완화하는 동시에, 지역 어업을 활성화하여 주민들의 생계를 뒷받침한다. 이는 생태복원이 환경 보호를 넘어 경제와 사회의 회복력까지 아우를 수 있음을 보여준다.

국내에서도 자연과 지역, 문화가 어우러지는 복원 사례들이 점차 늘어나고 있다. 제주도의 올레길 복원은 자연 경관을 지키면서도 지역 경제를 활성화하고, 전통 문화를 관광자원으로 되살린 대표적인 사례다. 서울의 경의선 숲길 복원은 폐선 부지를 녹지공간으로 탈바꿈시켜 시민들에게 새로운 쉼터를 제공하는 동시에 인근 상권의 활력을 불어넣으며 도시 재생의 새로운 모델이 되고 있다. 이 사례들은 생태복원이 단순한 회복이 아닌, 지역사회의 경제와 문화까지 아우르는 포괄적 전략임을 입증한다.

무엇보다 생태복원은 기후 안정과 재난 대응, 건강한 삶의 조건을 마련할 뿐 아니라, 경제적 가치 창출이라는 실질적인 효과도 함께 제공한다. 복원을 통해 우리는 깨끗한 공기와 물을 되찾고, 극단적인 기후로부터 스스로를 보호할 수 있다. 동시에 생태복원이 이루어진 지역에서는 생태관광과 친환경 산업, 지속 가능한 농업과 어업이 활력을 되찾으며, 일자리 창출과 소득 증대는 물론 장기적인 재난 대응 비용 절감으로 이어진다. 기업은 복원된 생태계를 바탕으로 지속 가능한 비즈니스 모델을 설계할 수 있고, 정부는 생태계 서비스의 회복을 통해 기후 대응과 사회적 비용 절감이라는 두 가지 목표를 동시에 달성할 수 있다.

결국, 자연을 되살리는 일은 곧 인간을 지키는 일이다. 생태복원은 경제와 사회의 지속 가능성을 동시에 실현할 수 있는 가장 강력한 해법이며, 우리가 지금 어떤 선택을 하느냐가 미래 세대의 삶을 결정짓는다. 생태복원은 지속 가능한 세상을 향한 가장 확실한 길이며, 정부와 기업, 지역사회가 손을 맞잡고 이를 새로운 경제 모델의 중심에 둘 때, 우리는 자연과 경제가 공존하는 새로운 패러다임을 열 수 있을 것이다.

풀밭이 사라진 마을 : 공유지의 비극과 생태복원의 교훈

어느 마을에 누구나 소를 풀어 기를 수 있는 넓은 풀밭이 있었다. 처음엔 모두가 적절히 이용했지만, 시간이 지나며 사람들은 "소를 한 마리만 더 키우면 이익이 늘지 않을까" 생각하게 되었고, 결국 너도나도 소를 늘리며 풀밭은 빠르게 황폐화되었다. 풀은 자랄 틈이 없었고, 땅은 굳어졌으며, 소도 더 이상 기를 수 없게 되었다.

이 이야기는 생물학자 가렛 하딘(Garrett Hardin)이 1968년 제시한 '공유지의 비극(The Tragedy of the Commons)' 개념의 대표적 예다. 하딘은 자유롭게 이용 가능한 자원은 결국 과잉 사용되어 고갈된다고 경고했다. 개인은 이익을 좇지만, 자원이 사라지면 공동체 전체가 피해를 입는다.

이 개념은 오늘날의 환경 문제와도 깊이 연결된다. 남획, 지하수 고갈, 산림 파괴, 온실가스 배출은 모두 공유지의 비극을 보여주는 사례다. 바다나 공기처럼 모두가 자유롭게 이용하는 자원일수록 책임 있는 관리가 어렵다.

이에 대한 해법으로 노벨경제학상 수상자 엘리너 오스트롬(Elinor Ostrom)은 지역 공동체의 자율적 자원 관리가 가능하다는 점을 입증했다. 외부 규제보다 공동의 규칙과 협력이 지속 가능한 관리에 효과적일 수 있다는 것이다.

공유지의 비극은 단순한 자원 고갈의 이야기가 아니다. 이는 공동 책임과 협력 실패, 그리고 생태계 회복의 중요성을 함께 말해준다. 복원에는 기술뿐 아니라 사람 간의 협력과 책임감 있는 태도가 반드시 필요하다.

생태복원은 단순한 환경 정비가 아니라, 망가진 자연을 되살리고 인간과 자연이 함께 살아갈 질서를 다시 세우는 일이다. 공유지의 비극을 막기 위해 우리는 자원을 되살리고, 사용을 조절하며, 함께 자연을 지키는 방식으로 나아가야 한다.

3.3 지속 가능한 발전과 복원의 연결 고리

생태계는 인류의 삶과 경제, 그리고 사회적 안정의 토대이다. 그러나 우리가 자연을 과도하게 개발하고 착취하면서, 생태계가 제공하는 필수적인 혜택이 점차 줄어들고 있다. 기후변화, 생물다양성 감소, 식량 부족과 같은 글로벌 위기 속에서 생태복원은 지속 가능한 발전을 위해 필요하다.

○ 지속가능발전목표(SDGs)와 생태복원의 연계성

지속가능발전목표(SDGs, Sustainable Development Goals)는 2015년 UN이 발표한 글로벌 개발 목표로, 기후변화 대응과 환경 보호를 포함한 총 17개의 목표로 구성되어 있다. 이 중에서도 생태복원은 기후변화 완화, 생물다양성 보호, 지속가능한 경제 발전을 동시에 달성할 수 있는 전략으로, 여러 SDGs 목표와 밀접한 관계를 맺고 있다.

[그림 1-17] UN에서 추구하는 지속가능한 발전 목표[15)]

15) 2015년 제70차 UN총회에서 지속가능한 발전 이념을 실현하기 위해 채택된 17개의 인류 공동 목표를 제시하였다.

생태복원은 단순한 환경 보호를 넘어, 기후변화 대응(SDG 13), 해양 생태계 보호(SDG 14), 육상 생태계 보전(SDG 15)뿐만 아니라, 지속가능한 경제 성장(SDG 8), 깨끗한 물과 위생(SDG 6), 기아 종식(SDG 2) 등 다양한 분야에서 긍정적인 영향을 미친다. 다음은 생태복원과 관련이 깊은 주요 SDGs 목표와의 연계성을 설명한 내용이다.

▷ SDG 6 : 깨끗한 물과 위생 (Clean Water and Sanitation)

건강한 생태계는 깨끗한 물을 공급하는 데 중요한 역할을 하며, 생태복원은 수질 개선과 물순환 시스템 회복에 크게 기여할 수 있다.

생태복원이 깨끗한 물 공급에 기여하는 방식 ⟫

- 습지와 강 복원 : 습지는 자연적인 정수 기능을 수행하며, 하천과 호수를 복원하면 수질이 개선된다.
- 자연 기반 홍수 관리 : 습지와 맹그로브 숲을 복원하면 홍수 위험을 줄이고, 강변 생태계를 보호할 수 있다.
- 지하수 재충전 강화 : 산림 복원을 통해 강과 하천의 유량을 조절하고, 지역사회의 물 공급을 안정적으로 유지할 수 있다.

▷ SDG 8 : 좋은 일자리와 경제성장 (Decent Work and Economic Growth)

생태복원은 환경 보호뿐만 아니라 경제 성장과 지속가능한 일자리 창출에도 중요한 기회를 제공한다.

생태복원이 지속가능한 경제 성장에 기여하는 방식 ❯❯❯

- 녹색 일자리 창출 : 생태복원 프로젝트를 통해 조림, 생태관광, 환경 모니터링 등의 분야에서 새로운 일자리를 창출할 수 있다.
- 지속가능한 농업과 어업 지원 : 생태계를 복원하면 자연 자원의 활용 가능성이 증가하여 지속가능한 농업과 어업이 가능해진다.
- 생태관광 활성화 : 자연을 보호하고 복원하는 과정에서 생태관광이 발전할 수 있으며, 이는 지역사회 경제에도 긍정적인 영향을 미친다.

▷ SDG 13 : 기후변화 대응 (Climate Action)

기후변화는 생태계를 위협하는 가장 심각한 요인 중 하나이며, 생태복원은 온실가스를 감축하고 탄소중립을 실현하는 효과적인 자연기반해법으로 주목받고 있다.

생태복원이 기후변화 대응에 기여하는 방식 ❯❯❯

- 산림 복원과 블루카본 생태계 보호 : 맹그로브 숲, 해초숲, 습지는 대기 중 탄소를 효과적으로 흡수하고 저장하는 기능을 한다. 생태복원을 통해 이러한 탄소 흡수원을 확대할 수 있다.
- 사막화 방지 및 토양 건강 회복 : 사막화가 진행 중인 지역에 나무를 심고, 지속가능한 농업 방식을 도입하여 토양의 탄소 저장 능력을 높일 수 있다.
- 도시 생태복원 : 도심 녹지를 확대하고 녹색 인프라를 구축함으로써 도시의 열섬 효과를 완화하고, 기후변화 적응력을 향상시킬 수 있다.

▷ SDG 14 : 해양 생태계 보존 (Life Below Water)

해양 생태계는 전 세계 산소의 50% 이상을 생산하며, 지구 기후를 조절하는 중요한 역할을 한다. 그러나 플라스틱 오염, 해양 산성화, 남획 등의 문제로 인해 해양 생태계가 빠르게 악화되고 있다.

생태복원이 해양 보호에 기여하는 방식 ›››

- 블루카본 생태계 복원 : 맹그로브, 해초숲, 염습지 등은 탄소를 저장하고 해양 생태계를 유지하는 중요한 역할을 한다. 이를 복원하면 기후변화 완화 효과도 함께 얻을 수 있다.
- 해양 보호구역 확대 : 해양 생태계를 보호하기 위해 국제적으로 해양 보호구역을 지정하고 있으며, 이를 통해 해양 생물의 서식지를 보전하고, 생물다양성을 유지할 수 있다.
- 해양 오염 제거 및 플라스틱 감축 : 생태복원과 연계하여 해양 플라스틱 제거 프로젝트가 추진되고 있으며, 지속가능한 어업과 연안 보호 정책도 중요하게 다루어진다.

▷ SDG 15 : 육상 생태계 보호 (Life on Land)

육상 생태계는 인간이 의존하는 가장 기본적인 자연 자원이지만, 산림 파괴, 사막화, 서식지 감소 등의 문제로 인해 빠르게 훼손되고 있다. 이를 복원하는 것은 생물다양성을 유지하고, 지속가능한 경제 활동을 가능하게 하는 핵심 전략이다.

생태복원이 육상 생태계 보전에 기여하는 방식 ›››

- 산림 복원과 지속가능한 산림 경영 : 세계 여러 국가에서 산림 복원을 통해 산림 파괴를 막고, 지속가능한 방식으로 목재를 이용하는 모델을 구축하고 있다.
- 야생동물 서식지 복원 : 자연 보호구역을 확대하고 생태통로를 조성하여 인간 활동으로 인해 단절된 야생동물 서식지를 연결하는 프로젝트가 진행되고 있다.
- 사막화 방지 : 사하라 사막 확산을 막기 위한 '그레이트 그린 월(Great Green Wall)' 프로젝트와 같은 대규모 국제 협력 프로그램이 실행되고 있다.

생태복원은 단순한 환경 보호를 넘어, 기후변화 대응, 해양 보호, 육상 생태계 보전, 깨끗한 물 확보, 지속가능한 경제 성장 등 다양한 분야에 긍정적인 영향을 미친다. UN이 추진하는 SDGs 목표 달성을 위해 생태복원이 필수 전략으로 자리 잡고 있으며, 각국 정부와 기업, 시민사회가 협력하여 이를 실현해야 한다.

앞으로 생태복원을 통한 지속가능한 개발을 실현하기 위해서는 국제적인 협력과 장기적인 정책적 지원이 필요하며, 한국 역시 글로벌 생태복원 네트워크에서 중요한 역할을 수행하고 있다.

UN과 국제기구들은 생태복원을 지속가능한 발전의 핵심 전략으로 설정하고 있으며, 이를 실현하기 위한 국제 협력을 강화하고 있다. 생태복원은 단순한 환경 보호가 아니라 기후변화 대응, 경제 성장, 지역사회 안정화에 기여하는 방안이며, 이를 위해서는 결국 장기적인 국제 협력이 필요하다.

○ 생태복원이 지속 가능한 경제를 만드는 방법

전통적인 경제는 자연을 단순한 자원으로 소비하는 방식에 기반해 왔다. 그러나 기후변화와 환경 파괴가 심각해지면서, 지속 가능한 경제 구조로의 전환이 필수가 되고 있다. 이제는 자연을 보전하고 복원하며 공존하는 방향으로 경제 시스템을 재설계해야 할 때다. 생태복원은 이러한 전환을 뒷받침하는 핵심 수단으로, 다양한 산업과 연계되어 새로운 경제적 가치를 창출하고 있다.

지구를 만드는 고래 똥 이야기

고래는 바다에서 가장 큰 생물이지만, 진정 주목할 것은 고래의 '똥'이다. 단순한 배설물이 아니라, 바다를 살리고 지구 생명 순환을 움직이는 중요한 요소다.

고래는 깊은 바다에서 크릴 같은 플랑크톤을 먹고, 해수면 근처에서 배설한다. 이때 나오는 똥에는 철, 질소, 인 등 영양소가 풍부해 식물성 플랑크톤의 성장을 돕는 천연 비료 역할을 한다. 식물성 플랑크톤은 지구 산소의 절반을 만들고, 대기 중 이산화탄소를 흡수하는 주요 생물이다. 고래의 똥은 플랑크톤 증식을 촉진하고, 이로 인해 더 많은 탄소가 바다에 저장된다.

이 현상은 '고래 펌프(Whale Pump)'로 설명된다. 고래는 심해에서 섭취한 영양분을 표층으로 끌어올려 1차 생산자인 플랑크톤의 생산성을 높이는 역할을 한다. 연구에 따르면 대왕고래 한 마리의 배설만으로도 수백 ~ 수천 톤의 탄소 저장 효과가 발생할 수 있다.

하지만 20세기 대규모 고래잡이로 개체 수가 급감했고, 이는 해양 영양 순환 체계의 붕괴로 이어졌다. 플랑크톤 생산성이 떨어지면서 수산자원 감소, 해양 산소 부족, 탄소 흡수 저하 등의 문제가 복합적으로 나타났다. 고래는 해양 생태계의 핵심종으로, 그 부재는 생태계 전체에 연쇄적 위기를 일으킨다.

고래 보호는 단지 멸종 위기종을 지키는 일이 아니라, 지구 생명 시스템을 복원하는 일이다. 고래는 영양소 재순환, 기후 안정, 생물다양성 유지에서 핵심적 역할을 하며, 기후위기 시대의 '자연 기반 복원 기술자'라 할 수 있다.

고래 한 마리의 똥은 플랑크톤을 키우고 탄소를 줄이며 바다를 되살리는 시작점이다. 고래가 바다를 만들고, 바다는 지구를 만든다. 그 순환의 출발점은 놀랍게도, 고래의 똥이다.

▷ 자연기반해법과 녹색 경제

생태복원은 자연기반해법의 핵심이며, 이를 바탕으로 한 녹색 경제 모델이 전 세계적으로 확산되고 있다. 대표적인 예가 생태관광 산업이다. 회복력 있는 자연환경은 관광객을 유치하고, 지역 경제를 활성화하는 중요한 기반이 된다.

예를 들어, 케냐의 생태관광 모델은 야생동물 보호와 생태복원을 결합해 지속 가능한 관광을 실현한 사례다. 마사이마라 보호구역은 지역 주민과 협력해 생태관광 기반 경제를 발전시켰으며, 공동체는 관광 수익을 공유하면서 자연 보호와 경제 활성화를 동시에 이뤄가고 있다.

지속 가능한 농업과 임업도 생태복원을 통해 경쟁력을 강화할 수 있다. 건강한 생태계는 비옥한 토양, 안정적인 물 순환, 병해충 억제 등 농림업에 필수적인 조건을 제공한다. 복원과 토양 개량은 지속 가능한 식량 생산과 생계 안정성을 높이는 기반이 된다.

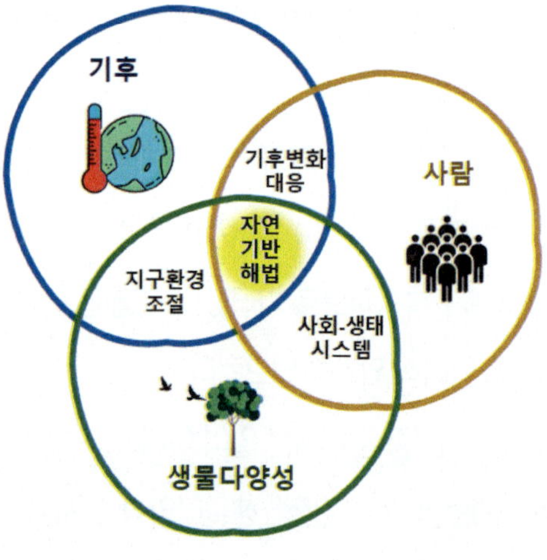

[그림 1-18] 환경문제에 중요한 해결책이 되는 자연기반해법

기업들 또한 ESG(환경 · 사회 · 지배구조) 경영의 일환으로 생태복원 프로젝트에 투자하고 있으며, 이를 통해 탄소배출권 거래 시장에서 새로운 경제적 가치를 창출하

고 있다. 복원 활동으로 발생한 탄소 흡수량은 크레딧으로 전환되어 거래되며, 환경 보호와 경제적 이익을 동시에 실현하고 있다.

EU의 배출권 거래제(ETS, Emissions Trading System)는 생태복원으로 확보한 탄소 크레딧을 인정하고 있으며, 이에 따라 기업의 복원 투자도 확대되고 있다. 특히 맹그로브 숲과 습지를 복원하는 블루카본 프로젝트는 높은 탄소 저장 효과로 주목받고 있으며, 탄소중립 목표 달성에 중요한 역할을 하고 있다.

▷ 산업 혁신과 녹색 일자리 창출

생태복원은 신재생에너지 산업과 밀접하게 연결되며, 지속 가능한 산업 발전을 가능하게 한다. 재생에너지와 생태복원의 연계는 친환경 산업 구조를 구축하는 데 중요한 역할을 한다.

예를 들어, 태양광이나 풍력 발전소 설치 시 생태계를 고려한 설계를 도입하면 자연환경을 보호하면서 에너지를 안정적으로 생산할 수 있다. 일부 국가는 대규모 태양광 발전소 주변에 나무를 심거나 초지를 조성해 에너지 생산과 생태복원을 동시에 추진하고 있다.

도시 녹화와 기후 회복력 강화도 생태복원과 경제 발전이 조화를 이루는 대표 사례다. 녹색 건축과 도시녹화 프로젝트는 에너지 효율을 높이는 동시에 녹색 일자리를 창출한다. 뉴욕의 '그린 루프(Green Roof)' 프로젝트는 건물 옥상에 녹지를 조성해 냉방 에너지 소비를 줄이고 공기질을 개선했으며, 조경 · 환경 관리 분야의 일자리를 만들었다. 옥상 녹화는 냉난방 비용 절감과 온실가스 감축에도 기여한다.

이처럼 녹색 경제 전략은 환경 보호를 넘어 지속 가능한 산업 성장과 지역 경제 활성화에도 기여한다. 생태복원은 단순한 자연 복원을 넘어 새로운 경제 모델로 확장되고 있으며, 기업과 정부, 지역사회가 협력해 생태계를 보전하고 활용하는 방안을 함께 모색하고 있다.

[그림 1-19] 인천 송도 신도시에 조성된 센트럴파크

▷ 생태복원과 경제 성장

생태복원은 단순한 환경 보호를 넘어, 경제 성장을 촉진하는 투자이기도 하다. 자연이 회복되면 생태관광과 지속 가능한 산업이 성장하고, 지역 경제가 활성화된다.

대표 사례로 태국 푸켓의 맹그로브 복원 프로젝트가 있다. 태국은 해안 생태계 보호를 위해 맹그로브 숲을 적극적으로 재조성하고 있으며, 이를 통해 기후변화 대응과 지역 경제 활성화를 동시에 실현하고 있다. 푸켓에서는 복원 이후 어업 생산성이 증가하고 생태관광이 활발해지면서 주민 소득도 향상되었다. 맹그로브 숲은 해양 생물의 서식지를 제공하고 태풍과 해일로부터 연안을 보호하는 등, 관광과 환경 보전이 공존하는 지속 가능한 모델을 보여준다.

독일의 엘베 습지(Elbe Wetlands) 복원 프로젝트도 유럽에서 성공적인 생태관광 모델로 평가받고 있다. 이 지역은 한때 농지로 개발됐지만, 복원 정책을 통해 생물다양성을 되살리고 홍수 조절 기능을 회복했다. 이후 철새 보호구역과 자연공원으로 지정되며 관광객이 증가했고, 지역 경제 활성화와 자연 보전이라는 두 성과를 동시에 달성했다.

또한, 생태복원은 탄소 시장과도 연결되며 경제적 가치를 더욱 높이고 있다. 블루카본을 활용한 탄소배출권 거래는 새로운 경제 기회를 창출하고 있으며, 기업들은 탄소중립 목표 달성을 위해 생태복원에 적극 투자하고 있다. 인도네시아와 필리핀은 맹그로브 복원을 통해 수익을 창출하고, 지역 주민에게 지속 가능한 소득원을 제공하는 모델을 구축 중이다.

달에도 흙이 있을까?

"달에도 흙이 있을까?"

이 질문은 필자가 학창시절 처음으로 생태복원에 관심을 가지게 된 계기였다.

달의 표면은 바위와 먼지로 덮여 있어 겉보기엔 흙처럼 보이지만, 그것은 우리가 말하는 '흙(soil)'과는 전혀 다르다. 달에는 미세한 임석 파편과 먼지가 있지만, 물, 유기물, 생물이 없는 무기질 먼지층일 뿐이다.

흙은 단순한 먼지가 아니다. 광물질, 유기물, 수분, 공기, 그리고 미생물을 포함한 복합 생태계다. 지질학적으로는 풍화된 암석의 입자이고, 생태학적으로는 낙엽, 지렁이, 곰팡이, 선충 등 수많은 생물들의 터전이다.

흙은 생명의 기억이 축적된 공간이다. 썩은 낙엽과 동물의 유해에서 유기물이 스며들고, 그 안에서 미생물과 작은 생물들이 물질을 순환시키며 생태계의 에너지 흐름을 유지한다. 즉, 흙은 생명을 품고 순환을 지속하는 살아 있는 시스템이다.

숲이 자라고 곡식이 자라며, 동물이 숨쉬고 인간이 살아가는 모든 것은 흙 위에서 가능하다. 반면, 달에는 물도 유기물도 미생물도 없다. 그곳에서는 씨앗이 발아할 수 없고, 뿌리도 자랄 수 없다. 생명이 깃든 흙이 존재하지 않는 것이다.

이 사실은 중요한 통찰을 준다.

흙은 우리가 딛고 걷는 바닥이 아니라, 생명이 태어나고 유지되며 돌아가는 기반이다. 그래서 생태복원의 출발점은 언제나 '흙'이다.

숲, 습지, 도시 공원 어디든 흙이 살아 있어야 생명이 돌아오고, 생태계가 숨 쉴 수 있다. 흙이 회복되지 않으면 나무를 심고 물을 끌어와도 생명은 오래 머무르지 못한다.

달에는 아직 생명도, 복원도 없다.

하지만 우리가 딛고 있는 이 땅의 흙에는 그 모든 가능성과 회복의 출발점이 존재한다.

생명을 되살리는 복원은, 결국 흙을 회복하는 일에서 시작된다.

4장. 지속가능한 자연 회복의 길

자연은 본래 스스로 살아가는 힘을 지니며, 오랜 시간 자정 능력을 통해 생태계의 균형을 유지해왔다. 산림은 탄소를 저장하고, 하천과 습지는 오염을 정화하며, 다양한 생물종이 서로 얽혀 건강한 생태계를 형성한다.

그러나 산업화, 도시화, 기후변화 등으로 자연의 기능이 약화되면서 많은 생태계가 불안정해지고 있다. 자연이 스스로 회복하는 데는 수십 년에서 수백 년이 걸릴 수 있으며, 일부는 인간의 개입 없이는 되돌릴 수 없을 정도로 손상되기도 한다.

이에 따라 지속 가능한 자연 회복이 중요해지고 있다. 이는 단순히 환경을 원래 상태로 돌리는 것이 아니라, 생태계가 자율적으로 균형을 회복하고 유지할 수 있도록 돕는 과정이다. 이를 위해 생태계의 자생력을 강화하고, 물질 순환과 생태적 상호작용을 회복하며, 지속 가능성을 높이는 노력이 필요하다.

4.1 자연이 스스로 살아가는 힘 : 자생력을 강화하는 복원

자연은 결코 수동적인 존재가 아니다. 불타버린 숲도, 오염된 강도, 버려진 땅도 시간이 지나면 다시 생명을 품는다. 오래된 도로 위로 풀이 자라고, 폐허가 된 건물 사이로 나무가 뿌리를 내리며, 사람이 떠난 땅에서는 생명이 다시 꿈틀댄다. 이러한 자연의 강인한 자정능력은 우리에게 중요한 질문을 던진다. 자연이 스스로 회복할 수 있다면, 우리는 어디까지 개입해야 할까?

○ 자연의 자연의 회복력과 인간의 개입

생태복원은 단순히 나무를 심고 강을 정비하는 작업이 아니다. 그것은 자연이 본래 지닌 회복력을 되살려, 인간의 개입 없이도 생태계가 스스로 유지될 수 있도록 돕는 과정이다. 핵심은 인위적인 손길을 최소화하고, 자연 스스로 회복할 수 있는 환경을 조성하는 데 있다. 물론 인간의 개입이 불가피한 경우도 있다. 인간 활동이 자연을 지속적으로 압박하면, 자연의 복원력에도 한계가 올 수 있기 때문이다. 반면, 인간의 간섭이 줄어들면 자연은 예상보다 빠르게 스스로를 회복하는 모습을 보여주기도 한다.

이러한 사실을 극적으로 보여주는 사례 중 하나가 체르노빌이다. 1986년 원자력 발전소 폭발 사고 이후, 체르노빌은 방사능 오염으로 수십 년간 인간이 접근할 수 없는 지역이 되었다. 당시 과학자들은 수천 년 동안 생명체가 살아가기 힘든 땅이 될 것이라 보았지만, 30여 년이 흐른 지금 그 땅은 놀라운 생태 복원의 현장으로 바뀌었다. 인간의 발길이 끊기자 숲은 울창해졌고, 늑대와 들소가 돌아왔으며, 멸종 위기에 놓였던 종들도 다시 번성하고 있다. 연구에 따르면, 체르노빌의 늑대 개체수는 인근 지역보다 7배 이상 많고, 대형 포식자가 돌아오면서 생태계의 균형이 자연스럽게 회복되고 있다. 다만, 일부 연구에서는 방사능이 동물의 건강에 부정적인 영향을 끼칠 수 있다는 우려도 제기되고 있어, 체르노빌의 회복은 자연의 복원력과 인간 활동의 영향을 함께 고려해야 하는 복합적인 사례로 평가된다.

미국의 옐로스톤 국립공원 역시 생태계 회복의 대표 사례다. 이곳에서는 상위 포식자인 늑대의 부재가 생태계 전체에 어떤 영향을 미치는지, 그리고 그 회복이 어떻게 일어나는지를 명확히 보여준다. 1920 ~ 30년대 늑대가 인간에 의해 모두 제거된 후, 엘크(큰사슴)의 개체수가 급격히 늘며 강변 식생이 파괴되고 숲이 황폐해졌다. 버드나무, 사시나무 등 강가의 식물들이 과도하게 뜯기면서 비버, 조류, 곤충, 하천 생물 등 다양한 생물이 터전을 잃었고, 생태계 전체가 불균형 상태로 변해갔다.

[그림 1-20] 옐로스톤 국립공원의 전경

하지만 1995년 늑대가 다시 도입되자 상황은 급변했다. 늑대는 단지 엘크의 수를 줄이는 데 그치지 않고, 엘크의 행동 패턴을 바꾸어 강변 식생에 대한 피해를 줄이도록 만들었다. 그 결과 버드나무와 사시나무 숲이 다시 자라났고, 비버가 돌아와 하천 생태계를 안정시켰다. 비버가 만든 댐은 수질을 개선하고 다양한 생물의 서식지를 복원하는 데 기여했다. 이처럼 한 종의 복귀가 생태계 전체의 구조와 기능을 되살리는 현상을 '트로픽 캐스케이드(trophic cascade)[16]라 하며, 옐로스톤은 그 대표적인 사례로 꼽힌다.

이 두 사례는 공통적으로 인간이 자연을 통제하려 하기보다는, 자연이 스스로 회복할 수 있도록 최소한의 개입으로 환경을 조성하는 것이 효과적일 수 있음을 시사한다. 생태복원은 결국, 자연의 힘을 신뢰하고 그 회복력을 존중하는 데에서 출발해야 한다. 이와 같이 자연이 스스로 살아갈 수 있도록 돕는 가장 효과적인 방법 중 하나는 최소한의 개입이다. 불필요한 인공적 간섭을 줄이고, 자생력을 회복할 수 있는 여건을 마련하는 방식이다.

한편 브라질의 대서양 숲(Atlantic Forest)은 과거 벌목과 농업 확장으로 크게 훼손되었지만, 일부 지역에서는 나무를 심기보다 자연 복원을 유도했다. 외래종 제거, 토양 회복, 서식지 개선 등을 통해 생물다양성이 빠르게 회복되었고, 일부 멸종위기종도 돌아왔다.

영국 웨스트서식스의 넵(Knepp) 농장도 대표적인 리와일딩(Rewilding) 사례다. 농업을 중단하고 개입을 최소화한 결과, 야생화가 자라고 다양한 동물이 돌아왔다. 이는 자연이 스스로 균형을 회복할 수 있음을 보여준다. 인간의 손이 닿지 않자 오히려 생태계가 회복되기 시작한 것이다. 이러한 사례들은 자연은 스스로 회복할 힘이 있다는 사실을 강하게 뒷받침한다.

하지만 최소 개입이 항상 정답은 아니다. 생태계의 특성과 훼손 정도에 따라 적절한 개입이 필요한 경우도 있다. 중요한 것은 자연을 통제의 대상이 아닌, 회복의 주체로 바라보는 관점의 전환이다.

---

16) 트로픽 캐스케이드(trophic cascade)는 생태계에서 먹이사슬의 최상위 포식자의 변화가 아래 단계의 생물군과 생태계 전체에 연쇄적인 영향을 미치는 현상을 의미한다.
(예, 늑대 제거 → 엘크 급증 → 강가 식생 파괴 → 비버 감소 → 하천 생태계 붕괴, 늑대 재도입 → 엘크 억제 및 행동 변화 → 식생 회복 → 비버 복귀 → 수질 개선 및 종 다양성 증가)

인간이 개입하는 생태복원, 필요한가? 불필요한가?

자연은 본래 스스로 균형을 유지하고 회복하는 자율적 질서를 지닌다. 스피노자가 「에티카」에서 말했듯, 자연은 외부 목적 없이 존재하고 작동한다. 이런 관점에서 생태계는 인간 개입 없이도 회복 가능하다는 주장이 나온다. 따라서 인간이 훼손한 자연에 다시 개입하는 것이 정당한가에 대한 논쟁은 여전히 계속된다.

찬성 : 인간 개입은 필요하다

자생력만으로는 회복이 어려운 경우

기후변화, 재해 등으로 생태계 일부는 스스로 회복할 수 없는 상태에 있다. 예를 들어, 인도네시아 탐보라 화산 폭발 이후, 수십 년이 지나도 복원이 지연되고 토양 침식이 지속되었다. 이런 경우, 토양 복구와 초기 식생 복원 등 인간 개입이 필요하다.

최소한의 개입으로 회복을 촉진

동양철학의 '무위(無爲)'처럼 자연의 회복을 돕는 최소한의 개입이 바람직하다. 예를 들어, 산성화된 토양에 유기물을 공급하고 자생식물을 도입하면 복원 속도가 향상될 수 있다.

반대 : 인간 개입은 자연을 해친다

야생성을 유지해야 한다

"자연을 조작하는 순간, 그것은 더 이상 자연이 아니다." 실제로 갈라파고스 제도 일부 섬은 인간의 손을 빌리지 않고 수백 년간 생태계를 회복해왔다.

예측 불가능한 결과의 위험

생태계는 복잡하게 얽힌 구조이기 때문에 인위적 개입이 의도치 않은 불균형을 초래할 수 있다. 특정 종의 도입이나 환경 조작이 오히려 장기적인 문제를 유발할 수 있다.

자연이 스스로 회복 가능한 경우에는 개입을 최소화해야 하지만, 심각히 훼손된 지역에는 자생력 회복을 돕는 신중하고 제한된 개입이 필요하다. 인간은 자연을 지배하는 존재가 아니라 자연의 일부이며, 복원의 주체는 결국 자연 스스로다.

4.2 물질 순환과 생태적 상호작용 복원

자연은 끊임없이 변화하고 순환하는 거대한 시스템이다. 우리가 숨 쉬는 공기, 마시는 물, 먹는 음식은 모두 복잡한 자연의 순환 과정에서 비롯된다. 탄소와 질소는 생물과 환경 사이를 오가며 기후를 조절하고, 물은 지구 곳곳을 돌며 생명을 유지시킨다. 다양한 생물들은 특정 조건 속에서 서로 영향을 주고받으며 조화를 이룬다.

하지만 인간 활동은 이런 섬세한 순환 구조를 무너뜨려 왔고, 이제 이를 복원하는 것이 점점 더 어려워지고 있다. 핵심은 물질 순환과 생태적 상호작용을 되살리는 일이다. 이는 단순한 숲 조성이나 강 정비를 넘어, 자연의 순환 체계를 회복하고 생물 간 유기적 연결을 복원하는 것이다. 이것이 지속 가능한 생태복원의 핵심이다.

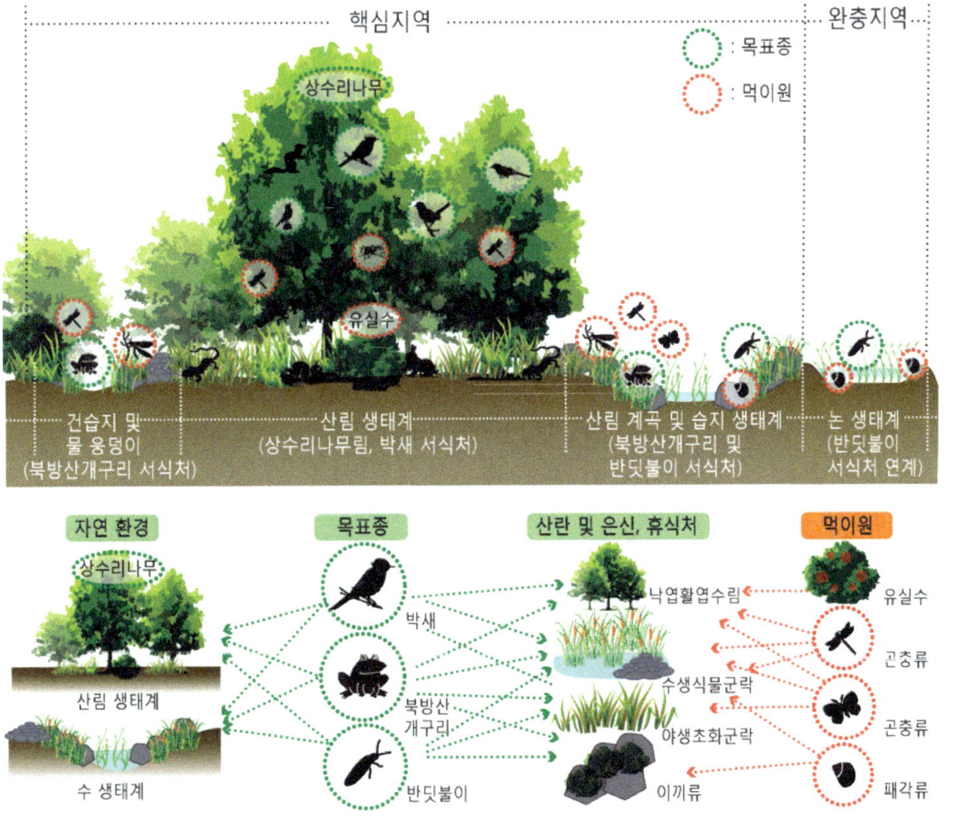

[그림 1-21] 생태복원 프로젝트에서 생물간 상호작용에 대한 검토 과정 예시

○ 자연의 순환 체계, 어떻게 무너졌는가?

자연은 물, 탄소, 질소 등 다양한 요소가 정교하게 순환하며 균형을 이룬다. 그러나 인간 활동은 이 흐름을 점차 왜곡시켜 왔다.

대표적으로 탄소 순환은 화석연료 사용과 산림 파괴로 균형이 무너졌다. 바다는 과도한 이산화탄소 흡수로 산성화되며 산호초 등 해양 생물이 위협받고 있고, 기후변화는 더욱 가속화되고 있다. 물 순환도 도시화로 토양이 불투수층으로 덮이면서 빗물 침투가 줄고, 홍수 위험은 커졌다. 지하수 보충은 줄고, 오염물 유입으로 수질은 악화되고 있다.

생물 간 상호작용도 위태롭다. 포식자 부재로 초식동물이 급증하거나, 남획으로 먹이사슬이 붕괴되는 사례가 늘고 있다. 외래종 확산과 서식지 파괴로 생물다양성은 감소 중이다.

이처럼 자연의 순환 체계는 급격히 불안정해지고 본래 기능을 상실하고 있다. 이를 되살리기 위해서는 생태복원이 핵심이다. 탄소 순환 회복을 위한 산림 복원과 블루카본 생태계 보호, 물 순환 회복을 위한 습지 복원과 수질 정화, 생물다양성 회복을 위한 종 다양성 관리와 외래종 통제가 필요하다.

자연은 스스로 회복할 수 있는 힘이 있지만, 인간의 간섭이 계속된다면 순환 체계는 붕괴할 수밖에 없다. 지금의 선택이 미래 세대의 삶을 좌우한다.

설악산 솜다리, 기념품이 된 꽃의 비극

한때 설악산의 바위 능선과 산자락에는 산솜다리(Leontopodium leiolepis)가 흔히 피어 있었다. 한국 고유종인 이 고산식물은 강한 바람과 척박한 환경에서도 자라며, 하얀 솜털로 덮인 꽃잎이 특징이다. 산솜다리는 아름다움과 강인함의 상징으로 많은 등산객의 사랑을 받았다.

하지만 1970~80년대부터 기념품 채집 문화가 퍼지면서 상황이 바뀌었다. 말린 꽃을 액자에 넣어 판매하거나 개인 소장하는 경우가 늘었고, 과도한 남획과 서식지 훼손으로 개체수는 급감했다. 인기 등산 코스가 늘고, 탐방객 증가로 식물 뿌리 훼손 사례도 빈번해졌다.

결국 1990년대 이후 설악산에서 산솜다리를 보기 어려워졌고, 이에 따라 인공 증식과 복원 연구가 시작되었다. 일부 개체는 자연에 재도입되고 있지만, 단순한 숫자 복원만으로는 충분하지 않다. 산솜다리는 특정 고산 환경에서만 자라기 때문에, 원래의 생태 조건이 유지되어야 한다.

최근에는 기후변화로 고산 지역의 기온 상승, 계절 변화 가속화 등의 영향으로 개화 시기 변화와 서식지 축소가 함께 진행되고 있다. 저지대 식물의 고지대 확산도 산솜다리의 생존에 위협이 되고 있다. 이에 따라 복원은 종 복원뿐만 아니라, 서식지 보호와 기후 대응 전략이 함께 추진되어야 한다.

산솜다리의 사례는 자연을 사랑하는 것과 보호하는 것의 차이를 분명히 보여준다. 진정한 지연 보호는 있는 그대로의 생태게를 지키는 태도에서 출발해야 한다. 이를 위해 탐방 문화 개선과 생태 인식 제고가 무엇보다 중요하다.

○ 자연의 순환을 회복하는 방법

▷ 탄소 순환 복원 : 숲과 해양을 활용한 기후 대응

탄소는 생명의 기본 요소이며, 자연은 이를 저장하고 순환시키는 능력을 지닌다. 그러나 산업화 이후 화석연료 사용 증가로 탄소 흐름이 왜곡되고, 대기 중 농도가 높아지며 기후변화가 가속화되었다. 이로 인해 자연의 탄소 흡수 능력도 점차 한계에 이르고 있다.

과거에는 숲과 해양이 탄소를 흡수해 균형을 유지했지만, 현재는 인간의 배출량이 이를 크게 초과하고 있다. 특히 산림 파괴와 토양 유실로 인해 저장되던 탄소가 오히려 방출되고 있으며, 벌목된 나무는 분해되며 대기 중 탄소를 늘린다.

한편 바다는 지구 최대의 탄소 흡수원이지만, 과도한 이산화탄소 유입으로 산성화되며 산호초를 비롯한 해양 생물에 악영향을 주고 있다. 해양 생태계 전체의 균형이 위협받는 상황이다. 기후 대응을 위해서는 자연의 탄소 순환 기능을 회복하고 강화하는 것이 필수적이다.

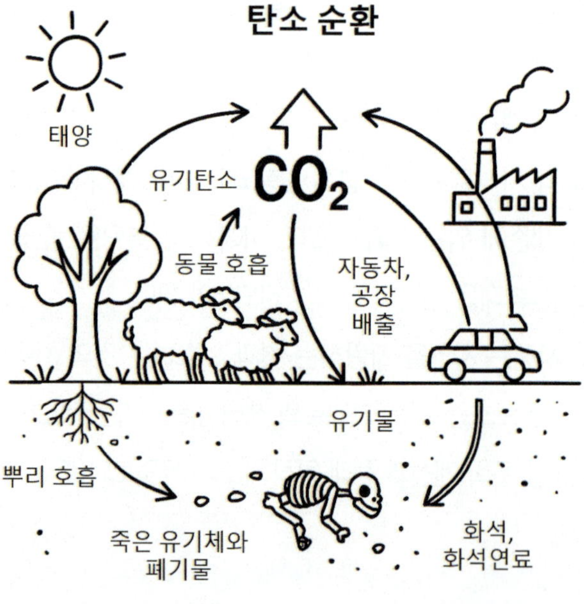

[그림 1-22] 육상에서의 탄소 순환 사이클 모식도

숲은 지구에서 가장 강력한 탄소 흡수원으로, 광합성을 통해 대기 중 이산화탄소를 흡수하고 탄소를 생체와 토양에 저장하며 기후변화 완화에 기여한다. 대표적인 사례인 아마존 열대우림은 세계 최대 탄소 저장고로, 그 건강한 유지가 전 세계 탄소 순환에 긍정적 영향을 준다. 그러나 농경지 확장과 벌목으로 탄소 흡수 능력이 약화되고 있으며, 일부 지역은 오히려 탄소를 배출하는 수준에 이르렀다.

이에 국제 사회는 열대우림 보호에 힘쓰고 있으며, 한국도 2050 탄소중립 실현을 위해 산림 복원을 추진 중이다. 단순히 나무를 많이 심는 방식보다 생태계와 조화를 이루는 전략이 중요하며, 최근에는 자생 수종을 활용하고 생태적 상호작용을 고려한 복원이 강조되고 있다.

또한 탄소 흡수 효과를 높이려면 토양의 탄소 저장 능력도 함께 관리해야 한다. 유기물이 풍부한 건강한 토양은 탄소를 장기 저장할 수 있으며, 이를 위해 자연 회복을 유도하고 인위적 간섭을 최소화하는 접근이 필요하다. 숲 복원과 토양 건강 개선을 병행하는 것이 탄소중립을 위해 필요하다.

육상 숲뿐 아니라, 바다와 해안 생태계도 강력한 탄소 저장 능력을 지니고 있다. 필리핀과 인도네시아는 맹그로브 숲 복원 프로젝트를 통해 해안 보호와 탄소 저장을 동시에 추진하며, 자연재해 완화에도 기여하고 있다.

한국 역시 새만금과 서해안 갯벌 복원 프로젝트를 통해 해양 탄소 저장 역량을 강화하고 있으며, 이는 단순한 생태계 복원을 넘어 탄소중립 전략과 연계된 기후 대응 방안으로 주목받고 있다.

갯벌은 전 세계적으로 중요한 블루카본 저장소로, 단위 면적당 탄소 저장 능력이 열대우림보다 3 ~ 5배 높고 장기 보존 능력도 뛰어나다. 하지만 간척, 해안 개발, 수질 오염 등으로 갯벌이 사라지며 해양 생태계의 탄소 저장 능력도 급감하고 있다.

▷ 자연이 스스로 물을 정화하는 시스템 구축

물은 생태계 순환에서 핵심 요소다. 하지만 도시화와 개발로 자연적인 물 순환 체계가 왜곡되면서 홍수, 가뭄, 지하수 고갈 문제가 심화되고 있다. 생태계의 건강성을 유지하려면 물이 땅과 대기, 생물 사이를 자연스럽게 순환하도록 복원하는 노력이 필요하다.

현대 도시에서는 대부분의 지면이 아스팔트와 콘크리트로 덮여 있어 빗물이 지하로 스며들지 못하고 하천으로 빠르게 유출된다. 이로 인해 홍수 위험이 증가하고, 지하수 저장량은 줄어든다. 더불어 하천을 직강화하거나 콘크리트로 감싸는 구조물은 수생 생태계를 단절시키고 파괴한다.

이를 해결하려면 습지 복원, 투수성 포장 확대, 빗물 저류 시스템 도입 등 물 순환 구조를 회복하는 통합적 접근이 필요하다. 습지는 자연이 제공하는 강력한 정화 시스템으로, 수질 개선과 홍수 예방, 지하수 보충 기능을 수행한다. 그러나 간척, 개발 등으로 많은 습지가 사라지며 수질 오염과 수해가 악화되고 있다.

대표적 사례로 미국 미시시피강 하류에서는 개발로 인한 습지 파괴가 수질 악화로 이어졌지만, 복원 사업을 통해 정화 기능과 유수 조절 능력이 일부 회복되었다. 경남 창녕의 우포늪도 복원 이후 수질 정화, 탄소 저장, 생물다양성 증진 효과를 보이며 기후변화 대응의 모범 사례가 되었다.

도시 내 물 순환 회복을 위해서는 '스펀지 시티(Spongy City)' 개념 도입이 중요하다. 이는 빗물을 흡수 · 저장할 수 있는 기반 시설을 조성해 물 순환을 유지하고, 홍수와 물 부족을 동시에 해결하려는 전략이다. 서울도 이 개념을 적용해 투수성 포장, 빗물 정원, 인공 습지 등을 도입하고 있다.

물 순환이 원활하면 생태계의 균형은 물론 인간의 수자원 확보에도 도움이 된다. 습지 복원과 도시의 물 관리 개선은 기후변화 시대에 핵심 도구이며, 우선 자연이 가진 정화 시스템을 회복하는 것이 필요하다.

▷ 생물 간의 상호작용 복원을 통한 균형 유지

자연 생태계는 단순히 다양한 생물이 공존하는 공간이 아니다. 생물들은 먹이사슬과 생태적 역할을 통해 서로 긴밀하게 연결되어 있으며, 이 관계 속에서 생태계는 균형을 유지한다. 그러나 인간의 개입으로 이 섬세한 네트워크가 붕괴되면서, 특정 종이 과도하게 증가하거나 감소하는 등 생태계 기능이 흔들리고 있다.

우리나라에서는 지리산 반달가슴곰 복원 프로젝트가 대표적인 사례다. 반달가슴곰은 과거에는 흔했지만, 밀렵과 서식지 파괴로 개체수가 급감해 1990년대에는 멸종위기에 처했다. 이를 해결하기 위해 정부와 시민단체가 협력해 개체수 회복과 자연 서식지 복귀를 추진하고 있다.

복원은 단순한 개체수 증가를 넘어, 곰이 생태계에서 수행하던 역할을 되살리는 데 중점을 둔다. 반달가슴곰은 다양한 식물의 씨앗을 퍼뜨려 식생 복원과 생물다양성 유지에 기여하며, 곰의 활동을 통해 다른 종과의 상호작용도 점차 회복되고 있다.

지표종이나 핵심종의 복원은 하나의 종을 보호하는 것을 넘어 생태계 전체 회복으로 이어진다. 곰이 서식지를 회복하면서 초식동물의 개체수가 조절되고, 과도한 식생 훼손이 줄어들며 숲의 건강성도 개선된다. 이처럼 특정 종의 복원은 생물다양성과 생태계 회복력을 동시에 강화하는 효과를 낸다.

이러한 전략은 한국뿐 아니라 전 세계에서도 지속 가능한 생태 보전의 주요 접근법으로 주목받고 있다. 반달가슴곰과 산양 복원은 생태계 기능 회복의 좋은 사례이며, 향후에도 꾸준한 모니터링과 서식지 보호가 병행되어야 한다.

[그림 1-23] 산양 복원과 관련된 국립공원공단의 노력
(국립공원공단 홈페이지 https://www.knps.or.kr)

한편, 외래종의 확산은 생태계를 교란하는 주요 요인 중 하나다. 이들은 기존 생물과 경쟁하거나 서식지를 침범해 자생종 개체수를 급감시키고, 먹이사슬 구조를 변형시킨다. 외래종이 정착하면 생태적 균형이 무너지기 쉬워, 이는 전 세계적으로 해결이 시급한 과제다.

한국에서는 수생 생태계 복원을 위해 외래종 관리와 고유 어종 보호 사업이 추진되고 있다. 한강에서는 블루길과 배스 같은 외래 어류 확산으로 자생 어종이 줄었으며, 이들은 강한 포식성으로 양서류와 토착 어종의 생존을 위협해 왔다. 이에 따라 외래종 제거와 어류 보호구역 지정 등의 조치가 시행되었고, 일부 지역에서는 고유종 개체수가 점차 회복 중이다.

이 문제는 한국만의 일이 아니다. 뉴질랜드에서는 담비와 족제비 등 외래 포식성 포유류의 증가로 포식자에 익숙하지 않은 토착 조류가 멸종 위기에 놓였다. 이에 정부는 외래종 제거와 보호구역 지정을 통해 조류 복원을 추진하고 있으며, 일부 지역에서는 가시적인 성과도 나타나고 있다.

외래종 문제는 단순한 제거에 그치지 않고, 자생종 복원과 외래종 확산 방지를 포함한 종합적인 접근이 필요하다. 이러한 사례들은 적극적인 개입이 생물다양성과 생태계 회복에 핵심적인 역할을 한다는 점을 보여준다.

생태계는 본래 자정 능력을 지니고 있지만, 인간의 개입으로 균형이 무너졌다면 그 회복 역시 인간의 책임이다. 포식자 복원, 외래종 관리, 자생종 보호를 통해 생물 간 상호작용을 회복하고, 건강한 생태계로 돌아가야 한다.

온실가스와 기후변화, 무엇이 논쟁이 되는가!

지구 평균기온은 계속 상승하고 있으며, 그 주요 원인은 온실가스라는 데 과학계는 대체로 의견을 같이한다. 이산화탄소, 메탄, 아산화질소 등은 대기 중에 머물며 태양 복사에너지를 가두어 지구를 따뜻하게 만든다. IPCC는 인간 활동이 온난화의 핵심 원인임을 반복적으로 지적해 왔다.

하지만 이 문제는 과학을 넘어 사회적 · 정치적 논쟁으로 확산되고 있다.

우선 기후변화의 원인에 대해 일부에서는 지구가 자연적인 기후 주기, 즉 빙하기와 간빙기를 반복해왔으며, 지금의 온난화도 그 연장일 수 있다고 본다. 그러나 대부분의 과학자들은 지금의 변화는 과거와 달리 속도와 규모가 비정상적으로 크며, 이는 산업화 이후 급증한 인위적 온실가스 배출과 명확히 연결된다고 본다. 자연 요인만으로는 현재의 기후 변화를 설명할 수 없다는 것이 과학적 합의다.

또한, 탄소 감축 정책의 경제적 부담에 대한 논쟁도 크다. 탄소세 도입, 재생에너지 확대, 산업구조 전환 등은 추진되고 있지만, 단기적으로 경제 성장과 저소득층, 에너지 의존 산업에 부담이 될 수 있다는 우려가 있다. 반면 기후위기로 인한 극단적 기상, 생태계 붕괴, 식량 위기 등은 훨씬 더 큰 사회 · 경제적 손실을 초래할 수 있다.

기후변화 대응에서 또 다른 쟁점은 국가 간 책임 분담과 형평성 문제다. 선진국은 역사적으로 많은 온실가스를 배출해 왔고, 개발도상국은 경제 성장 과정에서 감축 부담이 크다. 이에 따라 개발도상국은 기술 이전과 재정 지원을 요구하며, 이 논의는 형평성과 책임 같은 '기후 정의(Climate Justice)'라는 개념으로 확장되고 있다.

결국 기후변화는 과학, 경제, 윤리, 정치가 얽힌 복합 문제다. 효과적인 대응을 위해서는 정확한 과학적 진단, 사회적 합의, 국제적 협력이 동시에 필요하다.

4.3 환경적, 사회적, 경제적 지속 가능성을 강화하는 복원

생태복원은 자연을 되살리고 기후위기를 완화하며, 삶의 질을 높이는 중요한 활동이다. 하지만 "복원이 경제적으로 과연 이익이 되는가?"라는 질문은 여전히 자주 제기된다. 초기 비용이 크고 즉각적인 성과를 기대하기 어렵기 때문에 경제적 타당성에 대한 의문이 따르기 때문이다. 그러나 생태복원의 진정한 가치는 단기적 비용을 넘어서, 환경 · 사회 · 경제 전반에서 장기적으로 창출되는 이익에 있다.

환경을 보호하는 것이 경제 발전을 방해하는가? 그리고 자연 복원이 단순한 비용 지출에 그치는가?

많은 이들이 생태복원을 환경 보호의 일부로만 여기며, 불가피한 지출로 받아들인다. 하지만 복원은 기후 대응, 지역 경제 활성화, 공중보건 개선 등 다양한 측면에서 실질적인 효과를 가져온다. 자연 복원 과정에서는 관광 산업과 일자리가 생기고, 기후 완화를 통해 재난 피해를 줄이며, 도시 녹지 확대로 건강한 생활환경도 조성된다.

결국 생태복원은 단순한 환경적 노력이 아니라, 사회와 경제를 지속 가능하게 만드는 전략이다. 우리는 "지속 가능한 복원이란 환경, 사회, 경제가 함께 살아나는 과정"이라는 점을 분명히 인식해야 한다.

○ 생태복원에 드는 비용, 과연 가치가 있는가?

한 도시는 반복되는 홍수 피해를 막기 위해 대형 댐을 건설했다. 막대한 예산이 투입됐고, 유지비용도 계속 들었다. 반면, 인근 지역은 강 주변 습지를 복원해 문제를 해결했다. 놀랍게도 복원 지역에서는 홍수 피해가 크게 줄었고, 비용은 댐 건설의 절반 이하였다.

생태복원은 종종 '비용이 많이 드는 환경 보호'로 인식되지만, 실제로는 장기적인 경제적 이익을 창출하는 투자다. 자연 복원에 드는 비용은 단순한 지출이 아니라, 미래 세대를 위한 지속 가능한 경제 전략으로 봐야 한다. 그렇다면 복원의 경제적 가치는 얼마나 될까?

복원 프로젝트 비용은 지역, 규모, 방식에 따라 다양하다. 단순한 나무 심기는 비교적 저비용으로 가능하지만, 해양 생태계나 습지 복원은 고도의 기술과 장기 관리가 필요하다. 그러나 핵심은 단기 비용보다 장기적으로 생태복원이 창출하는 환경적 · 사회적 · 경제적 이익을 함께 고려하는 데 있다.

▷ 생태복원은 경제적 가치를 창출한다

미국 체서피크 만(Chesapeake Bay) 복원에는 30년간 약 190억 달러가 투입되었지만, 어업과 관광 회복을 통해 매년 220억 달러의 경제적 이익을 얻고 있다. 이는 생태복원이 단순한 환경 보호가 아니라 경제적 투자임을 보여준다.

생태복원은 자연재해 피해를 줄이는 데도 중요한 역할을 한다. 연구에 따르면, 맹그로브 숲 1km²가 홍수 피해를 줄이는 경제적 가치는 연간 6만 달러에 달하며(Barbier), 필리핀에서는 맹그로브 숲이 사라진 지역에서 태풍 피해가 3배 이상 증가한 반면, 복원된 지역에서는 피해가 현저히 줄어든 사례가 보고되었다.

NASA의 2022년 자료에 의하면 기후변화로 인한 자연재해가 심화되는 상황에서, 허리케인 카트리나(Katrina)는 미국에 1,250억 달러의 경제적 손실을 초래했다. 전문가들은 만약 해당 지역의 습지와 자연 방어 체계가 건강한 상태로 유지되었다면 피해 규모를 줄일 수 있었을 것으로 분석하고 있다.

자연이 만든 댐, 인간보다 더 뛰어나다?
: 체코 야생 비버의 습지 복원 프로젝트

"정부가 7년 동안 못한 일을 비버들이 몇 달 만에 해냈다!"

체코 브르디(Brdy) 경관보호구역에서는 예상치 못한 방식의 생태복원이 이뤄졌다. 체코 정부는 이 지역에 소규모 습지 댐을 건설하려 했지만, 토지 소유권과 인허가 문제로 프로젝트가 7년간 지연되었다. 그런데 야생 비버들이 등장해, 징부가 원래 계획했던 장소에 스스로 나무, 돌, 진흙을 활용해 천연 댐을 세웠다.

이 비버 댐 덕분에 인공 댐 건설이 불필요해졌고, 약 3천만 체코 코루나(약 18억 원)의 예산이 절감되었다. 체코 정부는 비버 댐이 예상보다 튼튼하고 생태적으로도 훨씬 효과적임을 확인하고 이를 공식 복원 사례로 채택했다.

비버는 자연 생태계에서 '건축가' 역할을 한다. 댐을 통해 물의 흐름을 조절하고 자연스럽게 습지를 형성하면서 다음과 같은 효과를 유도한다.

- ✅ 수질 정화 : 댐이 오염물질을 걸러주는 필터 역할 수행
- ✅ 홍수 예방 : 물을 저장했다가 천천히 방류해 급격한 범람 방지
- ✅ 생물다양성 증진 : 다양한 생물이 서식할 수 있는 서식지 조성

이 프로젝트는 자연의 자율적인 복원력이 얼마나 강력할 수 있는지를 보여준다. 무리한 인공 개입보다, 자연이 스스로 균형을 되찾을 수 있도록 지원하는 것이 지속 가능한 복원의 핵심임을 다시 한번 일깨운다.

▷ 기후위기 대응과 탄소 감축 효과가 있다.

산림 복원은 기후변화 대응에서도 중요한 역할을 한다. 연구에 따르면, 전 세계적으로 산림을 복원하면 연간 30억 톤 이상의 탄소를 흡수할 수 있으며, 이는 전 세계 탄소 배출량의 10%에 해당한다(IPCC). 세계은행(World Bank)은 탄소 1톤의 사회적 가치를 50달러 이상으로 평가해, 복원의 경제적 효과를 뒷받침하고 있다.

특히, 블루카본 생태계(갯벌, 해초밭, 맹그로브 숲)는 육상 숲보다 더 많은 탄소를 저장할 수 있으며, 이들이 포함된 해양 생태계는 연간 탄소 흡수율이 육상 생태계보다 최대 10배 높다고 한다. 이는 생태복원이 탄소중립 달성을 위한 핵심 수단임을 의미한다.

▷ 생태복원은 경제를 성장시킨다

생태복원은 환경 보호뿐만 아니라 관광 산업을 창출하는 데도 중요한 역할을 한다. 코스타리카는 열대우림 복원을 통해 생태관광을 활성화시켜 연간 30억 달러 이상의 관광 수익을 올리고 있다. 호주의 대산호초 복원도 어업 생산성을 높이고 관광을 활성화해 지역 경제에 기여하고 있다.

이처럼 생태복원은 기후변화 대응, 재해 예방, 경제 활성화, 생물다양성 보전 등 다양한 가치를 창출하는 장기 투자다. 환경 · 사회 · 경제가 함께 지속 가능해지는 길이며, 이를 통해 미래 세대에 더 나은 삶과 건강한 지구를 물려줄 수 있다.

▷ 생태복원은 지속가능성이 높은 투자다.

생태복원에 투자하지 않으면, 더 큰 사회 · 경제적 비용을 치르게 될 것이다. 세계경제포럼(WEF)이 인용한 스위스 재보험연구소(Swiss Re Institute) 보고서에 따르면, 지구 평균기온 상승이 계속될 경우 2050년까지 전 세계 GDP의 최대 18%가 손실될 수 있다. 이는 생태계 보호가 경제 안정성과 직결된 문제임을 보여준다.

또한, 생태계 붕괴로 인한 산업 피해도 심각하다. 전 세계 식량 생산의 75%는 벌과 같은 수분 매개 곤충에 의존하며, 곤충 서식지가 파괴될 경우 식량 생산에 연간 2,350 ~ 5,770억 달러(약 300 ~ 800조 원)의 손실이 발생할 수 있다(FAO). 이는 생태복원이 단순한 환경 보호가 아니라 전 세계 경제와 식량 안보에도 직접적인 영향을 미친다는 점을 시사한다.

기업들도 복원의 중요성을 인식하고 지속 가능성에 투자하고 있다. 생태복원은 단순한 환경 보호를 넘어 자연재해 예방, 기후 대응, 경제적 가치를 동시에 실현할 수 있는 전략이다. 지금 투자하지 않으면 미래에는 더 큰 대가를 치를 수밖에 없다. 생태복원은 지속 가능한 삶과 경제를 위한 가장 현명한 투자이며, 지금이 바로 그 실천의 시점이다.

○ 복원이 환경적 지속 가능성을 강화하는 이유

과거 환경 보호의 핵심은 더 이상 자연을 훼손하지 않는 것이었다. 그러나 기후위기와 생태계 붕괴가 심각해지면서, 단순한 보호를 넘어 이미 파괴된 자연을 되살리는 생태복원이 더 중요한 해결책으로 떠오르고 있다.

생태복원은 단순히 나무를 심고, 습지를 되살리는 것이 아니다. 온실가스를 줄이고, 생물다양성을 회복하며, 자연재해를 완화하는 지속 가능한 미래를 위한 필수 전략이다. 그렇다면, 생태복원이 어떻게 환경적 지속 가능성을 강화할 수 있을까?

▷ 기후변화 대응 : 탄소 흡수와 온실가스 감축

기후변화 대응에서 가장 중요한 전략 중 하나는 자연 생태계가 스스로 탄소를 흡수하고 저장하는 기능을 회복하는 것이다. 대기 중 이산화탄소 농도를 낮추는 것은 탄소중립 달성의 필수 조건이며, 이를 위해 자연 생태계의 역할은 매우 중요하다.

열대우림은 주요 탄소 흡수원 중 하나로, 일부 연구에 따르면 복원 시 연간

3.7 ~ 5.3 $GtCO_2$를 흡수할 수 있다. 이는 전 세계 온실가스 배출량의 약 10 ~ 15%에 해당하며, 산림 복원의 중요성을 보여준다. 특히 자연적 산림 회복만으로도 연간 최대 8.9 $GtCO_2$를 흡수할 수 있다는 연구(IPCC)도 보고되었다.

해양 생태계 역시 탄소 저장에 중요한 역할을 한다. 맹그로브 숲과 이탄지는 동일 면적의 육상 산림보다 더 많은 탄소를 저장할 수 있으며, 산호초와 해초도 해양 탄소 흡수에 기여한다. 이들 생태계를 보호하고 복원하면 기후변화 완화 효과를 더욱 높일 수 있다.

여러 국가들은 이러한 원리를 바탕으로 생태복원 프로젝트를 통해 탄소 감축 목표를 실현하고 있다. 예를 들어, 인도네시아는 맹그로브 복원으로 연간 4천만 톤 이상의 탄소를 저장하고 있으며(UNEP), 호주는 대산호초 복원을 통해 탄소 저장과 어류 자원 보호에 기여하고 있다.

▷ 생물다양성 회복 : 멸종위기종 보호와 생태계 균형 유지

생물다양성은 생태계 건강의 지표이자, 자연의 균형을 유지하는 핵심 요소다. 하지만 산업화, 도시화, 기후변화로 많은 동식물이 서식지를 잃고 멸종 위기에 처해 있다. 단순히 보호 구역을 지정하는 것만으로는 충분하지 않으며, 서식지 복원과 생물 간 상호작용 회복을 위한 적극적인 생태복원이 필요하다.

우리나라에서 큰 인기를 얻고 있는 자이언트 판다(Giant Panda)는 한때 개체수가 급감하며 멸종위기종으로 분류된 바 있다. 주된 원인은 서식지 파괴와 대나무 숲 감소였다. 먹이 대부분을 대나무에 의존하는 판다에게 이는 치명적이었다.

중국은 대나무 숲을 복원하고 서식지 보호 정책을 강화해 판다의 개체수를 회복시켰다. 특히, 서식지를 연결하는 복원 전략은 개체군의 이동성과 유전적 다양성 유지에 기여했다.

[그림 1-24] 보고 싶은 친구, 판다 '푸바오'

이러한 서식지 연결 중심의 접근은 단순한 종 보호를 넘어 생태계 연속성과 건강성 회복에도 도움이 된다. 이는 생물다양성을 보전하고 생태계의 안정성을 높이는 핵심 전략으로 평가된다.

습지는 생물다양성 증진에 핵심적인 서식지다. 습지가 되살아나면 개구리, 새, 곤충 등 다양한 생물이 돌아오며 생태계는 점차 균형을 회복한다. 수생 생물이 증가하면 이들을 먹이로 삼는 육상 동물도 따라 돌아와 건강한 생태계가 형성된다. 습지는 오염물질 정화, 수자원 저장, 생물다양성 유지 등 다양한 생태적 기능을 수행한다.

▷ 자연재해 완화 : 홍수, 가뭄, 폭염을 막는 자연의 힘

기후변화로 인해 홍수, 가뭄, 폭염 등 극단적인 기후 현상이 빈번해지고 있다. 이러한 재해는 단순한 기상이변이 아닌, 생태계 훼손과 밀접한 관련이 있다.

홍수 피해를 줄이는 효과적인 방법 중 하나는 해안과 강 주변의 습지를 복원하는 것이다. 맹그로브는 강한 뿌리 구조로 해안선을 보호하고, 태풍과 해일의 에너지를 흡수해 물 흐름을 조절한다. 미국 뉴올리언스는 허리케인 카트리나 이후 해안 습지를 복원하여 재난 피해를 줄이는 데 성공했다. 이는 인공 구조물보다 자연 기반 해결책이 더 효과적일 수 있음을 보여준다.

가뭄에도 생태복원은 중요한 역할을 한다. 복원된 숲과 습지는 토양의 수분 저장 능력을 높이고, 강우 시 물을 흡수해 건기에는 천천히 방출해 수분 균형을 유지한다. 건조 지역의 생태복원은 토양 수분 증발을 막고, 실제로 수자원 보존 효과가 입증된 사례도 많다.

도시의 폭염을 완화하는 데도 녹지를 조성한다는 것은 유효하다. 공원과 가로수 등은 열섬 현상을 줄이고, 식물의 증산 작용과 그늘은 온도 저감에 기여한다. 서울의 한강공원이나 뉴욕 센트럴파크는 도심의 기온 안정에 도움을 주는 대표적인 예다.

아까시나무, 어떻게 하지?

봄이면 산과 도로변에 풍성한 흰 꽃을 피우는 나무, 아까시나무. 달콤한 향기로 벌을 끌어들이며, 이 나무에서 얻은 꿀은 '아카시아꿀'로 익숙하다. 그런데 최근엔 이 나무를 두고 '좋은 나무일까, 나쁜 나무일까?'라는 논쟁이 이어지고 있다.

아까시나무는 북아메리카 원산으로, 우리나라에는 100여 년 전 도입되었다. 지금은 자연에서 스스로 번식하며 살아가는 귀화식물로 분류되고 있다.

이 나무는 개화가 빠르고 꿀이 풍부해 양봉에 유익하며, 성장이 빠르고 척박한 땅에서도 잘 자라 황폐지 복구에 활용되기도 한다. 반면, 번식력이 매우 강해 생태계에 위협이 되기도 한다. 넓은 공간을 차지하며 자생식물의 성장을 억제하고, 생물다양성을 저해하는 사례도 보고되고 있다.

그렇다면 아까시나무를 어떻게 바라봐야 할까? 오랜 세월 함께해온 식물이지만, 생태계에 영향을 미치는 존재임은 분명하다. 단순히 외래종이냐, 토착화되었느냐로만 판단할 수 없고, 지역 생태계와의 관계, 인간의 관리 방식에 따라 평가가 달라질 수 있다.

자연은 단순히 흑백으로 나뉘지 않는다. 같은 식물도 어디서, 누구와, 어떤 환경에서 자라는가에 따라 의미가 달라진다. 중요한 것은 '이 나무가 지금 우리 생태계에서 어떤 역할을 하는가'를 고민하는 일이다.

※ 참고

아까시나무의 학명은 Robinia pseudoacacia이다. 영어로는 흔히 Black locust 또는 False acacia라고도 불린다. 우리가 흔히 '아카시아'라고 부르는 이 나무는 진짜 아카시아(Acacia spp.)와는 다른 식물이며, 이름이 비슷할 뿐 속(genus)이 다르다. 그래서 학명에서도 'pseudo(가짜의)'라는 말이 들어가 있다.

▷ 수질 개선과 토양 복원 : 오염을 줄이고 깨끗한 환경 조성

수질 오염과 토양 황폐화는 생태계와 인간 삶에 중대한 위협이 된다. 산업화와 도시화로 하천과 호수는 오염되었고, 과도한 농경과 개발은 토양의 영양 고갈과 침식을 심화시켰다. 이러한 문제는 단기적 정화 조치로는 해결되지 않으며, 자연이 스스로 회복할 수 있도록 돕는 생태복원 전략이 필요하다.

습지는 자연이 가진 우수한 수질 정화 시스템이다. 질소·인 등의 오염물질을 흡수하고 유기물을 분해하며, 물의 흐름을 조절해 수질 개선과 홍수 완화에 기여한다. 특히 하천 주변 습지는 오염물 걸러내기와 생태계 안정에 중요한 역할을 한다. 네덜란드는 하천 습지를 복원해 수질 자정 능력을 회복했고, 어류 개체수 증가와 함께 지속 가능한 생태관리 모델을 구축했다. 이는 오염 제거를 넘어 생태계 전체의 건강성을 회복시키는 접근이다.

토양 복원 역시 생태계 회복의 핵심이다. 재생 농업은 토양 유기물 함량을 높여 보전성과 생산성을 동시에 달성하는 지속 가능한 대안으로 주목받는다. 반면 기존의 집약적 농업은 영양 고갈과 화학 오염을 초래해 장기적 문제를 유발한다. 사막화 지역에서는 식물을 심어 뿌리 구조를 복원하면 토양 안정과 가뭄 완화 효과를 얻을 수 있다. 이는 단순한 사막화 방지를 넘어 기후변화 적응 전략으로도 작용한다.

결국, 수질과 토양 복원은 지속 가능한 생태계 구축의 핵심이며, 이는 곧 인간 삶의 지속 가능성과 직결된다. 생태복원은 자연의 자정 능력을 회복시키는 과정이자, 건강한 미래를 위한 기반이다.

○ 비용과 가치를 함께 바라보는 새로운 관점

생태복원은 지역 주민에게 건강한 환경을 제공하고 삶의 질을 높이는 데 기여한다. 복원된 자연은 깨끗한 공기와 물을 제공하며, 도심에서는 열섬 현상을 완화하고 대기질을 개선한다. 대표적으로 서울 청계천 복원은 열섬 감소와 쾌적한 휴식 공간 확보를 통해 도시 생태복원의 성공 사례로 평가받는다.

또한 주민과 학생들이 복원 활동에 참여함으로써 자연과 인간의 관계는 더욱 밀접해지고, 환경 보호에 대한 인식도 향상된다. 영국의 '숲 학교(Forest School)' 프로그램은 지역사회 참여와 환경 교육을 결합한 대표적 사례로, 자연과 조화롭게 살아가는 방식을 배우는 기회를 제공한다.

생태복원은 단기적으로는 비용이 클 수 있으나, 장기적으로는 경제적 가치를 창출하는 투자다. 복원 사업은 녹색 일자리를 만들고, 나무 심기, 서식지 관리, 생태계 모니터링 등 다양한 활동을 통해 지역 경제를 활성화한다. 복원된 자연은 생태관광 자원으로도 활용되어 실질적인 수익을 창출하기도 한다.

생태계는 물 정화, 토양 비옥화, 탄소 격리 등 다양한 서비스를 제공해 인간이 막대한 비용을 들여 수행해야 할 기능을 대신한다. 유엔환경계획(UNEP)은 생태복원이 초기 투자 대비 최대 10배의 경제적 이익을 가져올 수 있다고 평가한다.

"생태복원은 비용일까, 투자일까?"

개발 사업에서는 비용이 핵심 고려 요소지만, 생태복원은 단순한 환경 보호가 아니라 사회 · 경제 · 생태적 가치를 아우르는 지속 가능한 투자다. 자연재해 예방, 관광산업 진흥, 녹색 일자리 창출 등의 효과를 종합적으로 고려할 때, 생태복원의 가치는 더욱 분명해진다. 이제는 단순한 비용이 아닌 미래 가치를 평가하는 새로운 시각이 필요한 때다.

▷ 단기 비용 vs. 장기 가치 : 복원은 미래의 경제적 손실을 줄인다

많은 생태복원 프로젝트는 초기 비용이 높다. 예를 들어, 우리나라 산림 복원은 헥타르(ha)당 약 1억 원, 해양 생태계 복원은 그보다 더 큰 비용이 소요된다(산림청, IUCN). 하지만 이 비용은 단순 지출이 아니라, 자연재해 예방과 경제적 가치 창출을 위한 장기적 투자로 보아야 한다.

예를 들어, 미국 뉴욕은 허리케인 샌디 이후 해안 습지를 복원해 홍수 피해 복구 비용의 3배 이상을 절감했다. 인도네시아는 맹그로브 숲 복원을 통해 태풍 피해를 줄이는 동시에, 연간 4천만 톤 이상의 탄소를 저장하는 성과를 거뒀다(UNEP). 이처럼 생태복원은 환경 보호를 넘어선 경제 전략임을 보여준다.

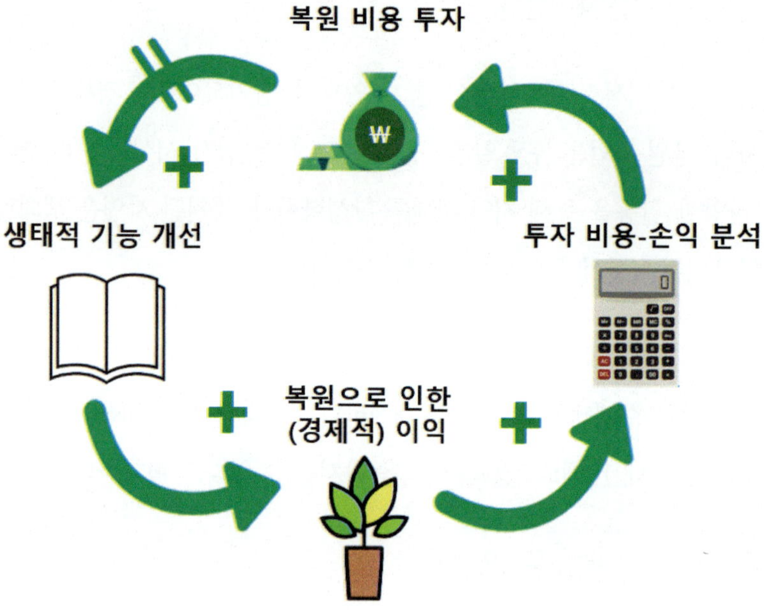

[그림 1-25] 생태복원 투자 및 이익에 대한 개념[17)]

자연재해 예방 측면에서 생태복원은 탁월한 비용 대비 효율성을 가진다. 연구에 따르면, 맹그로브 숲 1km^2의 홍수 피해 저감 효과는 연간 약 6만 달러의 경제적 가치를 지닌다(Barbier). 실제로 필리핀에서는 맹그로브가 사라진 지역의 태풍 피해가 3배 이상 증가한 반면, 복원된 지역에서는 피해가 크게 줄어든 것으로 나타났다(Duarte).

17) 생태복원에 대한 투자가 이루어지면 훼손지에서의 생태적 기능이 개선되고, 이로 인하여 경제적 이익을 환수할 수 있게 된다. 또한, 추가적인 복원 과정을 통해 신규 투자로의 선순환 구조가 형성될 수 있다.

결과적으로 생태복원은 단순한 환경 개선이 아닌, 재난 피해 절감, 탄소 저장, 경제적 이익을 함께 창출하는 전략적 투자다. 단기 비용만이 아닌 장기 가치를 고려하는 새로운 시각이 필요하다.

▷ 생태계를 경제 시스템의 일부로 보기 : 자연 자본(Natural Capital) 개념

우리는 보통 건물, 기계, 도로와 같은 인공 자산만을 경제적 가치로 평가하지만, 자연 역시 중요한 경제 자산이다. 이를 자연 자본(Natural Capital)이라 하며, 생태계가 제공하는 탄소 흡수, 수질 정화, 기후 조절 등의 서비스를 경제적 가치로 환산하는 개념이다.

세계 생태계 서비스의 연간 가치는 약 16조~54조 달러로 추정된다(Costanza). 이 중 건강한 산림은 약 1.6조 달러, 습지는 3조~4.8조 달러의 가치를 지니며(Barbier), 이는 수질 정화, 홍수 조절, 생물다양성 유지 등의 생태계 서비스 덕분이다. 또한 벌과 나비 등 수분 매개 곤충이 농업 생산성에 기여하는 가치는 연간 최대 5,770억 달러에 달한다(FAO, IPBES).

생태복원은 지속 가능한 관광 산업으로도 이어진다. 코스타리카는 열대우림 복원을 통해 연간 30억 달러 이상을 벌어들이고 있으며(Honey), 미국 옐로스톤의 늑대 복원은 약 3,000만 달러의 경제적 효과를 가져왔다.

복원된 자연은 지역 경제를 살리는 생태관광 자원이 된다. 이는 대규모 개발보다 환경 영향을 줄이면서, 지역사회에 안정적 수익과 일자리를 제공한다는 점에서 주목받고 있다.

결국 생태복원은 환경 보호를 넘어선 전략적 투자다. 자연은 단순한 풍경이 아니라 경제의 핵심 기반이며, 이를 회복하는 일은 미래 세대를 위한 가장 현명한 선택이다. 생태계 보호는 곧 경제 보호라는 인식이 필요한 때다.

▷ 녹색 일자리 창출 : 생태복원이 새로운 산업을 만든다

생태복원은 단순한 환경 개선을 넘어, 새로운 산업과 일자리를 창출하는 기회다. 환경 엔지니어, 생태 연구자, 드론 운용 전문가, 데이터 분석가 등 다양한 분야에서 복원 관련 직업이 증가하고 있으며, 이는 지속 가능한 경제 성장의 기반이 되고 있다.

EU는 '그린 딜'을 통해 2030년까지 100만 개, 미국은 200만 개 이상의 녹색 일자리 창출을 목표로 하고 있다(WEF). 이는 생태복원이 경제적 기회를 창출하는 동력임을 보여준다.

대표 사례로, 호주의 대산호초 복원 프로젝트는 연간 40억 달러 규모의 경제 가치를 창출하며, 지속 가능한 어업과 생태관광을 지원하고 있다(Hoegh-Guldberg). 재생 농업 도입 지역에서는 농업 생산성이 평균 20 ~ 30% 향상돼 식량 안보에도 긍정적인 영향을 준다(World Bank).

이처럼 생태복원은 환경 보호를 넘어 미래 산업을 육성하고, 지속 가능한 경제 시스템 구축에 기여하는 전략적 투자다. 이제 "복원에는 돈이 많이 든다"는 인식은 바뀌어야 한다. 생태복원은 자연재해 예방, 관광 활성화, 일자리 창출을 통해 경제적 · 사회적 가치를 증대시키는 투자다.

우리는 이제 비용보다 가치를 중심에 두는 새로운 시각이 필요하다. 자연을 단순히 보호 대상으로 보는 것이 아니라, 경제 시스템의 중요한 자산으로 인정하고, 이를 복원하는 것이 기후위기와 경제 불확실성을 극복하는 효과적인 방법임을 인식해야 한다.

자연을 되살리는 것은 곧 인간을 위한 선택이다. 생태복원은 지속 가능한 미래를 위한 가장 확실한 투자이며, 이제 우리는 '비용'이 아닌 '가치'로 생태복원을 바라보아야 한다.

이끼와 균류는 왜 주인공이 되지 못할까?
: 작지만 결정적인 생태계의 조연들

자연을 이야기할 때 우리는 주로 동물이나 나무, 꽃처럼 눈에 띄는 생명체에 주목한다. 하지만 시선을 조금만 낮추면, 바위의 이끼나 숲속 그늘의 버섯처럼 작고 조용한 존재들이 보인다. 이들은 비록 눈에 잘 띄지 않지만, 생태계에서 결코 작은 역할을 하지 않는다.

물이끼(*Sphagnum palustre*)

이끼는 '선구 식물'로 불린다. 척박한 땅이나 바위 위에 가장 먼저 자리를 잡아, 다른 생물들이 뿌리내릴 수 있는 기반을 마련한다. 비를 머금고 천천히 내놓아 주변 습도를 조절하고, 곤충이나 미생물의 서식지 역할도 한다. 말하자면 숲이 시작되기 위한 조용한 조력자다.

이끼와 같은 균류는 숲의 분해자이자 연결자다. 낙엽, 고사목, 동물 사체를 분해해 양분을 흙으로 되돌려 주며, 일부는 식물 뿌리와 공생관계를 맺어 양분 흡수를 도와준다. 덕분에 식물은 척박한 환경에서도 자랄 수 있다.

최근 연구에 따르면, 균류는 '우드 와이드 웹(Wood Wide Web)'이라 불리는 지하 네트워크를 형성한다. 이 네트워크를 통해 나무들은 양분, 수분, 신호물질을 주고받으며, 병해충 정보도 공유해 집단 방어 반응을 유도한다. 숲은 단지 나무들의 집합이 아니라, 균류를 통해 유기적으로 연결된 공동체인 셈이다.

이끼와 균류는 무대의 주연은 아닐 수 있지만, 그들이 없었다면 생태계는 시작되지도, 유지되지도 않았을 것이다. 가장 작고 소외된 생명체들이 오히려 생명 순환의 핵심을 이룬다. 겉으로는 보이지 않아도, 생태계의 뿌리는 바로 이들에게 있다.

2부. 자연을 되살리는 방법

5장. 생태복원을 성공으로 이끄는 계획

자연을 되살리는 생태복원은 단순히 나무를 심고 하천을 정비하는 것을 넘어선다. 효과적인 복원을 위해서는 과학적 원칙을 기반으로 한 계획 수립과 실행, 지역사회의 협력, 지속적인 모니터링 및 평가가 필수적이다. 이 과정에는 자연의 회복력을 바탕으로 생태계의 구조와 기능을 복원하는 동시에, 지속 가능한 관리가 포함되어야 한다. 또한, 지역 주민과 이해관계자들이 적극적으로 참여할 수 있도록 유도하여 복원이 단순한 환경 정비를 넘어 사회적 공감대를 형성하는 과정이 되어야 한다.

생태복원은 과학적 연구, 지역사회의 협력, 지속 가능한 관리가 유기적으로 결합된 종합적인 과정이다. 이러한 요소들이 균형 있게 적용될 때, 우리는 건강한 생태계를 되살리고 자연과 인간이 조화를 이루는 지속 가능한 미래를 실현할 수 있다.

5.1 복원의 핵심 요소 : 구조, 기능, 탄력성

생태계는 단순한 공간이 아닌, 수많은 생물과 환경이 유기적으로 연결된 복잡한 시스템이다. 하지만 인간의 개입과 기후변화로 이 구조가 무너지고, 생태계는 본래 기능을 상실하고 있다. 따라서 생태복원은 단순한 나무 심기나 강 정비가 아닌, 자연이 스스로 유지될 수 있도록 돕는 근본적인 회복 과정이어야 한다.

복원의 핵심은 구조(structure), 기능(function), 탄력성(resilience)의 세 요소가 균형을 이루는 데 있다. 구조가 회복되지 않으면 생물의 서식 기반이 부족하고, 기능이 회복되지 않으면 지속적 관리가 필요하다. 외부 충격에도 무너지지 않도록 회복력까지 갖춰야 생태계는 장기적으로 유지될 수 있다.

세 가지 요소는 독립적이면서도 상호 보완적이며, 이들이 조화를 이룰 때 비로소 진정한 생태복원이 가능해진다.

○ 생태계 구조 복원 : 자연의 토대를 다시 세우다

생태계 구조란 하천의 흐름, 숲의 구성, 토양 특성 등 생물의 서식과 상호작용을 가능하게 하는 물리적 기반을 말한다. 하지만 인간 활동으로 자연의 흐름이 단절되고 환경은 심각하게 훼손되어 왔다. 이를 복원하기 위해 일부 지역은 적극적 개입, 다른 지역은 자연 스스로의 회복력을 활용한 방식이 시도되고 있다.

대표 사례로 미국 엘와(Elwha) 댐 철거가 있다. 댐이 철거되자 막혀 있던 하천이 흐름을 되찾고, 연어가 회귀하며 하천 생태계가 회복됐다. 이는 단절된 물리적 구조의 회복만으로도 생태계가 되살아날 수 있음을 보여준다. 한국도 4대강 일부 보를 개방하거나 철거해 강의 자연성과 자정 능력을 회복하려 하고 있다.

산림 복원은 이제 단순한 조림에서 벗어나, 자생 수종을 활용한 생태적 복원으로 전환되고 있다. 백두대간이나 산불 피해 지역에서는 나무의 집합체가 아닌, 생물 다양성이 살아 숨 쉬는 숲을 복원하는 접근이 이뤄지고 있다.

또한, 오염된 토양 지역에서는 식물과 미생물을 활용한 생물학적 복원(Bioremediation) 기술이 도입되어, 중금속 오염지에서도 성과를 보이고 있다. 이는 토양 복원이 전체 생태계 건강에 직결된다는 사실을 강조한다.

결국 생태계 구조 복원은 단순한 형태를 정비하는 차원을 넘어, 자연 회복의 기반을 다시 세우는 일이다. 하천의 흐름 회복, 자연 숲 복원, 오염 토양 정화는 생태계 본래 기능 회복을 위한 전략이며, 이를 위해서는 과학적 접근과 지역사회 협력이 함께 이뤄져야 한다.

○ 생태계 기능 복원 : 자연이 본래의 역할을 되찾다

생태복원은 숲을 조성하고 하천을 정비하는 데 그치지 않는다. 핵심은 자연이 수행하던 기능을 회복하는 것이다. 숲은 단지 나무가 많은 공간이 아니라 탄소 흡수, 서식지 제공, 수자원 저장 등 다양한 생태계 서비스를 수행한다. 그러나 산업화와 개발로 이 기능들이 약화되며 기후변화, 토양 황폐화, 수질 오염 등의 문제가 심화되고 있다. 복원은 단순한 구조 복구를 넘어, 자연의 순환 기능이 다시 작동하도록 하는 것이 중요하다.

흔히 육상 생태계에 집중하지만, 지구의 대부분을 차지하는 바다 역시 핵심 생태계다. 특히 맹그로브 숲, 해초밭, 갯벌 등 블루카본 생태계는 높은 탄소 저장 능력을 지녀 기후변화 완화에 크게 기여한다. 이에 세계 각국은 해양 생태계 복원을 탄소중립 전략의 주요 수단으로 활용하고 있다.

기능 복원을 위해서는 생태계가 스스로 회복할 수 있는 여건을 조성하는 것이 중요하다. 산림은 자생 식물종과 다양한 동식물이 함께 어우러지도록 복원되어야 하고, 하천은 수로 및 주변 생태계의 회복에 중점을 둬야 한다. 해양 생태계도 맹그로브, 염습지, 갯벌을 보호·확장해 블루카본 저장 능력을 높이는 방향으로 복원해야 한다.

생태계 기능이 회복되면 기후변화 대응, 생물다양성 증가, 생태계 서비스 제공 등 장기적인 이익이 가능해진다. 생태복원은 자연이 기능을 되찾고 지속 가능성을 유지할 수 있도록 돕는 과정이다. 이를 위해선 자연 순환 체계를 반영한 과학적 접근이 필수적이다.

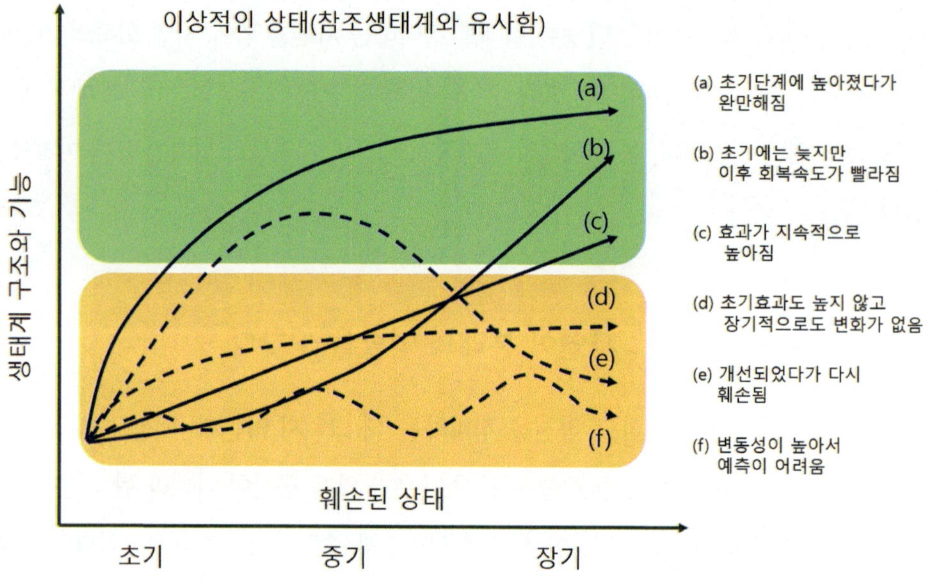

[그림 2-1] 복원 이후 숲의 구조와 기능이 개선되는 다양한 궤적

○ 생태계 회복력 강화 : 변화에 대응할 수 있는 복원 전략

생태복원의 궁극적 목표는 외부 충격에도 지속 가능한 생태계를 만드는 것이다. 회복력이란 생태계나 사회 시스템이 자연재해, 기후변화, 인간 활동 등 외부 요인에 대응해 원래 상태로 회복하거나 새로운 균형을 찾는 능력을 뜻한다. 예를 들어, 산불 이후 숲이 다시 자라고 동물이 돌아오는 모습은 생태계 회복력의 전형이다.

이 개념은 인간 사회에도 적용된다. 홍수 피해 지역이 빠르게 복구되어 주민의 일상이 회복되는 것도 회복력의 사례다. 결국 회복력은 자연과 사회 모두에게 필요한 '다시 살아나는 힘'이다.

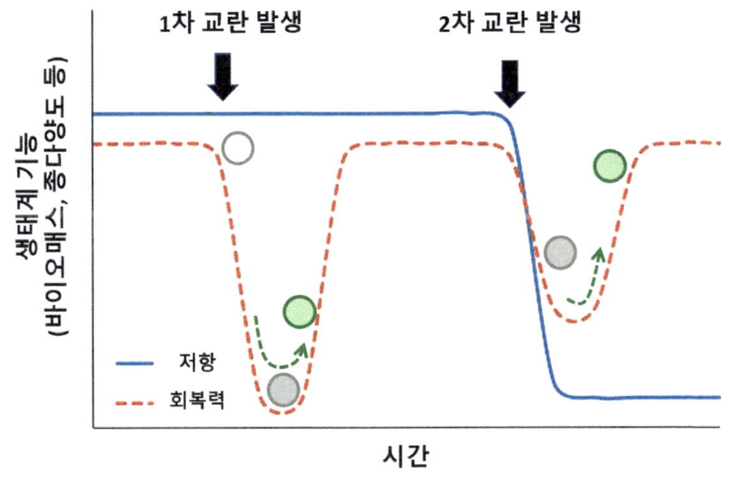

[그림 2-2] 교란 발생에 따른 자연의 회복력 개념도

기후변화로 극단적 기상현상이 빈발하면서 복원된 생태계도 다시 무너질 수 있다. 따라서 복원은 과거 상태의 단순 복원이 아니라, 변화에 적응하고 견딜 수 있는 회복력 중심의 접근이 필요하다. 예컨대, 호주 산불 복원 프로젝트는 불에 강한 자생식물을 도입하고 나무 밀도를 조절해 산불 확산을 억제한 바 있다.

국내에서도 기후변화를 고려한 복원 전략이 확산 중이다. 과거의 속성수 중심 복원에서 벗어나 다양한 자생종을 활용한 방식이 늘고 있다. 종 다양성이 높은 숲은 병해충과 기후변화에 더 잘 적응하고, 탄소 저장 능력도 우수하다. 최근 산불 피해 복원에서는 소나무 단일 식재 대신 자생종 혼합 방식이 적용되고 있다.

도시 복원에서도 회복력 중심 설계가 중요하다. 빗물 정원, 투수성 포장재 등은 홍수와 가뭄을 완화하고 도시의 생태적 탄력성을 높인다. 서울시는 이를 도시 설계에 반영해 기후변화에 대응하고 있다.

결국 회복력을 고려한 생태복원은 지속 가능한 환경과 사회를 위해 필요하다. 산림은 수종 다양성으로, 해양과 습지는 블루카본 강화로, 도시는 회복력 있는 설계를 통해 변화에 대응하는 복원 모델로 발전하고 있다.

식물은 정말 움직이지 않는가?

우리는 식물을 '움직이지 않는 생명체'로 여긴다. 걷거나 뛰지 않고 즉각적인 반응도 보이지 않기 때문이다. 하지만 이런 인식은 '인간의 시간 감각'에 익숙한 시선에서 비롯된 오해일 수 있다.

실제로 식물도 끊임없이 움직인다. 다만 그 움직임이 너무 느려 우리 눈에 잘 보이지 않을 뿐이다. 인간이 1분, 1시간 단위로 세상을 본다면, 식물은 며칠, 몇 주, 혹은 계절 단위로 반응한다.

예를 들어, 창가에 둔 화분을 며칠 관찰하면 잎과 줄기가 해를 향해 방향을 바꾸는 '굴광성' 현상을 볼 수 있다. 뿌리는 물을 향해 자라고, 줄기는 중력의 반대 방향으로 위로 뻗는다. 식물은 환경에 맞춰 자세를 조절하며 살아간다.

더 흥미로운 점은, 미모사나 파리지옥처럼 빠르게 움직이는 식물도 존재한다는 것이다. 손을 대면 잎을 오므리거나, 벌레가 닿으면 잎이 닫히는 이 반응에는 물의 이동과 전기 신호 전달이 작용한다. 비록 신경계는 없지만, 식물은 고유한 방식으로 자극을 감지하고 반응한다.

식물의 움직임은 생리 반응을 넘어 생태적 전략으로 확장된다. 덩굴식물은 지지물을 감고, 해바라기는 해를 따라 방향을 바꾸며, 씨앗은 바람, 물, 동물, 또는 열매 터짐으로 퍼져나간다. 모두 생존을 위한 움직임이다.

또한 식물은 서로를 인식하고 반응하는 능력도 갖고 있다. 해충 공격을 받으면 방어 물질을 생성하거나, 화학 신호로 이웃 식물에게 위험을 알리기도 한다. 언어는 없지만 '소통'이 존재한다.

식물은 조용하지만 복잡하게, 느리지만 끊임없이 움직이며 살아간다. 보이지 않는다고 없는 것이 아니라, 우리가 너무 빠르게 지나쳤을 뿐이다. 식물의 움직임을 이해하는 일은 자연의 속도에 맞춰 바라보는 법을 배우는 일이다.

5.2 지역 주민과 이해관계자의 협력이 만드는 변화

생태복원은 과학기술이나 환경공학만으로 해결할 수 없다. 생태계는 인간과 분리된 것이 아닌, 삶과 밀접하게 연결된 공동 기반이다. 따라서 복원에는 지역 주민과 다양한 이해관계자의 협력이 필수적이다. 주민의 생계와 문화, 기업의 경제적 이해, 정부의 정책 방향 등이 서로 얽혀 있어, 이를 고려하지 않으면 복원은 지속 가능하지 않다.

과거 일부 복원 사업이 실패한 이유는 지역사회와의 협력 없이 일방적으로 추진되었기 때문이다. 정부나 환경 단체가 주도했지만, 주민은 생태복원을 생계 위협이나 무관한 일로 여겨 반대하거나 무관심한 경우가 많았다.

지속 가능한 생태복원을 위해서는 자연뿐 아니라 사람과 사회를 함께 고려하는 통합적 접근이 필요하다. 지역 현실과 문화적 맥락을 반영하고 주민이 직접 참여하는 복원 전략이야말로 진정한 생태계 회복의 열쇠다.

○ 이해관계자의 참여

자연은 인간의 삶과 깊이 연결된 생태계이기에, 이를 복원하고 유지하려면 지역 주민과 다양한 이해관계자의 참여가 필수적이다. 생계, 문화, 경제, 정책이 복합적으로 얽혀 있는 만큼, 생태복원은 단순한 환경 복구를 넘어 사회·경제·생태를 통합하는 접근이 요구된다.

복원의 핵심 원칙은 지역 주민을 단순한 수혜자가 아닌 복원의 주체로 포함하는 것이다. 이들이 복원의 필요성을 이해하고 직접 참여해야 지속적인 관심과 관리가 가능하다. 주민 참여를 이끄는 효과적인 방식은 복원을 지역 경제와 연계하는 것이다. 생태관광, 지속 가능한 농업·어업 지원 등은 복원이 삶의 질 향상으로 이어질 수 있음을 보여준다.

코스타리카는 산림 복원과 생태관광을 연계해 주민 참여를 유도한 대표 사례다.

정부는 보조금과 관광 인프라를 통해 주민을 숲의 보호와 관리 주체로 이끌었고, 결과적으로 국토의 절반 이상을 숲으로 복원했다(IPCC). 우리나라의 순천만 갯벌 복원도 정부, 어민, 기업, 환경단체가 협력해 생태적 · 경제적 가치를 함께 고려한 사례다.

[그림 2-1] 지역 시민이 참여한 침입 외래식물(서양등골나물) 관리 활동 (2024년 8월)[18)]

복원의 성공에는 정부, 기업, 연구기관, NGO, 지역사회 등 다양한 이해관계자의 협력이 필수적이다.

- ✅ 정부는 정책, 예산, 인프라를 통해 복원의 기반을 마련하고
- ✅ 기업은 ESG 경영을 통해 복원 투자로 사회적 책임을 실현하며
- ✅ 연구기관은 복원 기술과 효과 분석 등 과학적 기반을 제공하고
- ✅ 시민단체는 시민 참여 확대와 정책 감시, 교육을 통해 사회적 지지를 형성한다.

18) 과천 우면산 지역에서는 침입 외래종인 '서양등골나물(Ageratina altissima)'을 제거하고, 자생 식물종을 이용하여 등산로 주변 산림을 생태적으로 복원하는 연구가 진행되고 있다. 이 과정에는 지역 시민들의 자발적인 참여 활동이 이루어지고 있다(https://www.ser.org/news/691124/Invasive-Species-Control-in-Umyeonsan-Mountain-Republic-of-Korea.htm?utm_source=chatgpt.com).

벌레 먹은 사과가 더 맛있다

사과에 구멍이 나 있거나 벌레가 한 입 베어 먹은 흔적이 보이면, 대부분의 사람은 이렇게 말한다.

"에이, 이건 못 먹겠네."

하지만 자연은 그렇게 단순하지 않다. 오히려 벌레 먹은 사과가 더 자연스럽고, 더 건강한 사과일 수 있다.

벌레가 사과를 먹는다는 것은 그만큼 그 지역 생태계가 살아 있다는 증거이다. 초식 곤충이 존재하고, 그 곤충을 먹는 새나 다른 포식자도 함께 살아간다는 의미이다. 즉, 생명 간의 순환 구조, 먹이사슬이 잘 작동하고 있다는 신호인 것이다.

반대로, 너무 멀쩡하고 흠 하나 없는 사과는 의심해볼 필요가 있다. 농약이 과도하게 사용되었거나, 곤충과 포식자가 모두 사라진 생태적 공백지대일 가능성도 있기 때문이다.

벌레 한 마리가 사과를 갉아먹는 행위는 단순한 피해가 아니라, 자연스러운 상호작용의 일부이다. 그 작은 생명 하나가 시작점이 되어, 수많은 생물들의 연결이 이어진다. 그 과정이 바로 건강한 생태계가 살아 움직이는 방식이다.

물론, 사람의 입장에서는 벌레 먹은 사과보다 깨끗한 사과가 더 반가울 수 있다. 그러나 자연의 입장에서 보면, 벌레가 한 입 먹고 간 자국은 '이 사과는 자연 그대로 자랐다'는 증표이다.

다음에 벌레 먹은 사과를 보게 되면 이렇게 생각해보자.

"이 사과가 더 맛있을지도 몰라."

그건 단지 맛의 문제가 아니라, 생명이 깃든 자연의 맛이기 때문이다.

○ 교육과 인식 제고 : 지속 가능한 변화를 위한 첫걸음

생태복원의 성공은 단순히 복원된 환경 자체에 달려 있는 것이 아니다. 오히려 지역 주민과 대중이 자연의 가치를 인식하고, 이를 보호하고 지속적으로 관리하려는 의지를 가질 때 더욱 효과적이고 지속 가능한 결과를 이끌어낼 수 있다.

이러한 과정에서 교육과 인식 제고는 생태복원의 출발점이다. 사람들이 자연에 대한 깊은 이해와 지식을 갖게 될 때, 자연을 보호하고 보전해야 한다는 책임감을 느끼며, 환경을 지속 가능한 방식으로 관리하는 데 더욱 적극적으로 참여할 수 있다.

▷ 교육 프로그램의 중요성

생태복원 교육은 단순한 이론 전달이 아니라, 지역 주민과 미래 세대가 복원된 자연을 이해하고 지속적으로 관리할 수 있도록 돕는 실천 중심의 과정이다. 이를 통해 참여자는 복원에 적극 참여하고, 결과물을 장기적으로 보호하려는 동기를 갖게 된다.

교육은 지역사회와의 소통이 포함될 때 가장 효과적이다. 순천만 갯벌 복원에서는 어민 대상 생태 교육을 통해 지속 가능한 어업 실천이 가능해졌으며, 자발적 참여도 확대되었다.

또한, 어린이와 청소년을 대상으로 한 생태복원 교육은 장기적인 효과가 크다. 핀란드는 초등학생들이 자연에서 생태계를 체험하며 책임감을 기르도록 하고 있으며, 국내에서도 외래식물 제거나 수질 모니터링 등 청소년 참여 프로그램이 확산되고 있다.

결국 교육은 대상별 맞춤 설계가 중요하다. 지역사회에는 환경 책임감을, 미래 세대에게는 자연과의 공존 가치를 심어주는 교육이야말로 생태복원의 지속 가능성을 높이는 핵심 수단이다.

▷ 인식 제고를 위한 캠페인과 참여적 접근

생태복원의 효과를 높이기 위해서는 교육뿐 아니라, 대중 인식을 높이고 자발적 참여를 유도하는 캠페인과 지역 공동체 기반 접근이 필요하다. 자연 보호의 중요성을 알리고 실천 방법을 제시할 때, 더 많은 사람이 복원 활동에 관심을 갖고 참여할 수 있다.

다양한 미디어와 커뮤니케이션 채널을 활용한 캠페인은 효과적인 인식 제고 수단이다. 유엔환경계획(UNEP)은 '지구의 날' 같은 국제 캠페인을 통해 생태복원의 중요성을 널리 알리고 있으며, 이는 단순 홍보를 넘어 실제 행동 변화를 유도하는 데 기여하고 있다.

하지만 정보 전달에만 그친다면 효과는 제한적이다. 주민들이 단순한 수혜자가 아닌 주체로 참여할 수 있도록 하는 것이 중요하다. 지역사회가 복원에 직접 참여할 때 환경에 대한 책임감과 지속적인 관리 의지를 갖게 된다.

미국 보스턴의 도시공원 복원 프로젝트는 주민들이 자원봉사자로 나무를 심고 공원을 가꾸는 방식으로 참여하면서, 공원이 공동 자산으로 인식되고 자발적인 관리 참여로 이어진 사례다.

결국, 생태복원 캠페인은 인식 확산뿐 아니라 자발적 행동을 유도할 때 효과가 극대화된다. 미디어 기반 캠페인과 지역 중심 참여 전략이 함께 작동할 때, 지속 가능한 복원 문화가 정착된다.

올챙이 실종 사건

민백초등학교 2학년 ○○○

열흘 전 쯤 올챙이 3마리를 백운호수 근처에서 잡아와서 어항에서 키우고 있었다. 올챙이도 물고기처럼 물고기 밥을 주고 키우면 된다고 알고 있었는데, 아뿔싸!! 어제 제일 작은 올챙이가 사라졌다. 그리고 오늘 아침 올챙이가 또 사라졌다.

어떻게 된 일일까? 남아 있는 올챙이를 살펴보니 뒷다리와 앞다리가 나와 있었다. 어느새 꼬리도 많이 줄어 있었고...

거의 개구리 수준으로 자라 있었다. 으악~~

그럼 얘가 실종된 올챙이 두 마리를 다 잡아먹은 거얐!!!

참나, 食蛙種(식와종) 올챙이.

그런데 이 실종사건의 원인은 나 때문인 것 같다. 다리가 나올 때 쯤이면 살아있는 벌레나 동물들만 잡아 먹는데, 어항에 살아 있는 것은 올챙이 밖에 없었다. 그래서 배고픔을 참지 못하고 자기 동족을 잡아 먹을 수 밖에 없었을 것 같다. 이제 더 잡아 먹을 것도 없다. 이번 주 토요일 날 개울가에 가서 꼭 풀어줘야겠다.

이 글은 초등학교 2학년 아이가 직접 쓴 자연 관찰일기다.

백운호수에서 데려온 올챙이 세 마리를 어항에 넣고 기르며, 매일 변해가는 모습을 호기심 가득한 눈으로 지켜보았다. 그러던 어느 날, 올챙이가 한 마리씩 사라졌다. 아이는 그 이유를 스스로 고민했고, 먹이사슬과 생물의 본능이라는 자연의 원리를 깨닫게 되었다. 그리고 마지막 남은 한 마리는 "자연으로 돌려보내야겠다"고 결심했다.

이 짧은 기록에는 관찰과 배움, 반성과 책임감이 담겨 있다. 자연은 교과서 속 지식이 아니라, 직접 경험하며 배워야 하는 살아 있는 배움터임을 보여준다.

5.3 복원 목표를 세우고 달성하는 효과적인 방법

생태복원은 단순한 환경 개선을 넘어, 지속 가능한 자연 회복을 실현하는 데 목적이 있다. 이를 위해서는 명확한 목표 설정, 체계적인 전략 수립, 그리고 지속적인 효과 모니터링이 필수적이다. 목표가 불분명하거나 평가 기준이 모호하면 복원 프로젝트의 효율성과 지속 가능성이 떨어진다.

과거에는 생태복원을 훼손된 환경을 원래 상태로 되돌리는 작업으로 보았지만, 오늘날에는 기후변화 적응, 생물다양성 증진, 지역사회 및 경제와의 연계 등 보다 포괄적인 기능을 수행하는 방향으로 확대되고 있다.

○ 생태복원의 목적과 목표

생태복원은 단순히 자연을 되돌리는 작업이 아니라, 생태계를 지속 가능하게 회복시키고 자연이 본래의 기능을 수행할 수 있도록 돕는 과정이다. 그러나 성공적인 복원을 위해서는 명확한 방향성과 체계적인 계획이 필요하다. 이를 위해 목적(Purpose)과 목표(Goal & Objective)를 설정하는 것이 필수적이다.

▷ 목적(Purpose) : 복원 활동의 근본적인 방향

복원의 목적이란 "왜 이 복원이 필요한가?"라는 질문에 대한 답이다. 목적은 프로젝트의 궁극적인 방향성과 철학을 반영하며, 장기적으로 이루고자 하는 근본적인 이유를 설명한다. 목적이 명확해야 복원의 방향이 일관성을 유지할 수 있고, 참여하는 모든 사람들이 공통된 비전을 공유할 수 있다.

예를 들어, 양재천 생태복원 프로젝트의 목적이 "생물다양성을 회복하고, 수질을 개선하며, 기후 회복력을 강화하는 것"이라고 정해진다면, 이 프로젝트는 단순한 환경 개선을 넘어, 장기적으로 생태계 서비스와 인간 사회에 미치는 영향을 고려한 방향성을 가지게 된다.

▷ 목표(Goal & Objective) : 실행을 위한 구체적인 계획

목적이 복원의 방향을 제시하는 포괄적인 개념이라면, 목표는 이를 실현하기 위한 구체적인 실행 계획을 의미한다. 목표는 크게 두 가지로 나뉜다.

☑ 거시적 목표(Goal)

거시적 목표는 목적을 실현하기 위한 큰 틀을 설정하는 단계이다. 비교적 장기적이며, 프로젝트가 지향하는 최종적인 성과를 나타낸다.

예를 들어, "10년 내에 산불피해지 중심에 100헥타르의 숲을 복원한다" 또는 "한강 상류의 습지 생태계를 복원하여 철새 서식지를 확대하고 수질을 개선한다"와 같은 목표를 세운다.

이처럼 목표가 명확하면, 복원 과정에서 방향성을 잃지 않고 체계적인 진행이 가능해진다.

☑ 세부 목표(Objective)

세부 목표는 거시적 목표를 달성하기 위한 구체적인 실행 계획을 의미하며, SMART 원칙(Specific, Measurable, Achievable, Relevant, Time-bound)을 반영해 측정 가능하고 실현 가능한 방식으로 설정해야 한다.

예를 들어, "2025년까지 5만그루의 자생수목을 심고, 생존율을 매년 80% 이상 유지한다", "3년 이내에 습지 면적을 30% 확대하고, 철새 개체수를 20% 증가시키며, 수질 오염도를 50% 감소시킨다"와 같이 구체화 하는 것이다.

이처럼 목표를 세분화하면 복원 과정의 진행 상황을 객관적으로 평가하고, 필요할 경우 조정할 수 있는 유연성을 확보할 수 있다.

한라산의 노루는 좋은 동물일까? 나쁜 동물일까?

한라산을 오르다 보면 풀을 뜯는 노루를 종종 만날 수 있다. 숲속을 조용히 걷는 모습은 자연과 조화를 이루는 듯 평화롭다. 하지만 최근 이 노루가 생태계 교란의 주범으로 지목되며 논란이 일고 있다.

"나무 껍질을 벗기고 식물을 마구 먹는다."

"멸종위기 식물이 사라지고 있다."

일부에선 유해조수 지정까지 주장하고 있다. 실제로 노루 개체수는 보호 조치 이후 빠르게 증가했다. 반면, 천적은 사라졌고, 서식지는 좁아졌다. 기후 변화도 영향을 미쳤다.

그 결과, 수피 손상, 고산식물 감소 등 식생 교란이 일부 지역에서 나타나고 있다.

하지만 이 현상을 두고 노루만을 '문제'로 단정할 수 있을까?

노루는 여전히 이곳 생태계의 일부다. 문제는 노루가 아니라, 인간이 만든 생태 불균형에 있다. 이럴 때 필요한 것이 생태복원의 관점이다.

복원이란 단지 동물 수를 조절하는 것이 아니라, 각 생물이 제 역할을 할 수 있도록 생태 구조 전체를 회복하는 것이다.

서식지 다양성, 종 간 상호작용, 인간과 자연의 경계까지 함께 고려해야 한다.

노루는 그저 살아갈 뿐이다.

'좋다' '나쁘다'는 우리의 판단일 뿐이다.

그 판단이 과연 자연을 이해하려는 시선에서 나온 것인지, 인간 중심의 편견은 아닌지 되돌아봐야 한다.

"노루는 변하지 않았다. 변한 것은 우리가 만든 생태계다."

이제는 우리가 어떤 시선으로 자연을 마주할 것인지 성찰할 때다.

○ 생태복원 목표 설정의 원칙

효과적인 생태복원을 위해서는 명확하고 실현 가능한 목표를 설정하는 것이 필수적이다. 목표가 지나치게 광범위하거나 비현실적이면 복원 과정이 지속되지 못하거나 기대한 성과를 거두기 어렵다. 이러한 문제를 방지하기 위해, SMART 원칙을 적용하는 것이 효과적이다.

☑ SMART 척도 적용 방법

- 구체적인 목표(Specific) : 실행 방향을 명확히 한다.
  ☞ 지역과 생태계 특성을 반영한 명확한 목표 설정
- 측정 가능한 목표(Measurable) : 진행 상황을 객관적으로 평가한다.
  ☞ 정량적 지표를 활용한 성과 평가
- 달성 가능한 목표(Achievable) : 실현 가능성을 높인다.
  ☞ 현실적이고 실현 가능한 단계별 목표 수립
- 관련성 있는 목표(Relevant) : 지속 가능한 복원을 이끈다.
  ☞ 지역사회와 연계하여 지속 가능한 복원 모델 구축
- 기한이 명확한 목표(Time-bound) : 단계적으로 목표를 달성한다.
  ☞ 단기 · 중기 · 장기 계획을 세워 체계적인 복원 진행

▷ 구체성(Specific) : 명확한 목표 설정

생태복원의 목표는 모호하거나 추상적이지 않고, 구체적인 실행 방향을 반영해야 한다. 막연한 목표는 실행 과정에서 방향을 잃거나 우선순위를 설정하는 데 혼선을 초래할 수 있다. 목표가 명확하지 않으면 어떤 작업이 필요한지, 어디에 집중해야 하는지를 결정하기 어려워진다.

단순히 "숲을 복원한다"는 표현보다는, "3년 내에 10헥타르 규모의 숲을 복원하고, 자생 수종(○○나무)을 80% 이상 도입한다"와 같이 구체적인 계획을 세워야 한다.

마찬가지로, "강을 복원하겠다"라는 막연한 목표 대신 "한강 상류의 습지 생태계를 복원하여 철새(○○새) 서식지를 확대하고 수질을 개선한다"와 같이 특정 지역과 생태계의 특성을 반영한 목표가 필요하다. 목표가 구체적일수록 복원 과정에서의 혼선을 줄이고, 성과를 보다 체계적으로 관리할 수 있다.

▷ 측정 가능성(Measurable) : 객관적인 평가 기준 마련

복원의 성과를 평가할 수 있는 정량적 지표를 설정하는 것이 중요하다. 목표 달성 여부를 판단할 수 있는 기준이 명확해야 복원 작업의 진행 상황을 추적하고, 필요한 조치를 적절히 조정할 수 있다. 진행 상황을 확인할 수 있는 객관적인 기준이 없으면, 복원이 얼마나 효과적인지 평가하기 어렵다. 측정 가능한 지표가 있어야 목표가 제대로 이루어지고 있는지 확인하고, 필요하면 조정할 수 있다.

예를 들어, 단순히 "습지를 복원한다"는 목표보다 "3년 이내에 습지 면적을 30% 확대하고, 철새 개체수를 20% 증가시키며, 수질 오염도를 50% 감소시킨다"와 같이 목표를 수치화하면, 복원의 효과를 보다 객관적으로 측정할 수 있다.

실제 사례로, 일부 하천 복원 프로젝트에서는 수질 개선과 생물다양성 증진을 주요 목표로 설정하고, 복원 후 물고기 종의 수와 수질 변화를 실시간으로 모니터링하여 목표 달성 여부를 평가했다. 이러한 방식은 복원사업이 단순한 환경 미화가 아니라, 실제 생태적 기능 회복으로 이어질 수 있도록 유도하는 데 중요한 역할을 한다.

▷ 달성 가능성(Achievable) : 현실적이고 실현 가능한 목표 설정

생태복원 목표는 현재의 자원, 기술, 정책적 지원을 고려하여 실현 가능한 수준으로 설정해야 한다. 너무 이상적이거나 비현실적인 목표를 세우면 실행 과정에서 좌절할 가능성이 크고, 계획 자체가 실패할 위험이 있다.

예를 들어, 단기간 내에 대규모 숲을 복원하겠다는 목표는 현실성이 부족할 수 있다. 대신, "우선 5년 내에 50헥타르의 조림을 완료하고, 이후 10년 동안 지속적인 관리 및 자생식물 복원을 통해 산림 생태계를 안정화한다"와 같이 점진적인 목표를 설정하면 장기적인 성공 가능성이 높아진다. 또는 "훼손지 비탈면에서 더 이상 침식이 발생하지 않도록 표면을 피복하여 1년 내에 안정화시키고, 3년 이내에 주변에서 자생종이 침입하여 식물종 다양성이 높아지도록 유도한다"와 같은 목표를 설정할 수 있다.

▷ 관련성(Relevant) : 지역사회와 연계된 목표 설정

생태복원은 단순한 환경 회복을 넘어, 지역사회의 경제적 · 사회적 요구를 반영해야 지속 가능성을 확보할 수 있다. 복원된 생태계가 지역 주민들에게 실질적인 혜택을 제공해야 장기적인 유지 · 관리가 가능해진다.

예를 들어, 습지 복원사업이 단순히 생태계 보호를 위한 것이 아니라, 생태관광 활성화나 수자원 관리에 기여할 수 있도록 설계된다면 보다 지속 가능한 방식으로 운영될 수 있다. 실제로, 코스타리카는 1990년대 이후 대규모 열대우림 복원을 추진하면서 생태관광 산업을 전략적으로 육성하여 경제 성장과 환경 보호를 동시에 이루는 성공적인 모델을 구축했다. 1980년대 초반까지 벌채로 인해 국토의 약 75%였던 산림 면적이 25% 이하로 감소했으나, 정부의 적극적인 복원 정책으로 인해 2020년 기준 숲 면적이 국토의 약 60%까지 회복되었다. 또한 연간 300만 명 이상의 관광객이 방문하는 세계적인 생태관광 중심지로 자리 잡았다.

▷ 기한 설정(Time-bound) : 단계별 일정 수립

목표에 기한이 없으면 우선순위가 정해지지 않아 진행 속도가 느려지고, 장기적으로 관리가 어려워질 수 있다. 일정이 명확해야 복원 과정을 체계적으로 관리할 수 있다. 목표는 일정한 기간 내에 달성될 수 있도록 단기(1 ~ 3년), 중기(3 ~ 7년), 장기(7 ~ 15년) 목표로 구분하여 점진적으로 복원을 진행하는 방식이 효과적이다.

예를 들어, "2026년까지 복원의 1단계를 완료하고, 2030년까지 전체 목표를 달성한다"와 같이 기한을 명확하게 설정하면 복원 진행 상황을 체계적으로 관리할 수 있다. 여기서 기간은 개별 프로젝트의 성격에 따라 유연하게 설정하도록 한다.

단계적으로 복원 목표를 설정하면, 진행 과정에서 발생하는 예측하지 못한 변수에 대응할 수 있으며, 중간 평가를 통해 목표를 지속적으로 수정·보완할 수 있는 유연한 관리 체계를 구축할 수 있다.

[그림 2-2] 백두대간 육십령 생태축 복원 사례[19]

19) 전라북도 육십령에 위치한 생태축 복원사업으로, 초기 단계에 소나무를 식재하여 식생피복의 목표를 달성하였으나, 너무 밀생하고 있어서 생물다양성 회복이 이루어지지 않고 있다. 따라서 중장기적 목표를 수립하고 적절한 관리를 수행할 필요가 있다.

○ 복원 과정에서의 단계별 실행 전략

생태복원은 단기간에 마무리되는 일이 아니라, 중장기적으로 지속되어야 하는 복잡한 과정이다. 그 대상이 살아 있는 자연이기 때문에 변화가 서서히 일어나며, 그 결과 역시 쉽게 예측할 수 없다. 단순한 개입만으로 원하는 효과를 즉시 얻는 것은 어렵기에, 복원은 체계적인 전략 아래 점진적으로 진행되어야 한다.

이를 위해 전체 과정을 여러 단계로 나누고, 각 단계마다 현실적이고 달성 가능한 목표를 설정하는 것이 중요하다. 이러한 단계별 접근은 복원의 성공 가능성을 높이는 동시에, 예상치 못한 문제에 유연하게 대응할 수 있도록 돕는다. 결국 생태복원은 자연의 회복력을 존중하면서도 계획적이고 지속적인 관리가 요구되는 장기 프로젝트인 셈이다.

▷ 사전 조사 및 데이터 분석 : 정확한 현황 파악이 첫걸음

복원을 시작하기 전에는 생태계의 현 상태를 정확히 진단해야 한다. 이를 위해 토양, 수질, 생물다양성, 기후 등의 요소를 종합 분석하고, 위성 이미지와 원격탐사 기술로 장기 변화를 파악할 필요가 있다.

예를 들어, 숲 복원의 경우 나무를 심기 전에 토양 침식, 강수량 변화, 기존 생물군계 구조 등을 우선 분석해야 한다. 현장 조사에서는 기온, 토양, 일조량, 강수량, 자생식생 자원 등도 함께 고려해야 하며, 이 같은 종합 진단이 실현 가능한 목표 수립과 성공적인 복원의 기반이 된다.

▷ 복원 계획 수립 : 단계별 목표 설정이 지속 가능성을 만든다

생태복원은 장기적 접근이 필요한 과정이므로, 단기·중기·장기 목표를 구분해 설정해야 한다. 예를 들어, 5년 내 자생식물 복원률 70% 달성, 10년 내 생태계 기능 회복, 20년 후 자율적 생태계 유지와 같은 구체적인 계획이 필요하다.

이러한 단계별 목표는 성과를 평가하고 방향을 조정하는 데 유용하며, 복원 과정에서 지역 주민과 이해관계자의 참여를 유도하는 전략과도 연결된다. 지속 가능한 복원은 공동의 협력 속에서 이루어져야 한다.

▷ 실험적 접근 적용 : 작은 성공을 바탕으로 확장하기

모든 복원 프로젝트를 한 번에 다 시행하는 것은 위험할 수 있다. 복원 기법이 효과적일지 불확실한 상황에서 대규모로 진행하면, 실패하게 될 경우 되돌리기 어려운 문제가 발생할 수 있다. 따라서 시범 구역을 설정하여 실험적으로 접근하는 방식이 필요하다.

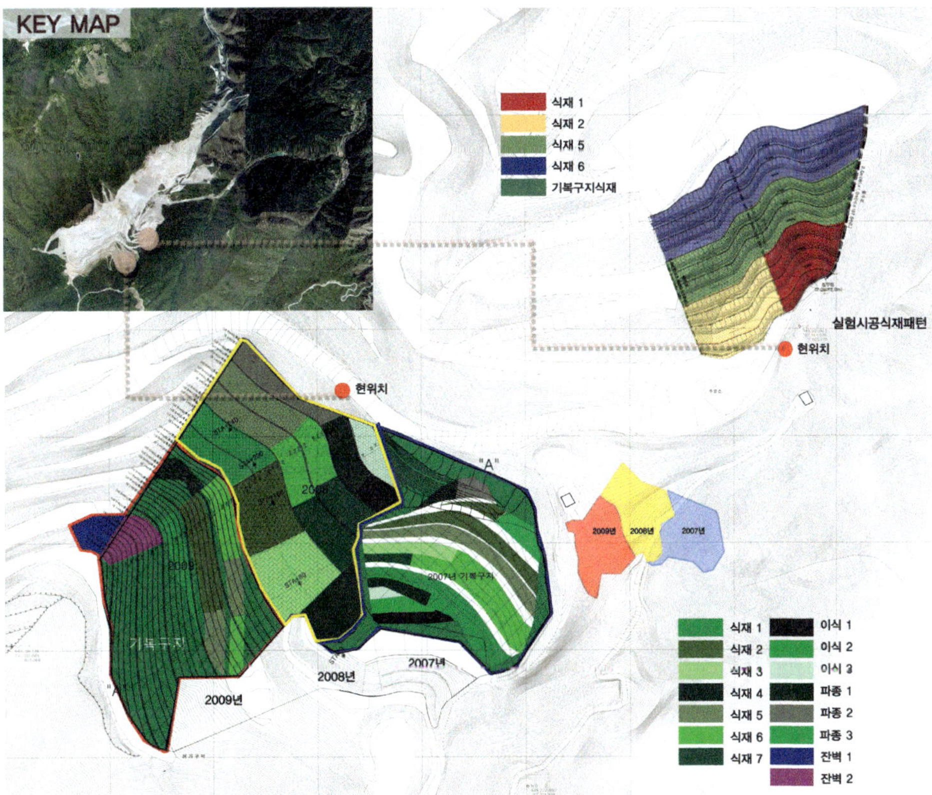

[그림 2-3] 옥계 석회석광산에서 생태복원을 위한 Test bed 운영 사례

예를 들어, 맹그로브 복원을 진행할 때, 일부 지역에서 다양한 복원 방법을 테스트한 후, 가장 효과적인 방법을 확대 적용하는 전략이 효과적이다. 이를 통해 불필요한 자원 낭비를 막고, 최적의 복원 방법을 선택할 수 있다. 우리나라의 경우 강원도에 위치한 석회석광산 지역에서도 대규모 복원을 시행하기에 앞서 시범사업의 개념으로 일부 지역에서 복원 방법을 검증하는 연구를 20년간 시행하고 있는 사례가 있다.

▷ 장기적 모니터링 및 평가 : 지속 가능한 복원을 위한 필수 과정

생태복원은 한 번 완료되었다고 끝나는 것이 아니라, 장기적으로 모니터링하고 평가하면서 유지해야 한다. 복원 후에도 환경 변화나 기후변화로 인해 예상치 못한 문제가 발생할 수 있기 때문이다.

예를 들어, 하천 복원을 진행한 후에도 수질 변화, 생물다양성 증가 여부, 홍수 예방 효과 등을 지속적으로 측정해야 한다. 모니터링 데이터를 기반으로 복원 전략을 보완하고, 필요하면 추가적인 개입을 진행해야 한다. 이를 통해 복원된 생태계가 오랜 기간 지속 가능한 방식으로 유지될 수 있도록 관리할 수 있다.

바다에 떠다니는 해파리, 자연의 경고일까?

요즘 해수욕장이나 연안에서 해파리를 쉽게 볼 수 있다. 예전엔 수족관에서나 보던 존재가 이제는 일상 풍경이 된 것이다.

하지만 이 현상은 단순한 우연이 아니다. 바다 생태계에 변화가 일어나고 있다는 경고일 수 있다.

첫째, 기후변화 때문이다. 바닷물 온도가 올라가면서, 따뜻한 물을 좋아하는 해파리는 더 잘 자라고 빠르게 번식한다.

둘째, 포식자의 감소도 원인이다. 상어, 개복치, 바다거북 등 해파리를 먹는 동물이 줄면서 생태계의 균형이 깨졌다.

셋째, 어업 활동도 영향을 준다. 멸치나 정어리 같은 경쟁 어종을 인간이 대량으로 잡아들이자, 해파리는 먹이 경쟁 없이 유리한 위치에 놓이게 된다.

넷째, 연안 개발과 오염이다. 해파리는 어릴 때 해저에 붙어 사는데, 방파제 같은 인공 구조물이 서식지로 적합하다. 오염으로 플랑크톤이 늘어나면 해파리 먹이도 많아진다.

이처럼 해파리가 많아진 건 기후, 생물, 인간 활동이 얽힌 복합적 결과다.

단지 해양 생물 하나가 늘어난 것이 아니라, 우리가 바다와 어떤 관계를 맺고 있는지 되돌아보게 하는 신호다.

해파리는 조용히 말하고 있다. 바다가 지금, 바뀌고 있다고.

○ 데이터 기반 복원 효과 측정 방법

최근에는 첨단 기술을 활용하여 보다 객관적이고 정량적인 평가 방법이 도입되고 있다. 이를 통해 복원 과정에서 시행착오를 줄이고, 복원 목표가 제대로 달성되고 있는지 보다 정확하게 확인할 수 있다.

▷ 드론과 원격 감지를 활용한 실시간 모니터링

드론과 원격 감지 기술을 활용하면 복원 지역의 변화를 실시간으로 추적할 수 있다. 예를 들어, 산림 복원 후 식생의 변화 상황을 드론 촬영으로 분석하거나, 하천 복원 후 수질 변화를 위성 데이터를 통해 정량적으로 평가하는 방식이 있다. 이러한 방법은 복원된 지역의 상태를 보다 체계적으로 파악하고, 변화 과정을 지속적으로 모니터링할 수 있도록 돕는다.

▷ AI 및 머신러닝을 활용한 복원 효과 예측

인공지능(AI)과 머신러닝 기술을 활용하면 복원 효과를 보다 정밀하게 예측하고 평가할 수 있다. 예를 들어, 머신러닝 모델을 적용하면 특정 지역의 토양 회복 속도를 분석하고, 최적의 복원 전략을 도출할 수 있다. 또한, 기존 데이터를 기반으로 향후 변화 패턴을 예측하여 복원 과정에서 발생할 수 있는 위험요소를 사전에 파악하고 대비할 수 있다. 이러한 기술적 접근은 복원 과정에서 불필요한 시행착오를 줄이고, 보다 효율적인 계획 수립에 기여한다.

▷ 시민 과학을 활용한 지역 중심의 모니터링

[그림 2-4] 백두대간 정령치 습지에서 진행중에 있는 시민과학자 활동[20]
(자료 : 국립공원 매뉴얼에서 재인용)

생태복원의 효과를 평가하는 또 다른 방법으로 시민 과학 프로젝트가 있다. 시민들이 직접 생태계를 관찰하고 데이터를 수집하여 복원 효과를 측정하는 방식이다. 예를 들어, 철새 개체수를 기록하는 모니터링 프로젝트를 통해 서식지 복원 효과를 확인하거나, 지역 주민들이 수질 변화를 측정하는 프로그램을 운영하는 사례가 있다. 이러한 참여적 모니터링 방식은 지역사회의 관심을 높이고, 복원의 지속 가능성을 확보하는 데 기여한다.

20) 정령치에 있는 습지의 복원과정을 모니터링하기 위하여 수리·수문 및 습지식물생태 전문가, 시민과학자, 자원활동가 등이 모여 워킹그룹 구성하고, 백년대계 모니터링 체계를 구축하여 진행하고 있다(2024년). 이 현장은 복원 과정에 이해관계자가 참여하는 모범사례가 되고 있다.

▷ 지속적인 모니터링과 피드백을 통한 복원 최적화

복원 프로젝트가 진행되는 동안, 환경 변화와 복원 지역의 상태를 지속적으로 평가해야 한다. 이를 통해 계획된 목표가 제대로 달성되고 있는지 점검하고, 필요할 경우 실시간으로 조치를 취할 수 있다.

예를 들어, 독일의 라인강 복원 프로젝트는 매년 하천의 수질, 생물종 개체수, 서식지 상태 등을 평가하여 복원 목표의 달성 여부를 점검하고, 필요한 조정을 진행하고 있다. 이를 통해 생태계가 안정적으로 유지될 수 있도록 관리하는 것이 중요하다.

5.4 훼손된 자원, 복원을 넘어 새로운 활용으로

○ 생태복원에서 다양한 자원의 활용

생태복원은 단순히 자연을 원래 상태로 되돌리는 것을 넘어서, 지속 가능하고 장기적인 복원을 위해 다양한 자원을 적극 활용하는 방향으로 발전하고 있다. 최근에는 자생 생태자원은 물론, 산업 부산물과 재활용 자원, 재생 가능 에너지까지 복원에 접목하는 사례가 증가하고 있다.

우선, 자생식물, 지역 토양, 미생물 등 고유 생태자원의 활용은 외부 투입을 줄이면서 자연의 자정 능력을 높이는 방법이 된다. 미국 초지 복원 사례에서는 토착 식물과 미생물을 통해 생물다양성을 회복했고, 순천만 갯벌은 자연 퇴석물을 이용해 갯벌 생태계를 되살렸다.

또한 바이오차, 플라이애쉬, 제지 부산물, 임목 폐기물 등 산업 부산물을 복원 자원으로 활용하는 사례도 확산되고 있다. 바이오차는 토양 수분 유지와 탄소 저장에 기여하고, 플라이애쉬와 제지 슬러지는 척박한 토양을 개량하는 데 쓰인다. 이처럼 폐기물을 복원 자원으로 전환하는 방식은 비용 절감과 환경 보호를 동시에 실현한다.

산업 공정에서 발생하는 부산물을 생태복원에 활용하는 방식이 점차 주목받고 있다. 예를 들어, 석탄 연소 후 발생하는 플라이애쉬(fly ash)는 토양 개량제로 사용되어

[그림 2-5] 임목폐기물을 파쇄하여 생태복원에 활용하기 위한 시험 연구 사례

척박한 지역의 토양 구조를 개선하고 식생 초기 정착에 기여한다. 제지 산업에서 나오는 유기성 슬러지도 퇴비화 과정을 거쳐 복원지에 활용되며, 토양 유기물 함량 증가와 미생물 활성 촉진에 도움을 준다. 이처럼 폐기물 자원을 순환 활용하는 방식은 복원 비용을 줄이고 탄소 배출을 낮추는 등 환경적 · 경제적 이점을 동시에 제공한다.

개발 현장에서 발생한 임목 폐기물이나 자연재해로 유실된 나무는 복원 자재로 재활용될 수 있다. 토사 유실 방지, 하천 복원, 녹지 조성 등에 친환경적으로 활용할 수 있어 폐기물 처리 부담을 줄이고 지속 가능한 해결책으로 평가받는다.

복원 프로젝트의 지속 가능성을 높이기 위해서는 재생 가능 에너지를 접목한 운영 모델도 필요하다. 태양광, 풍력 등의 에너지원은 관리 비용을 절감하면서도 장기적인 복원지 운영을 가능하게 한다. 최근에는 에너지 생산과 생태복원을 결합한 복합 모델이 전 세계적으로 확산 중이다.

예를 들어, 독일은 폐광지에 태양광 발전소를 설치해 얻은 수익을 복원사업에 재투자하고 있으며, 덴마크 삼쇠(Samsø)섬은 100% 재생에너지 기반 생태공원으로 운영되며 관광과 환경 교육 자원으로도 활용된다. 미국과 호주에서는 태양광 발전과 정수 시스템을 결합해 수질 정화와 에너지 공급을 동시에 달성하고 있으며, 이는 가뭄 대응과 물 사용 절감에도 기여하고 있다.

이처럼 재생에너지와 생태복원을 융합하는 전략은 단순한 자연 복구를 넘어 기후변화 적응, 에너지 전환, 지역 경제 활성화까지 아우르는 통합적 생태 전략으로 진화하고 있다. 앞으로는 자연 자원, 산업 부산물, 재생에너지를 유기적으로 결합한 복원 모델이 새로운 패러다임으로 자리잡을 것이다.

○ 단순 복구를 넘어서 : 토지의 지속가능한 이용

생태복원의 개념은 단순한 원형 복구를 넘어, 사회적 · 경제적 · 환경적 가치를 동시에 실현하는 방향으로 발전하고 있다. 도시화와 산업화로 훼손된 지역이 늘어나면서, 생태복원은 환경 재생을 넘어 다양한 용도로 확대되고 있다. 세계 곳곳에서 이러한 변화를 보여주는 사례들이 등장하며, 생태복원의 가능성을 더욱 확장시키고 있다.

대표적인 예로 영국의 에덴 프로젝트(Eden Project)는 과거 채석장이었던 지역을 환경 교육, 연구, 관광이 결합된 생태문화 공간으로 탈바꿈시킨 사례다. 대형 온실 구조물 안에 열대 및 지중해 식물을 보존하며, 매년 수백만 명의 방문객이 찾는 영국 대표 생태관광지로 자리 잡았다. 이는 단순한 자연 복구를 넘어 경제적 지속 가능성과 교육적 가치를 동시에 실현한 모델이다.

[그림 2-6] 석회석광산을 공원으로 새롭게 조성한 사례 (동해시 무릉별유천지)

강원도 동해시에 있는 무릉별유천지 또한 생태복원의 확장 가능성을 보여주는 사례다. 과거 석회석 채광지였던 이곳은 원형 복구가 어려운 조건 속에서 자연과 문화를 결합한 생태관광지로 재탄생했다. 현재는 생태 체험과 문화 활동이 어우러진 공간으로 운영되며, 지역 경제에도 긍정적인 영향을 미치고 있다. 이는 환경복원과 지역사회 상생이 가능한 지속 가능한 생태관광 모델로 주목받는다.

포천 아트밸리는 생태복원과 문화재생이 결합된 성공 사례다. 원래 화강암 채석장으로 자연환경이 크게 훼손됐던 이곳은 시 차원에서 지형 정비, 식생 도입, 물순환 체계 개선 등을 통해 생태 기능을 회복했고, 인공호수는 경관 자원으로 활용되었다. 더불어 야외 공연장, 전시관, 조각공원 등을 조성해 시민이 자연과 예술을 함께 즐길 수 있는 문화 공간으로 탈바꿈했다.

도시 복원의 대표 사례로는 미국 뉴욕의 '하이라인(High Line)'이 있다. 과거 화물 고가철도였던 공간을 공원과 커뮤니티 공간으로 복원하여 도시의 생태적 가치를 높이고 시민들에게 새로운 녹지 공간을 제공한 사례다.

해안 지역에서도 복원이 활발하다. 네덜란드의 마커메어(Markermeer) 프로젝트는 방조제 설치로 생태 기능이 저하된 담수호를 복원하기 위해 진행되었고, 그 일환인 마커 와덴(Marker Wadden) 프로젝트는 호수 내 퇴적물을 이용해 인공 섬과 습지, 갯벌 등을 조성했다. 이 사업은 생태 복원 외에도 홍수 조절, 수질 개선, 서식지 회복, 환경 교육 등 다양한 목적을 아우른다.

폐시설의 생태적 전환 사례도 있다. 독일 보겔장(Vogelsang) 훈련장은 제2차 세계대전 후 군사시설로 사용되다 폐쇄된 후, 아이펠 국립공원의 일부로 편입되어 생태복원이 이루어졌다. 이 지역은 외부 간섭이 적었던 덕에 다양한 야생 생물이 정착할 수 있었고, 토양 정화와 생물다양성 복원이 추진되었다.

이처럼 생태복원은 단순한 자연 회복을 넘어 문화, 경제, 교육적 가치까지 창출할 수 있다. 복원된 공간이 지속 가능하려면 지역 주민과 이해관계자의 참여, 장기적 관리 전략이 함께 수립되어야 한다. 생태복원은 환경 보전과 지속 가능한 활용이 결합된 통합적 접근으로 나아가고 있다.

○ 지속가능한 미래를 위한 복원 전략

생태복원의 목적은 단순한 원형 복구를 넘어, 자연과 인간이 지속적으로 공존할 수 있는 공간을 조성하는 방향으로 변화하고 있다. 복원된 부지가 장기적으로 유지되려면 생태적 건강성을 확보하는 동시에 사회적 · 경제적 지속 가능성도 고려해야 한다. 이를 위해 생태복원 과정에서는 지역사회 참여, 장기적 유지관리 체계 구축이 필요하다.

▷ 지역사회 참여를 통한 복원

생태복원이 장기적으로 성공하려면 지역사회의 적극적인 참여가 필수적이다. 복원 과정에서 지역 주민이 배제되면 사업은 일회성에 그치고 유지 · 관리가 어려워질 수 있다. 이에 따라 최근 생태복원 프로젝트는 지역사회를 복원의 주체로 참여시키는 구조를 강조하고 있다.

예를 들어, 케냐의 그린벨트(Green Belt) 운동은 단순한 나무심기를 넘어 지역 여성들이 직접 숲을 조성하고 관리하며 경제적 자립까지 이루도록 한 대표적 사례다. 이는 생태복원이 환경 회복뿐 아니라 사회적 · 경제적 지속 가능성을 갖춘 통합적 모델로 확장될 수 있음을 보여준다.

[그림 2-7] 안양시청 옥상에 자원봉사자들이 모여 텃밭을 조성한 사례

또한, 일본의 사토야마(Satoyama) 이니셔티브는 전통 농업 · 임업 · 어업과 생태복원을 결합한 모델로, 지역사회가 자연을 지속적으로 활용하면서도 보호할 수 있도록 설계되었다. 이는 자연과 인간의 공존을 실현하며 지역 주민의 자발적 참여를 유도해 복원의 지속 가능성을 높이고 있다.

이러한 지역 기반 생태복원은 단순한 자연 복구를 넘어 지역 공동체의 회복력과 환경 적응력을 키우는 전략적 접근으로 확대되어야 하며, 공공성과 지역 참여를 기반으로 할 때 지속 가능한 결과를 기대할 수 있다.

▷ 장기적 유지관리 체계 구축

생태복원이 일회성 프로젝트에 그치지 않고 지속 가능하려면, 장기적인 유지관리 체계가 필수적이다. 이를 위해 정책적 지원과 경제적 기반이 마련되어야 하며, 여러 국가들은 다양한 방식으로 이를 실현하고 있다.

예를 들어, 유럽연합(EU)은 자연기반해법(Nature-based Solutions)을 적용한 복원 프로젝트를 통해 생태계의 건강성과 복원 효과의 장기적 유지를 목표로 정책을 강화하고 있다. 일부 국가는 복원된 숲과 습지를 탄소 크레딧 시장에 포함시켜, 탄소 배출권 거래제와 연계한 재정 지속 가능성 확보 모델도 구축하고 있다.

기술적 접근 역시 장기적 관리에 중요한 역할을 한다. 위성 영상, 드론, 스마트 센서, AI 기반 데이터 분석 등을 활용한 생태계 모니터링 기술이 도입되며, 복원 지역의 변화 추적과 조기 경보가 가능해지고 있다. 이는 훼손이나 생물다양성 저하 등의 문제를 사전에 인지하고 대응할 수 있는 역량을 높인다.

개구리 울음소리가 사라진다면, 우리는 무엇을 놓치게 될까요?

여름밤, 논이나 개울가에서 울려 퍼지던 개구리 소리. 한때는 자연의 배경음처럼 익숙했지만, 언제부턴가 그 소리가 점점 사라지고 있다.

단순히 조용해진 게 아니다. 개구리의 침묵은 자연이 보내는 경고일 수 있다.

개구리는 물과 땅을 모두 오가며 살아가는 생물이다. 그래서 환경 변화에 매우 민감하다. 물이 오염되거나, 기후가 불안정해지거나, 하천 주변이 조금만 변해도 가장 먼저 사라진다.

그 울음소리가 들리지 않는다는 건, 서식지가 무너지고 생태계의 균형이 깨지고 있다는 뜻이다. 곤충이 지나치게 늘고, 먹이사슬이 흔들리고, 결국 그 여파는 인간에게 돌아온다.

작은 개구리 한 마리가 유지하던 자연의 질서.

그 존재는 단지 생물 하나가 아니라, 우리를 지키는 조용한 신호음이다.

이제 우리는 물어야 한다.

왜 개구리는 사라졌는가?

그 소리를 다시 듣기 위해 무엇을 바꿔야 하는가?

개구리는 우리 곁에서 자연의 안부를 전하던 존재였다.

그 울음이 들리지 않는 지금, 우리가 정말 놓치고 있는 건 어쩌면 자연 전체의 목소리인지 모른다.

6장. 지역의 생물다양성을 지키는 힘

생물다양성은 생태계의 건강과 회복력을 결정짓는 핵심 요소로, 기후변화와 환경 변화에 대한 적응력을 높이는 데 중요한 역할을 한다. 그러나 외래종의 무분별한 유입은 생태계를 교란할 수 있으므로, 고유 생물종 보호와 신중한 관리가 필요하다. 특히, 생태복원 과정에서 자생식물을 활용하면 생태계의 안정성과 장기적 복원 효과를 높일 수 있다.

단순히 생물다양성을 늘리는 것보다 생태계의 기능성과 균형 유지가 중요하다. 실제로 일부 사례에서는 생물다양성이 증가했음에도 부정적 영향을 초래했으나, 자생식물 기반 복원 전략은 부작용을 줄이고 건강한 생태계를 조성하는 데 효과적이다.

지속 가능한 생태계를 위해서는 생물다양성의 체계적 관리, 지역에 적합한 자생식물 활용, 장기적 모니터링 및 협력 체계 구축이 필수적이며, 이를 통해 생태계의 안정성과 기후변화 대응력을 강화할 수 있다.

6.1 생물다양성이란

길을 걷다 주변을 바라보면, 길가의 작은 풀꽃, 하늘을 나는 새, 바다 속 생명체들이 눈에 들어온다. 이들은 단순한 풍경이 아니라, 우리가 숨 쉬고 물을 마시며 음식을 얻는 삶의 기반과 연결되어 있다.

그렇다면 생물다양성이란 무엇일까? 이는 지구에 존재하는 다양한 생명체와 그들 사이의 복잡한 관계를 뜻한다. 생물다양성이 풍부한 자연은 스스로 균형을 이루며, 각 생명체는 서로 상호작용해 생태계의 건강한 기능을 유지한다.

하지만 인간의 무분별한 개발과 오염으로 생물다양성은 빠르게 감소하고 있다. 이로 인해 생태계의 안정성과 지속 가능성이 위협받고 있으며, 기후 조절, 식량 생산, 수질 정화 같은 핵심 생태계 서비스도 타격을 받고 있다.

○ 생물다양성을 세 가지 주요 축으로 이해하기

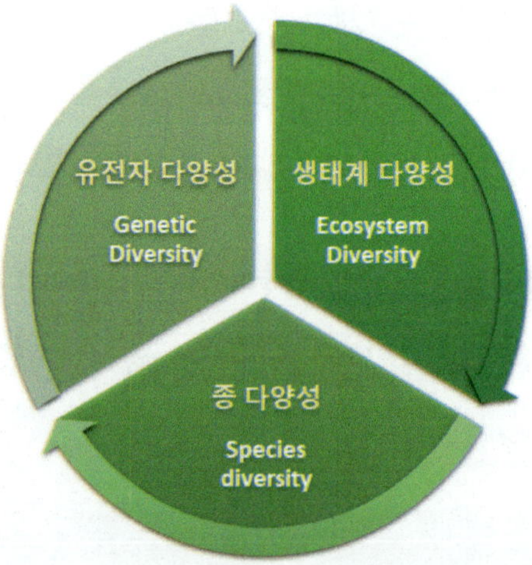

[그림 2-8] 생물다양성의 3가지 구성 요소

생물다양성은 유전자 다양성, 종 다양성 그리고 생태계 다양성의 세 가지 요소로 구성되며, 이들은 서로 긴밀히 연결되어 자연이 건강하고 지속 가능하게 유지되는 데 필수적인 역할을 한다. 생물다양성이 풍부할수록 생태계는 외부 충격에 대한 회복력이 강해지고, 환경 변화에 적응할 수 있는 능력이 커진다고 알려져 있다.

▷ 유전자 다양성 : 같은 종도 다르다

같은 종이라도 개체마다 유전자는 조금씩 다르며, 이러한 유전자 다양성은 생물이 환경 변화에 적응하고 살아남는 데 핵심적인 역할을 한다. 예를 들어, 벼는 수많은 품종이 존재하며, 어떤 품종은 가뭄에 강하고, 어떤 품종은 병해충에 잘 견딘다. 이처럼 다양한 유전 형질이 존재하기 때문에 하나의 재해가 발생해도 모든 벼가 피해를 입는 것은 아니며, 일부는 살아남아 농업이 지속될 수 있다.

자연 생태계에서도 유전자 다양성은 종의 생존과 진화에 결정적인 요소다. 예를 들어 지역의 온도가 상승하면, 내열성이 높은 유전형을 가진 개체가 살아남아 후손을 남기고, 결과적으로 종은 새로운 환경에 적응하게 된다. 반면 유전적 다양성이 낮은 집단은 환경 변화나 질병, 먹이 부족 등에 취약해 집단 전체가 한꺼번에 몰락할 수 있다.

즉, 유전자 다양성은 생물종이 일시적으로 생존하는 데 그치지 않고, 장기적으로 변화하는 환경 속에서 지속 가능성을 확보하게 하는 생명의 기본 자산이다. 생물다양성 보전은 단지 종의 수를 지키는 것이 아니라, 그 안에 담긴 유전적 가능성과 생태계의 회복력을 함께 보호하는 일이다.

▷ 종 다양성 : 생태계의 안정성을 결정하는 열쇠

지구에는 수백만 종의 생명체가 서로 영향을 주고받으며 복잡한 관계 속에서 살아간다. 이처럼 다양한 종이 공존할수록 생태계는 더욱 안정적이고 지속 가능하게 유지된다.

종 다양성은 생태계 내에서 각 생물이 다양한 역할을 수행하고, 이들이 서로 보완적으로 작용해 전체 시스템의 균형을 유지하는 데 핵심적인 역할을 한다.

예를 들어, 열대우림에는 수많은 식물, 동물, 곤충이 얽힌 관계망을 이루고 있다. 특정 종이 사라져도 다른 종이 그 역할을 대신할 수 있어 생태계 전체가 쉽게 붕괴되지 않는다. 반면, 단일 수목만 조림한 숲 환경은 병충해나 기후변화에 취약해 생태계가 쉽게 무너질 수 있다.

종 다양성이 높은 생태계는 외부 충격에도 무너지지 않고 지속적인 균형을 유지할 수 있는 회복력을 지닌다. 따라서 생물다양성 보전은 단순히 특정 종을 보호하는 차원을 넘어, 생태계 전체의 안정성과 지속 가능성을 확보하는 중요한 과정이며, 이는 결국 인간의 삶의 질과도 직결된다.

▷ 생태계 다양성 : 자연이 만들어내는 무대

숲, 강, 바다, 습지 등 다양한 생태계는 각각 고유한 기능을 수행하며, 우리의 삶에 필수적인 영향을 미친다. 생태계 다양성이 높을수록 자연은 더 많은 역할을 수행하고, 인간을 포함한 생명체에게 다양한 혜택을 제공한다.

예를 들어, 습지는 오염 물질을 걸러내는 천연 정화 시스템이며, 산림은 탄소를 흡수해 기후변화를 완화한다. 바다는 산소를 생산하고 생물자원을 제공하는 생명의 기반이다. 생태계는 독립적으로 존재하지 않고 서로 긴밀하게 연결되어 있어, 하나의 생태계가 훼손되면 그 영향은 주변으로 확산되고 결국 인간에게도 직·간접적인 피해를 준다.

생물다양성은 단순한 환경 보호를 넘어, 우리의 건강, 식량 안보, 경제 안정, 기후변화 대응과도 깊이 연결되어 있다. 세계자연보전연맹(IUCN)은 “생물다양성 손실을 막기 위해 국가 정책뿐 아니라 지역사회와 개인의 실천이 필수적”이라 강조한다. 우리나라도 ‘국가 생물다양성 전략’을 통해 보전 정책을 추진 중이며, 기업과 시민사회의 참여도 확대되고 있다.

까마귀는 많아지고, 까치는 왜 줄어들었을까?

도심 하늘에 까마귀가 부쩍 늘었다. 아파트 옥상, 전깃줄, 쓰레기통 주변은 이제 그들의 일상 무대다.

반면, 공원 나무 위에서 흔히 보이던 까치는 점점 눈에 띄지 않는다. 어디로 사라진 걸까?

가장 큰 이유는 도시 환경에 대한 적응력 차이이다.

까마귀는 무엇이든 먹는 잡식성에 높은 지능까지 갖춰 음식물 쓰레기나 도로 위 먹이를 쉽게 찾는다. 천적도 적고 먹을거리도 풍부한 도시에서 까마귀는 빠르게 번성한다.

까치는 곤충, 열매 등 자연 먹이에 더 의존한다. 게다가 높은 나무에 둥지를 트는데, 도심의 나무는 점점 줄어들고 가지치기로 서식지마저 사라진다. 결국 먹이도 부족하고 쉴 곳도 없는 까치는 도시에서 밀려나고 있다.

이 현상은 단순한 새의 변화가 아니다. 도시 생태계의 균형이 무너지고 있다는 신호다. 한 종만 늘고 다른 종이 사라지는 현상은 생물 다양성과 생태계 건강을 해친다.

우리가 할 수 있는 일도 있다.

도시 식생의 층위를 다양화하고, 가로수는 새들이 쉴 수 있게 관리해야 한다. 또한 음식물 쓰레기를 줄이고 체계적으로 관리하면, 까마귀의 급증도 억제할 수 있다.

까치의 감소는 도시 환경이 초래한 결과다. 하지만 이 흐름을 되돌릴 열쇠도 우리 손에 있다.

나무 한 그루, 가지 하나, 쓰레기 하나가 도시 생태계의 회복을 이끌 수 있다. 까치가 돌아오는 도시는 더 많은 생명과 사람이 함께 살아가는 건강한 도시다.

○ 생물다양성의 중요성 : 왜 지켜야 할까?

생물다양성은 단순히 "자연의 다양성"을 뜻하는 것이 아니다. 우리가 먹는 음식, 마시는 물, 사용하는 의약품까지 모두 생물다양성 덕분에 가능하다. 생태계 내 다양한 생물이 관계를 맺으며 제공하는 혜택은 인간의 건강과 삶에 필수적이다.

예를 들어 말라리아 치료제인 아르테미시닌(Artemisinin)은 특정 식물에서 추출한 성분을 바탕으로 개발되었으며, 수많은 의약품도 자연 유래 물질에 기반을 두고 있다. WHO에 따르면 전 세계 의약품의 약 70%가 자연에서 유래한 성분을 포함하고 있다. 이는 생물다양성이 환경만이 아닌 인류 건강과 생존에 직접 영향을 미친다는 점을 보여준다.

또한, 생물다양성은 식량, 물 정화, 기후 조절 등 지속 가능한 삶을 위한 필수 자원을 제공한다. 만약 생물다양성이 급격히 감소하면 이러한 자원도 줄어들고, 이는 인류 생존과 직결된 위기를 불러올 수 있다.

▷ 생물다양성을 위협하는 것들

생물다양성은 자연 생태계를 유지하는 중요한 요소이지만, 오늘날 다양한 요인으로 인해 심각한 위협을 받고 있다. 서식지 파괴, 기후변화, 오염, 외래종 유입, 자원의 과도한 이용과 같은 문제들은 지구 생태계를 변화시키며, 수많은 종의 생존을 위태롭게 하고 있다. 이러한 변화는 단순한 환경 문제를 넘어, 결국 인간의 삶과 미래에도 직결되는 문제이다.

☑ 서식지 파괴

도시 개발, 산림 벌채, 농경지 확대 등으로 많은 생물들이 서식지를 잃고 있다. 인간이 거주지와 산업 시설을 확장하면서 자연 생태계는 급격히 줄어들고, 이는 동식물 생존을 위협하는 가장 직접적인 원인 중 하나다.

우리나라의 경우, 전국적으로 분포되어 있던 습지의 절반가량이 지난 50년 동안 사라졌고, 이는 철새와 수생 생물의 서식지 감소로 이어졌다. 아마존 열대우림도 매년 수십만 헥타르가 농경지로 전환되며 세계 생물다양성 감소의 중심지가 되고 있다.

서식지 파괴는 종의 이동 경로를 차단하고 먹이 사슬을 단절시켜 생태계의 균형을 무너뜨린다.

✓ 기후변화

지구 온난화로 인해 기온과 강수량 패턴이 변하면서, 생물들은 기존 환경에서 살아가기 어려워지고 일부 종은 멸종 위기에 처하고 있다.

대표적인 예로 북극곰은 해빙이 급격히 줄어들면서 사냥터를 상실하고 있으며, 이는 개체수 감소로 이어지고 있다. 또한, 일부 산악 지역의 고유 식물들은 온도가 상승하면서 점점 서식지를 잃고 있다. 기후변화로 인해 발생하는 가뭄과 홍수는 생태계의

[그림 2-9] 한라산 구상나무의 쇠퇴와 이를 복원하기 위한 연구 사례

균형을 더욱 불안정하게 만들고 있으며, 이러한 변화에 적응하지 못하는 종들은 점점 사라질 위험에 처하고 있다.

우리나라의 기후가 점차 따뜻해지면서 아고산대 침엽수림이 빠르게 쇠퇴하고 있다. 구상나무와 분비나무 등은 온도 상승, 가뭄, 병해충에 취약해 고사율이 증가하고 있다. 이는 고산 생태계의 구조적 변화와 생물다양성 감소로 이어질 수 있어 심각한 생태적 우려를 낳고 있다.

✅ 오염

산업화와 도시화로 인해 발생하는 플라스틱 폐기물, 산업 폐수, 농약 사용 등은 생태계를 심각하게 훼손하고 있다. 특히, 해양 생태계는 미세 플라스틱과 오염된 화학물질로 인해 심각한 피해를 보고 있으며, 이는 해양 생물뿐만 아니라 인간 건강에도 부정적인 영향을 미친다.

하천과 호수에 유입된 농약과 산업 폐수는 수질을 오염시키고, 물속 생물들의 생존을 어렵게 만든다. 예를 들어, 녹조 현상은 수질 악화의 대표적인 사례로, 과도한 영양분 유입으로 인해 물속 산소 농도가 낮아지면서 어류와 수생 생물들이 집단 폐사하는 원인이 된다.

✅ 외래종 유입

인간 활동을 통해 새로운 지역으로 퍼진 외래종이 기존 생태계를 교란하며, 토착 생물들에게 큰 위협이 되고 있다.

대표적인 사례로, 황소개구리는 원래 북미에서 서식하던 종이지만, 아시아로 유입되면서 국내 토종 개구리들을 위협하고 있다. 황소개구리는 높은 번식력과 공격적인 식성으로 인해 기존 생태계의 균형을 깨뜨리고, 자생종의 개체수를 감소시키는 원인이 되고 있다.

이와 같은 외래종 문제는 단순히 개별 종의 변화가 아니라, 먹이사슬과 생태계 구조 자체를 변화시키며, 일부 지역에서는 원래의 생태계를 되돌리기 어려운 수준까지 영향을 미치고 있다.

✓ 자원의 과도한 이용

무분별한 어획, 삼림 벌채, 밀렵 등으로 인해 많은 종이 멸종 위기에 처해 있으며, 이는 자연 생태계뿐만 아니라 인간 사회에도 영향을 미치고 있다.

예를 들어, 대서양 참다랑어는 남획으로 인해 개체수가 급격히 감소하면서, 어업 경제에도 큰 타격을 주고 있다. 지속적인 과잉 어획은 수산업의 지속 가능성을 위협하며, 생태계 먹이사슬을 붕괴시키는 결과를 초래한다. 또한, 코뿔소와 코끼리의 밀렵은 단순한 개체수 감소를 넘어, 서식지 내 생태적 기능을 변화시키며, 결과적으로 다른 종들에게도 부정적인 영향을 미치고 있다.

▷ 생물다양성, 우리의 미래를 지키는 자산

이처럼 도시 개발, 기후변화, 남획, 외래종 침입 등 다양한 요인이 생물다양성을 위협하고 있다. 생물다양성 감소는 생태계 기능의 약화로 이어지고, 이는 결국 인간에게도 심각한 영향을 미친다. 생물다양성 보전은 단순한 환경 보호가 아니라 우리 삶과 미래를 지키는 중요한 과제다.

하지만 이를 지키는 데 거창한 노력이 필요한 것은 아니다. 작은 실천이 모여 큰 변화를 만든다. 예를 들어 지역 자연 보호 캠페인에 참여하거나, 생태관광 규칙을 지키는 일은 누구나 할 수 있다. 또한, 지속 가능한 소비 습관도 중요한 실천이다. 인증된 해산물을 구매하거나 제철 농산물을 선택하는 것만으로도 생태계 보전에 기여할 수 있다.

동해안에서 사라진 명태

한때 겨울철 동해안의 대표 생선이었던 명태.

하지만 지금은 자연산 명태를 거의 찾아볼 수 없다. 무슨 일이 있었던 걸까?

1970 ~ 80년대, 명태는 한국인의 밥상에 자주 오르던 생선이었다. 명태국, 북어찜, 황태구이까지 다양한 요리에 쓰였고, 속초와 고성은 명태 어획으로 번성했다. 하지만 과도한 남획과 해양 환경 변화로 명태는 급격히 사라졌다. 당시 어린 명태까지 무분별하게 잡히며 번식이 어려워졌고, 수온 상승으로 서식지도 줄었다.

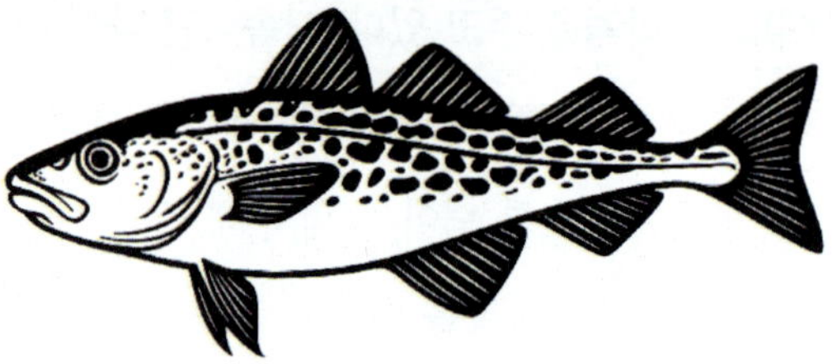

명태는 차가운 물을 좋아하는 한류성 어종인데, 지구온난화로 동해의 수온이 올라가며 치어 생존율이 낮아지고 먹이사슬에도 변화가 생겼다. 해류 변화도 명태의 이동을 가속화시켰다. 이로 인해 강원도 어촌 경제도 타격을 입었다.

정부와 연구기관은 인공 부화 및 방류 사업을 통해 복원을 시도 중이다. 일부는 바다에 적응해 살아남고 있지만, 치어를 단순히 방류하는 것만으로는 부족하다. 지속 가능한 어업 정책과 서식지 조성, 포획 규제 강화가 함께 이뤄져야 한다.

최근에는 서해에서 명태가 발견되기도 했는데, 이는 해류 변화로 새로운 서식지를 찾고 있음을 시사한다.

명태 복원은 단순한 생물 자원 회복이 아니라, 우리가 바다를 어떻게 관리하느냐의 문제다. 정부, 어업인, 연구자, 소비자 모두의 노력이 필요하다.

언젠가 동해에서 다시 펄떡이는 명태 떼를 볼 수 있을까?

그 답은 지금 우리가 바다에 어떤 선택을 하느냐에 달려 있다.

6.2 생물다양성과 외래종 관리

길가에서 흔히 보이는 나무 한 그루, 물가에서 헤엄치는 물고기 한 마리는 생태계에 어떤 영향을 미칠까? 그 생물이 자생종인지 외래종인지에 따라 그 영향은 크게 달라진다. 생물다양성을 보존하기 위해서는 고유 생물종이 안정적으로 서식할 수 있는 환경을 조성하는 것이 중요하며, 외래종의 유입은 이 균형을 심각하게 위협할 수 있다. 따라서 외래종을 효과적으로 관리하는 것은 생태계를 보호하고 생물다양성을 유지하는 데 필요하다.

○ 외래종이란 무엇인가?

외래종은 원래 특정 지역에 살지 않았지만, 인간 활동으로 유입된 생물종을 말한다. 대부분은 새로운 환경에 적응하지 못하고 사라지지만, 일부는 급속히 번식해 생태계를 위협하는 침입종이 되기도 한다.

침입종은 토착 생물과 경쟁하거나 포식자로 작용해 생태계 균형을 무너뜨릴 수 있다. 특히 천적이 없는 환경에서는 개체 수가 급증하며, 먹이를 빼앗거나 서식지를 점령해 생물다양성을 감소시킨다.

하지만 모든 외래종이 해로운 것은 아니다. 제주도의 감귤, 전국의 감, 유채꽃처럼 오랜 기간 정착해 농업 자원이나 경관 요소로 자리 잡은 경우도 있다. 일부는 생태계 유지에 긍정적인 역할을 하기도 한다. 따라서 외래종 관리는 무조건적인 제거보다는 생태계에 미치는 영향을 면밀히 분석한 균형 잡힌 전략이 필요하며, 긍정적 · 부정적 측면을 함께 고려한 대응이 중요하다.

▷ 대표적인 침입 외래종 사례

블루길(Lepomis macrochirus)은 1960년대 후반 식용 및 낚시용으로 도입되었으나, 번식력과 공격성이 강해 토착 어류와 먹이 경쟁을 일으키며 수생 생태계를 교란했다. 현재는 생태계 교란종으로 지정되어 관리되고 있다.

황소개구리(Lithobates catesbeianus)도 1970년대 식용 목적으로 도입된 뒤 급속히 확산되었고, 토착 개구리의 서식지를 침범하고 소형 양서류와 파충류를 포식해 국내 개체군 감소를 초래했다.

식물 중에서는 가시박(Sicyos angulatus)이 대표적이다. 북미에서 유입된 이 덩굴식물은 강변과 하천 주변에서 빠르게 퍼지며 토착 식물을 덮어 식생 구조를 단순화시키고, 곤충과 조류의 서식지를 줄여 생물다양성 감소로 이어진다.

외래종은 통제된 환경에서는 관리가 가능할 수 있지만, 자연 생태계 안에서는 완전한 통제가 어렵다. 예상치 못한 방식으로 적응하고 확산하며 생태계 균형을 무너뜨리는 사례가 반복되고 있다.

[그림 2-10] 영화 쥬라기공원을 배경으로한 생명의 의미

이는 영화 쥬라기공원(Jurassic Park)에서도 잘 드러난다. 유전자 조작으로 부활한 공룡들이 주어진 환경 속에서 스스로 생존 전략을 찾아 통제를 벗어나듯, 외래종도 자연계에서 빠르게 적응하고 퍼져나간다. “생명은 길을 찾는다(Life finds a way)"라는 대사처럼, 생태계에 미치는 인간의 영향은 신중히 고려되어야 하며, 외래종 도입과 관리에는 철저한 검토와 대비가 필요하다. 한 번 퍼진 생물종은 되돌리기 어렵다는 사실을 잊지 말아야 한다.

모든 외래종이 생태계에 부정적인 영향을 미치는 것은 아니다. 일부는 새로운 환경에서 특정 역할을 하며 긍정적인 영향을 주기도 한다.

예를 들어 유럽에서 도입된 밤나무(Castanea sativa)는 꽃가루 매개 곤충의 먹이원이 되고, 토양의 영양순환에 기여하며 일부 산림 생태계에서 중요한 역할을 한다. 하지만 과도하게 확산될 경우 기존 수종과 경쟁해 생태계 균형을 위협할 수 있다.

또한, 일본산 다시마(Saccharina japonica)는 해조류 양식을 위해 일부 지역에 도입되어 해양 생물의 서식지를 제공하고, 블루카본 기능을 수행하며 해양 생태계에 긍정적인 영향을 미친다. 그러나 지나친 확산은 토착 해조류에 부정적인 영향을 줄 수 있어 관리가 필요하다.

이처럼 외래종 관리는 단순한 제거보다 생태계에 미치는 영향을 정밀하게 분석한 균형 잡힌 대응이 필요하다. 일부 외래종은 자생종과 공존할 수 있으므로 지속 가능한 관리 방안이 중요하다.

정부와 연구기관은 생태계 교란종의 확산을 막고 생물다양성을 유지하기 위해 다양한 정책과 복원사업을 추진 중이다. 생물다양성을 지키려면 외래종의 신중한 도입과 자생종 보호 노력이 함께 이루어져야 한다.

○ 외래종 관리 방법

외래종 문제는 전 세계적으로 심각한 생태적 · 경제적 과제로 인식되고 있다. 생물다양성을 보호하고 생태계를 건강하게 유지하기 위해서는 외래종 관리가 필수적이다.

관리 방식은 사전 예방, 개체수 조절, 생태적 균형 유지의 세 가지 접근으로 나뉜다. 이중 가장 효과적인 방법은 애초에 외래종의 유입을 차단하는 것이다. 일단 정착하면 제거에 많은 시간과 비용이 소요되므로, 사전 예방이 중요하다. 이를 위해 각국은 생물 검역과 수입 규제를 강화하고, 위해성 평가 시스템을 운영하고 있다. 국제적으로도 항구 · 공항 등에서 외래종 조사를 강화하고, 도입 여부를 생태적 영향에 따라 결정하는 시스템이 구축되고 있다.

이와 함께 국민 인식을 높이는 교육과 홍보도 중요한 예방 수단이다. 생태계 보호에 대한 대중의 인식은 불필요한 외래종 유입을 줄이는 데 기여할 수 있다.

이미 유입된 외래종은 조기 발견과 신속한 제거가 가장 효과적이다. 개체 수가 폭증하기 전에 대응하는 것이 핵심이며, 국내에서도 블루길 · 황소개구리 포획 프로그램, 가시박 제거 활동 등이 지속되고 있다.

화학적 제어는 제한적으로 사용되며, 생태계에 미치는 영향을 고려해 신중히 적용해야 한다. 예를 들어 친환경 살충제를 사용해 외래 해충을 조절하지만, 비표적 생물에 대한 영향도 감안해야 한다.

최근에는 생물학적 방제도 연구되고 있다. 토착 포식자의 복원이나 천적 활용을 통해 외래종 개체수를 자연적으로 억제하는 방식으로, 토착 어류나 곤충을 활용한 실험이 진행 중이다.

외래종을 완전히 제거할 수 없는 경우도 많기 때문에, 생태계와의 균형을 고려한 유연한 관리가 필요하다. 일부 외래종은 일정한 생태적 기능을 수행할 수 있으므로, 무조건적인 제거보다는 장기적인 조절이 요구된다. 이를 위해 자생종 복원과 생존 여건 개선이 중요하다. 건강한 서식지를 조성해 토착 생물이 경쟁력을 갖추면 외래종보다 우위를 점할 수 있다.

외래종 문제는 단일 국가의 문제가 아닌 국제적 과제다. 무역 · 관광 · 기후변화로 확산이 가속화되고 있으며, 생물다양성협약(CBD)과 국제자연보전연맹(IUCN) 등 국제 협력이 활발히 이루어지고 있다. 외래종의 확산 경로와 생태적 영향을 분석하는 연구도 확대되며, 정보 공유를 통해 보다 효과적인 대응이 모색되고 있다.

특히 지구 온난화로 새로운 생물종의 정착 가능성이 높아지면서, 장기적 모니터링과 대응 전략이 필수적이다. 결국 외래종 관리는 단순한 제거가 아니라, 생태계와 조화를 이루는 균형 잡힌 접근이 핵심이다. 유입 차단이 가장 효과적이며, 정착 이후에는 개체수 조절과 생태계 회복을 병행하는 지속 가능한 관리가 필요하다.

국경을 넘은 생태계 교란자
: 한국의 칡과 가물치, 미국에서 외래종이 되다

생태계는 지역마다 고유한 균형을 이루고 있으며, 특정 생물이 한 지역에서는 자연스럽게 공존하지만, 다른 지역에서는 치명적인 외래종이 될 수 있다.

✓ 칡 (Pueraria montana) – 미국 남동부를 삼켜버린 '녹색 괴물'

칡은 한국, 중국, 일본 등 동아시아에 자생하는 덩굴식물이다. 19세기 말 미국 남부에 도입되어 토양 침식 방지와 사료용으로 활용되었지만, 지나치게 강한 생장력과 번식력으로 통제 불가능한 침입종이 되었다.

칡은 하루 30cm 이상 자라며, 매년 5만 헥타르 이상의 숲을 뒤덮는 것으로 알려져 있다. 빛을 차단해 다른 식물을 고사시키는 특성 때문에 '남부를 삼킨 덩굴'이라는 별명까지 생겼다.

미국 정부는 화학 방제, 기계 제거, 염소 방목 등 다양한 제거 방법을 시도 중이나, 확산을 완전히 막기에는 어려움이 많다.

✓ 가물치 (Channa argus) – 미국 담수 생태계를 위협하는 '살아 있는 포식자'

가물치는 동아시아의 대형 담수어로, 식용이나 관상용으로 미국에 유입되었다. 하지만 고의적 · 우발적으로 방류되면서 미국 동부 담수 생태계 전반에 퍼져 토착 어종을 위협하고 있다.

생존력과 번식력이 뛰어난 가물치는 육식성 포식자로서 생태계 내 경쟁을 유발하며 생물 다양성을 떨어뜨리고 있다.

특히 메릴랜드, 버지니아, 조지아 등지에서 개체 수가 급증하자, 미국은 이를 외래 침입종으로 지정하고 적극적인 제거 작업을 진행 중이다.

6.3 생물다양성과 생태복원의 관계 : 지속가능한 자연을 위한 협력

전 세계에는 다양한 문화와 배경을 지닌 사람들이 살아가고 있다. 각 지역마다 고유한 언어와 전통, 삶의 방식이 존재하지만, 모두 하나의 지구에서 함께 공존한다. 이 지구에서 인간을 포함한 모든 생명체는 서로 긴밀하게 연결되어 있으며, 이 복잡한 연결망을 지탱하는 핵심이 바로 생물다양성이다.

생물다양성은 생태계의 안정성과 건강을 유지하는 데 필수적이며, 생태복원의 목표이자 성공을 평가하는 주요 기준이기도 하다. 즉, 생물다양성과 생태복원은 서로를 강화하며 지속 가능한 자연을 만드는 데 협력하는 관계다.

○ 생물다양성과 생태복원

생물다양성과 생태복원은 서로 긴밀하게 연결되어 있다. 생태복원은 인간 활동으로 훼손된 자연 생태계를 회복하고, 생태적 기능을 되살리는 과정이다. 이때 생물다양성은 생태계 건강을 판단하는 핵심 지표이며, 다양성이 높을수록 생태계는 더 강한 회복력을 갖는다.

건강한 생태계는 다양한 종들의 복잡한 상호작용으로 균형을 유지한다. 반면, 특정 종이 사라지거나 생물다양성이 줄어들면 생태계는 쉽게 붕괴될 수 있다. 따라서 생태복원은 단순한 복구를 넘어서, 생물다양성을 회복하고 생태계 균형을 되찾는 것이 핵심이다.

생물다양성이 높은 생태계는 외부 충격에 대한 회복력과 환경 변화 적응력이 크다. 예를 들어 건강한 숲은 다양한 동식물이 상호작용하며 안정적인 생태 기능을 유지하지만, 단일종 생태계는 병해충이나 기후변화에 매우 취약하다.

또한, 생물다양성이 높을수록 물 순환, 탄소 저장, 기후 조절 등 필수 생태계 서비스도 강화된다. 따라서 생태복원에서 생물다양성을 증진하는 일은 자연 보호를 넘어 인간과 자연이 조화를 이루는 지속 가능한 환경을 만드는 데 필요하다.

따라서 생물다양성은 단순한 환경적 요소가 아니라, 생태계의 기능을 강화하며 생태복원의 성공 가능성을 높이는 요인이다. 따라서 생태복원 프로젝트를 계획할 때 생물다양성을 유지하고 회복하는 방향으로 접근해야 한다. 자연은 단순히 복구되는 것이 아니라, 생명체들이 조화롭게 어우러질 때 지속 가능한 균형을 이룰 수 있다.

○ 생물다양성과 산림복원

산림은 다양한 생물종의 서식지이며, 기후 조절과 탄소 흡수 등 중요한 생태계 서비스를 제공한다. 그러나 기후변화, 개발, 산불, 병해충 등으로 산림이 훼손되면서 생물다양성도 위협받고 있다. 이에 산림청은 산림복원사업을 통해 산림 생태계를 복구하고 생물다양성을 보전하는 데 힘쓰고 있다.

「산림복원 업무처리지침」에 따르면, 산림복원은 단순한 조림이 아니라 생태계가 자율적으로 균형을 회복할 수 있도록 돕는 과정이다. 이를 위해 자생식물의 우선 활용, 외래종 침입 방지 등 생태적 원칙이 강조된다. 다양한 생태 요소를 함께 복원함으로써, 단기 회복뿐 아니라 장기적인 지속 가능성을 지향하고 있다.

「산림복원 기술교본」에서는 지형, 토양, 수계, 식생 등의 복원 기술을 통해 생물다양성을 유지하는 전략을 제시하고 있다. 복원된 산림이 시간이 흐르며 점차 다양한 생물종이 서식할 수 있는 환경으로 발전해야 한다는 점이 중요하게 언급된다.

산림청의 이러한 산림복원사업은 생물다양성 보전에 중요한 역할을 한다. 과거 일부 조림사업에서는 특정 수종을 대량으로 식재하는 방식이 활용되었으나, 이는 생태적 균형을 고려하지 않아 장기적으로 다양한 생물종의 서식지를 제한하게 된다는 견해도 있었다. 그러나 최근에는 생태계의 다양성을 유지하는 방향으로 복원사업이 진행되고 있으며, 이와 관련해 종자이동구역(Seed Transfer Zone, STZ) 개념이 활용된다. STZ는 기후와 유전적 특성이 유사한 지역 간 종자 이동을 통해 식물이 잘 적응할 수 있도록 하는 복원 전략이다. 이러한 접근은 단순한 녹화가 아니라, 생태계가 스스로 기능을 회복하고 다양한 생물이 공존할 수 있도록 하는 데 중점을 둔다.

○ 생물다양성, 생태복원의 목적이자 결과

우리는 다양한 동식물과 더불어 살아가고 있으며, 이들이 얽힌 복잡한 관계 속에서 자연의 균형이 유지된다. 생물다양성은 단순히 생물종의 수뿐 아니라, 유전적 다양성과 생태계의 다양성을 포함하는 개념으로, 지구 생명체 전체의 상호작용을 아우른다.

생태복원은 인간 활동으로 훼손된 생태계를 회복시키는 과정이며, 생물다양성은 이 복원의 목표이자 결과로 작용한다. 생태계는 다양한 종 간의 상호작용을 통해 기능하므로, 생물다양성이 높을수록 자연은 더 큰 회복력을 갖는다. 따라서 생태복원은 단순한 환경 복구를 넘어, 생물다양성을 회복하고 유지하는 데 중점을 둬야 한다.

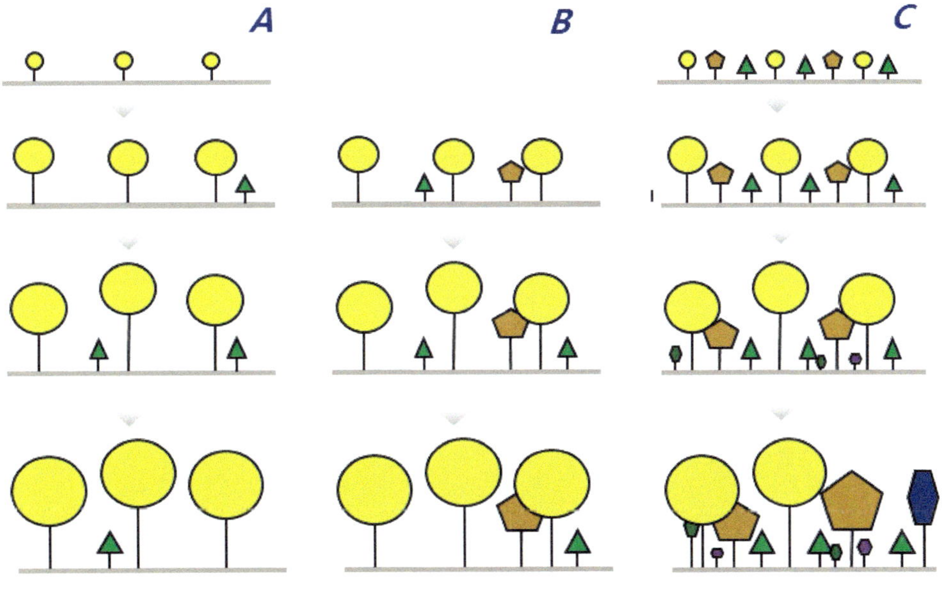

[그림 2-11] 단일 종을 조림하는 방식과 다양한 식물종을 혼합하는 방식
(A, B : 단일 수목 식재, C : 다양한 수목의 조합)

과거에는 단일종 조림을 통해 빠른 경제적 이익을 추구했으나, 이는 생태계의 취약성을 키우고 생물다양성을 감소시키는 결과를 낳았다. 단일종 숲은 병해충이나 기후변화에 취약하며, 생태계 서비스 기능도 떨어진다. 최근에는 이러한 문제를 반영해 자생종을 중심으로 다양한 생물종이 공존할 수 있는 방향으로 복원 전략이 바뀌고 있다.

대표 사례로는 아마존 열대우림 복원이 있다. 이 프로젝트는 초기의 단순 조림 방식에서 벗어나, 자생식물과 곤충, 조류, 포유류 등 다양한 생물군을 함께 복원하는 방식으로 전환되었다. 그 결과, 복원된 지역의 생태계는 점차 균형을 회복하고 있으며, 이는 환경뿐 아니라 인간 삶의 질에도 긍정적 영향을 미치고 있다.

과거의 복원 방식이 단일종 조림과 같은 단순한 방식에 머물렀다면, 오늘날의 생태복원은 생물다양성을 핵심 목표로 삼는 방향으로 변화하고 있다. 생물다양성은 단순히 보존해야 할 대상이 아니라, 생태계의 회복력을 결정하는 필수적인 요소이다. 단일종을 심는 조림 방식은 생태계를 불안정하게 만들고, 생물다양성을 저해할 수도 있기 때문에 자생식물과 생태적 관계까지 함께 고려해서 복원하는 방향으로 나아가야 한다.

▷ 생물다양성은 생태복원의 동력이다.

생물다양성은 생태복원의 결과이자 그 과정을 이끄는 중요한 동력이다. 다양한 생물이 존재하는 생태계는 외부 충격에 더 강하며, 복원 과정에서도 핵심적인 역할을 한다.

예를 들어, 토양 미생물은 영양분 순환을 돕고, 곤충은 수분 매개를 통해 식물의 번식을 지원한다. 이처럼 다양한 생물의 참여 없이 진행되는 생태복원은 속도나 질 모두 떨어질 수밖에 없다.

순천만 갯벌 복원은 생물다양성이 복원의 동력으로 작용한 대표적 사례다. 개발로 심각히 훼손된 이 지역은 복원 프로젝트를 통해 생태적 가치를 회복했다. 이 과정에서는 단순한 물리적 복구를 넘어, 토양 미생물과 수생 식물의 기능을 분석해 복원 전략에 반영했다. 그 결과 철새 서식지로 다시 자리 잡았고, 생물다양성도 크게 회복되었다. 이 사례는 생물다양성이 단순히 보호받아야 할 대상이 아니라, 복원 과정 그 자체를 촉진하는 힘임을 보여준다.

▷ 생물다양성 감소는 생태복원의 필요성을 증가시킨다.

오늘날 생물다양성은 서식지 파괴, 기후변화, 외래종 침입 등 다양한 위협에 직면해 있다. 이러한 요인들은 생물다양성을 빠르게 감소시키고 있으며, 생태계 건강을 위협하는 중요한 문제로 부상하고 있다. 이로 인해 생태복원은 단순한 환경 보호를 넘어, 적극적인 생태계 회복의 수단으로 주목받고 있다.

아프리카에서 진행된 그린벨트(Green Belt) 운동은 이러한 흐름을 보여주는 대표 사례다. 케냐의 환경운동가 왕가리 마타이(Wangari Maathai)가 시작한 이 운동은 나무 심기를 통해 생물종과의 관계를 회복하는 데 중점을 두었다. 나무가 자라며 생태계가 회복되었고, 다양한 자생 생물종이 다시 자리 잡았다.

마타이는 "나무 한 그루가 자라면, 그 지역의 생명들도 함께 자란다"고 강조하며, 생물다양성의 회복이 생태계 전체에 긍정적 영향을 미친다는 점을 전하고자 했다. 이 사례는 생물다양성 감소가 생태복원의 필요성을 높이고, 인간과 자연의 공존을 위해 복원이 필수적임을 잘 보여준다.

▷ 생물다양성과 생태복원의 선순환이 필요하다.

생물다양성과 생태복원은 서로를 강화하는 선순환 관계에 있다. 생물다양성이 높을수록 복원 성공률이 높아지고, 복원된 생태계는 다시 생물다양성을 증진시켜 자연의 회복력을 높인다. 이는 단순한 자연 보호를 넘어 인간 사회에도 긍정적인 영향을 주며, 지속 가능한 환경 조성에 기여한다.

호주의 머리-달링 유역(Murray-Darling Basin) 복원 프로젝트는 이런 선순환의 대표 사례다. 수량 부족, 외래종 침입, 서식지 단절로 훼손된 유역 생태계를 복원하기 위해 고유종 서식지 복원과 침입 어종 통제를 중심으로 추진되었으며, 원주민의 전통 생태지식을 적극 활용한 것이 특징이다. 복원 이후 고유 어류와 조류가 증가하고 습지 생태계도 회복되었으며, 이는 생태관광 활성화와 지역 일자리 창출로 이어졌다. 생물다양성과 지역 경제 성장을 동시에 달성한 사례로 평가된다.

결국 생물다양성은 생태계 회복력의 핵심이며, 복원은 이를 높이는 순환 구조를 만든다. 생태복원은 단순한 물리적 복구가 아니라, 생물다양성을 중심에 둔 전략적 접근을 통해 장기적인 생태 · 사회적 지속 가능성을 확보해야 한다.

○ 생태복원 과정에서 생물다양성을 고려하는 방법

생태복원은 단순히 훼손된 자연환경을 회복하는 것이 아니라, 생물다양성을 유지하고 강화하는 방향으로 진행될 때 더욱 효과적인 결과를 얻을 수 있다. 생물다양성이 높은 생태계는 기후변화, 외부 충격 등에 대한 회복력이 뛰어나며, 생태적 기능도 보다 안정적으로 유지된다. 따라서 생태복원 프로젝트에서 생물다양성을 효과적으로 고려하기 위해서는 다음과 같은 접근법이 필요하다.

▷ 지역 고유의 자생종 우선 복원

생태계 복원에서는 해당 지역에 원래 존재했던 자생종을 우선적으로 복원하는 것이 중요하다. 자생종은 그 지역의 기후, 토양, 생물과 오랜 시간 상호작용하며 적응해왔기 때문에, 복원된 생태계가 장기적으로 안정되게 유지될 가능성이 높다. 이는 생태계의 본래 기능 회복, 외래종 침입 방지, 지역 생물다양성 증진에 기여한다.

자생식물의 종자를 이용한 복원은 자연성과 회복력을 높이는 효과적인 방법이다. 종자에서 자란 식물은 환경에 점진적으로 적응하며, 주변 생물과의 상호작용도 자연스럽게 형성된다. 이는 이미 자란 개체를 이식하는 방식보다 장기적인 생태계 안정성 확보에 유리하다. 또한, 종자 복원은 지역 유전적 다양성 보존과 고유 생태계의

[그림 2-12] 주변에서 채취한 굴참나무 종자(도토리)를 직접 파종해서 숲을 복원하는 과정

연속성 유지에도 효과적이며, 이에 따라 전 세계적으로 유전자원 확보 노력이 강화되고 있다.

반면, 외래종을 활용한 복원은 생태계 교란이나 토착종과의 경쟁으로 생물다양성 감소를 초래할 수 있다. 따라서 복원은 자생종 중심으로 이루어져야 하며, 가능하다면 종자 단계부터 시작하는 것이 바람직하다.

▷ 연결성 유지

생태계는 고립된 공간이 아니라 서로 긴밀하게 연결된 거대한 네트워크다. 한 지역만 복원한다고 해서 전체 생태계가 회복되는 것은 아니며, 주변 환경과의 연결성을 고려한 통합적 복원 전략이 필요하다.

예를 들어, 산림을 복원할 때 단순히 나무를 심는 것만으로는 부족하다. 산림은 하천, 초원, 습지 등 주변 생태계와 밀접하게 상호작용하며, 이들과의 유기적 연결이 전체 생태계 건강을 좌우한다.

특히 야생동물이 자유롭게 이동할 수 있는 서식지 연결성 확보는 생물다양성과 생태계 기능 유지에 핵심적이다. 이를 위해 야생동물 이동통로, 생태축 연결 등 다양한 노력이 세계적으로 추진되고 있다.

서식지가 단절되면 개체군 이동이 제한되고 유전적 다양성이 감소해 생태계 기능이 약화될 수 있다. 따라서 생태복원은 개별 지역을 넘어서 인접 생태계와의 연결성을 함께 확보해야 하며, 이는 자연의 자율적 회복을 돕고 지속 가능한 생태계 구축에 기여한다.

▷ 자연기반해법을 활용한 복원

생태복원 과정에서는 생물다양성을 적극적으로 활용하는 자연기반해법이 효과적인 대안이 될 수 있다. 이는 인공 구조물 대신 자연의 기능을 활용하여 환경 문제를 해결하는 접근 방식이다.

예를 들어, 해안 지역의 맹그로브 숲 복원은 대표적인 자연기반해법이다. 맹그로브는 자연적인 방파제 역할을 하여 홍수와 해일을 완화하고, 다양한 해양 생물의 서식

[그림 2-13] 해안가에서 자라는 맹그로브 숲을 단순화한 이미지

지를 제공함으로써 생물다양성을 증진시킨다. 이처럼 자연기반해법은 인공 구조물보다 지속 가능하며, 생태계 건강성을 동시에 확보할 수 있다.

도시에서도 자연기반해법은 효과적이다. 도시 녹지 확대, 자연형 습지 조성, 빗물 침투 공간 확보 등은 생물다양성을 보전하면서 도시 기후 문제를 완화하는 데 기여한다. 이러한 방법은 기후변화 적응과 생태계 회복력 향상에도 유리하다.

생물다양성이 높은 생태계는 외부 충격에 대한 회복력이 크고, 복원 성공 가능성도 높다. 따라서 생태복원은 단순한 환경 회복이 아니라, 생물다양성을 고려한 지속 가능하고 회복력 있는 생태계 조성을 목표로 해야 한다.

이를 위해 자생종 복원, 생태계 연결성 확보, 자연기반해법 활용, 시민 참여 등 다양한 전략이 필요하다. 생태복원은 단기 사업이 아니라 장기적 모니터링과 협력이 필요한 지속적인 과정이며, 향후 정책과 연구는 생물다양성을 중심에 둔 전략을 더욱 적극적으로 도입해야 한다.

꿀벌이 사라진다면? : 농작물 수분 위기와 우리의 대응

2022년 1월, 전남 해남에서 수천 마리의 꿀벌이 사라지거나 죽은 채 발견되는 사건이 발생했다. 농촌진흥청과 한국양봉협회는 응애 감염, 말벌 피해, 이상기후 등이 복합적으로 작용했다고 분석했으며, 일부 전문가들은 살충제의 영향을 지적하고 있다.

이 사건은 단순한 양봉 산업의 위기를 넘어 생태계의 경고로 보아야 한다. 꿀벌은 사과, 토마토, 아몬드 등 주요 작물의 70% 이상을 수분시키며, 최근 수분 매개자의 감소는 식량 안보를 위협할 수 있다.

EU는 이미 특정 살충제를 금지하며 꿀벌 보호와 생물다양성 회복에 나서고 있다. 우리도 농약 사용을 줄이고, 친환경 방제와 밀원식물 조성, 겨울철 서식지 확보 등 꿀벌 친화적 환경을 만들어야 한다.

일부 지자체는 생태정원 조성과 연계한 꿀벌 복원 캠페인을 통해 시민 참여를 유도하고 있다. 꽃 심기, 화학약품 감축 등 작지만 지속 가능한 실천이 도시와 농촌에서 확산 중이다.

꿀벌을 지키는 일은 생태계를 회복시키고, 결국 인간 사회의 지속 가능성을 지키는 일이다. 꿀벌의 위기는 곧 우리의 위기이며, 지금 시작하는 작은 실천이 더 나은 미래로 가는 발판이 될 수 있다.

6.4 생물다양성을 높이는 것이 꼭 좋은 것인가?

생물다양성은 생태계의 건강과 안정성을 나타내는 핵심 지표이자, 생태복원의 주요 목표 중 하나다. 일반적으로 다양성이 높은 생태계는 외부 충격에 대한 회복력과 환경 변화에 대한 적응력이 뛰어나다.

그러나 생물다양성을 무조건적으로 높이는 것이 항상 바람직한 것은 아니다. 잘못된 방식으로 접근하거나 특정 종이 과도하게 증가하거나 인위적으로 도입되면, 오히려 생태계의 균형을 해칠 수 있다.

생물다양성은 생태계의 복잡성과 기능 유지를 위한 핵심 요소이며, 종 간 상호작용을 통해 안정성을 높인다. 생태복원은 이를 통해 생태계 서비스를 극대화하고 인간과 자연의 공존을 도모하지만, '많을수록 좋다'는 접근보다는 각 생태계의 특성과 기능을 고려한 전략이 필요하다.

▷ 생물다양성을 높이는 것이 문제를 일으킨 사례

생물다양성 증진은 일반적으로 생태계의 건강성과 회복력을 높이지만, 무분별한

[그림 2-14] 사막에 나무를 심는 모습을 표현한 상상도

접근은 오히려 생태계를 교란하거나 부작용을 초래할 수 있다. 생태계 구조와 기능을 충분히 고려하지 않으면 기존 생물 간 관계가 왜곡되고 균형이 무너질 수 있다.

예를 들어, 뉴질랜드에서는 19세기 유럽 이주민들이 농업 생산성과 생물다양성 향상을 위해 토끼를 도입했지만, 천적이 없는 환경에서 급속히 번식해 생태계를 위협했다. 이후 이를 통제하기 위해 들여온 고양이와 여우는 고유 조류를 사냥하면서 생물다양성을 더욱 훼손했다.

중국의 '녹색 만리장성' 프로젝트도 유사한 문제를 드러낸다. 사막화를 막기 위해 대규모 조림이 추진되었지만, 단일 수종 위주의 식재로 병충해와 기후변화에 취약해졌고 지하수 고갈까지 초래되었다.

이 사례들은 생물다양성을 높이려면 단순히 종 수를 늘리는 것이 아니라, 기능적 다양성과 생태계의 안정성까지 함께 고려해야 함을 보여준다.

아프리카의 빅토리아호는 생물다양성 증진 의도가 오히려 생태계 붕괴로 이어진 사례다. 1950년대 어업 수익을 높이기 위해 도입된 나일농어(Nile Perch)는 토착 어류를 대량 포식하며 기존 생태계를 무너뜨렸다. 그 결과 고유 어종의 약 60% 이상이 멸종했고, 호수 생태계뿐 아니라 지역 어업과 경제에도 큰 타격을 주었다.

유럽에서는 늑대 개체수를 회복시키려는 보호 정책이 시행되었지만, 일부 지역에서는 사회적 갈등이 발생했다. 늑대는 초식동물 수 조절을 통해 생태 균형을 돕지만, 프랑스와 이탈리아에서는 가축 피해가 늘면서 농가의 반발이 커졌고, 보호와 개체수 조절 사이의 논쟁이 이어졌다.

이러한 사례들은 생물다양성을 높일 때 생태계 특성과 인간 사회와의 조화를 함께 고려해야 함을 보여준다. 외래종 도입이나 단일 수종 조림은 장기적으로 부작용을 낳을 수 있으며, 생물다양성 증진도 단순한 숫자 증가가 아닌, 생태계의 구조와 기능에 맞춘 신중한 접근이 필요하다.

[그림 2-15] 북해도 대학 연습림내에서 사슴의 개체수 관리를 하는 시험 연구
(좌 : 개체수 조절을 하는 구역, 우 : 개체수 조절을 하지 않는 구역)

▷ 생물다양성이 성공적인 복원으로 이어진 사례

전 세계에서 생물다양성 회복이 생태복원의 성공을 이끈 사례들이 보고되고 있다. 적절한 생물다양성 복원은 생태계의 균형을 되살리고, 다양한 생물 간 상호작용을 회복하는 데 핵심적인 역할을 한다. 이는 단순한 환경 복구를 넘어 건강한 생태 순환 구조를 회복하는 과정이다.

미국 워싱턴주의 엘와강(Elwha) 복원은 대표적인 사례다. 2011년과 2014년, 두 개의 댐 철거로 강의 자연 흐름이 회복되었고, 연어의 귀환과 함께 곰 · 독수리 등 육상 동물도 다시 돌아왔다. 이는 생물다양성 회복이 생태계 상호작용 복원에 얼마나 중요한지를 잘 보여준다.

스페인 캄포 데 몬티엘(Campo de Montiel)에서는 1990년대부터 황폐화된 경작지를 초원과 산림으로 복원하면서 다양한 생물이 돌아왔고, 멸종 위기였던 이베리아

[그림 2-16] 이베리아 스라소니의 모습

스라소니(Lynx Pardinus)도 개체수가 증가해 생태계 안정성이 회복되었다. 이는 인위적 개입을 최소화한 복원이 효과적일 수 있음을 시사한다.

호주 북부의 맹그로브 숲 복원도 성공 사례다. 해안 개발과 기후변화로 훼손된 맹그로브 숲은 해양 생물과 어업에 큰 영향을 주었으나, 정부와 환경 단체가 자연기반 해법을 활용해 복원을 추진했다. 그 결과 해양 생물 서식지가 회복되고, 바닷물 침식을 막아 해안 안정성도 향상되었다.

이처럼 생물다양성을 기반으로 한 복원은 생태계 회복뿐 아니라 기후변화 완화에도 중요한 역할을 할 수 있다.

▷ 생물다양성을 복원하는 몇 가지 원칙

생물다양성을 무조건적으로 늘리는 것이 항상 최선은 아니다. 체계적인 준비 없이 외래종을 도입하거나 인위적으로 개입하면 생태계 균형을 해치고, 예기치 못한 문제가 발생할 수 있다. 따라서 생물다양성 복원은 종 수 증가에만 집중하기보다, 생태계 특성과 생물 간 상호작용을 반영한 신중한 접근이 필요하다.

첫째, 지역 고유 생물종을 우선 보존해야 한다. 외래종 도입보다 자생종 중심의 복원이 생태계 안정성에 더 효과적이다. 뉴질랜드의 외래종 도입 실패 사례는 이를 잘 보여준다.

둘째, 생태계의 기능 회복에 중점을 둬야 한다. 단순한 종 추가보다 수분 매개, 영양 순환 등 핵심 기능을 수행하는 생물의 복원이 장기적 안정성을 높인다.

셋째, 생태계 특성에 부합하는 맞춤형 전략이 필요하다. 사막이나 고산 지대처럼 본래 다양성이 낮은 지역에 무리하게 종을 늘리는 것은 생태계에 해로울 수 있다.

넷째, 장기적인 모니터링과 순응적 관리가 필수다. 생물다양성 증진이 실제로 긍정적 효과를 내는지를 지속적으로 점검하고 전략을 조정해야 한다.

결국 생물다양성 복원의 핵심은 생태계의 건강성과 지속 가능성 확보다. 단순한 종 수 증가는 지양하고, 지역 특성과 생태계 기능에 맞는 과학적 전략을 적용하는 것이 미래 세대를 위한 지속 가능한 복원의 길이다.

7장. 숲을 다시 살리기

숲은 탄소를 저장하고 생물다양성을 유지하며, 기후변화 완화와 자연재해 방지에 중요한 역할을 한다. 그러나 각종 개발사업, 산불, 병해충 등으로 인해 많은 숲이 사라지고 있으며, 이는 탄소 배출 증가와 생태계 파괴로 이어지고 있다.

산림 복원은 단순히 나무를 심는 것이 아니라, 건강한 토양과 물순환을 회복하고, 지역 생태계에 적합한 수종을 복원하며, 궁극적으로 숲의 기능을 되살리는 종합적인 과정이다. 이를 통해 탄소중립 목표에 기여하고, 다양한 생물들에게 서식지를 제공하며, 지속 가능한 미래를 위한 기반을 마련할 수 있다.

성공적으로 숲을 복원하기 위해서는 숲의 구조와 기능을 면밀히 파악하고, 자생 식물종을 활용한 자연기반해법을 확대하며, 지역사회와 협력하는 것이 중요하다. 또한, 과학적인 관리 체계를 구축하여 장기적인 관점에서 복원 효과를 극대화하는 노력이 필요하다.

7.1 망가진 숲이 우리에게 주는 신호

산림은 탄소 흡수, 수자원 조절, 생물다양성 유지 등 다양한 생태계 서비스를 제공하는 중요한 자원이다. 그러나 도시화, 무분별한 개발, 산불, 병해충 피해 등으로 인해 전 세계적으로 산림이 빠르게 감소하고 있다.

도시화와 산업 개발은 산림 훼손의 큰 원인 중 하나로, 도로 건설, 농경지 확대, 주택 개발 등을 목적으로 숲이 개간되면서 산림의 면적이 급격히 줄어들고 있다. 특히, 아마존 열대우림은 한때 세계 최대의 탄소 흡수원이었으나 과도한 벌목과 기후변화로 인해 일부 지역에서는 오히려 탄소를 방출하는 상태에 이르렀다.

산불 또한 산림 훼손을 가속화하는 요인이다. 최근 기후변화로 인해 고온건조한 날씨가 지속되면서 산불 발생 빈도가 증가하고 있으며, 산불로 인해 대량의 탄소가 방출되어 기후변화를 더욱 악화시키고 있다. 강원도(2022년)와 경상도(2025년)[21] 지역에서 발생한 대규모 산불이 산림 훼손과 기후변화 간의 악순환을 명확히 보여주고 있다.

병해충 피해 역시 기후변화와 맞물려 심각해지고 있다. 기온 상승으로 인해 해충의 활동 범위가 확장되면서 아고산대에 자리잡고 있는 구상나무와 같은 주요 수종의 쇠퇴를 가속화하고 있다

○ 산림 훼손이 초래하는 문제
: 기후변화, 생물다양성 감소, 자연재해 증가

산림은 기후 조절, 생물다양성 유지, 수자원 보전 등 다양한 생태계 서비스를 제공하며, 인간과 자연의 공존에 핵심적이다. 그러나 개발, 농경지 확대, 산불, 병해충 등으

21) 2025년에 경상도 지역에서 발생한 대형산불로 인하여 산림 104천ha가 소실되어 총 4,000억원 이상의 피해가 발생하였음

로 전 세계 산림이 훼손되면서 기후변화 가속화, 생물다양성 감소, 자연재해 증가 등 복합적인 문제가 발생하고 있다.

건강한 숲은 이산화탄소를 흡수해 온실가스를 줄이지만, 훼손되면 오히려 탄소를 방출해 기후변화를 악화시킨다. 아마존 열대우림은 과도한 벌목과 산불로 탄소 흡수원에서 배출원으로 바뀌고 있으며, 한국에서도 반복된 산불로 탄소 저장 능력이 저하되고 있다.

또한, 산림 파괴는 생물다양성에 큰 위협이 된다. 세계 생물종의 약 80%가 숲에 서식하는 만큼, 숲이 사라지면 다양한 동식물의 생존이 위태로워진다. 구상나무의 급감, 오랑우탄 서식지 파괴 등은 생태계 균형을 무너뜨리는 대표 사례다.

산림은 자연재해를 완충하는 기능도 수행한다. 나무 뿌리는 토양을 고정하고 빗물을 흡수해 산사태나 홍수 발생을 줄여준다. 최근에는 기후변화로 대형 산불의 빈도와 강도도 증가하고 있다. 산불은 산림과 서식지를 파괴하고 탄소를 방출해 생태계 회복을 어렵게 만든다. 2019년 호주 산불은 1억 헥타르 이상을 태웠으며, 한국도 피해와 재발 위험이 반복되고 있다.

산림 훼손은 지역 주민의 생계에도 부정적 영향을 미친다. 목재, 약초, 식량 등 자원이 줄면 경제적 불안정이 커진다. 동아프리카는 연료용 목재 부족으로 주민 생활에 직접적 타격을 받고 있다.

도시화에 따른 도시 숲 감소는 환경 문제로 이어진다. 녹지 공간이 줄면 도심 온도가 상승하고, 대기 질 악화와 시민 건강 저하로 연결된다. 서울시 연구에 따르면 녹지의 감소로 여름철 평균 기온이 2도 이상 높아질 수 있다고 경고하고 있다.

이처럼 산림 훼손은 기후, 생물다양성, 재해, 경제, 도시 환경 등 다양한 분야에서 복합적 위기를 초래한다. 이에 대응하려면 지속 가능한 산림 관리와 과학적 복원 정책이 필요하며, 정부, 기업, 지역사회가 함께 협력해야 한다. 숲은 인류 미래를 지탱하는 필수 자원이자, 지금의 보호와 복원은 미래 세대를 위한 투자다.

○ 산림 복원의 필요성 : 지속 가능한 미래를 위한 선택

산림은 탄소 저장, 생물다양성 유지, 기후 조절, 수자원 보호 등 다양한 생태계 서비스를 제공하며, 인간과 자연의 공존에 필수적인 기반이다. 그러나 개발, 산불, 병해충 등으로 전 세계 산림이 빠르게 훼손되고 있으며, 그 결과 기후변화가 가속화되고 생물다양성 손실과 자연재해도 증가하고 있다.

산림은 대기 중 이산화탄소를 흡수하여 기후변화 완화에 효과적으로 기여한다. 이를 기반으로 산림청은 '2050 탄소중립 산림부문 추진전략'을 수립해 2050년까지 30억 그루의 나무를 심고 약 3,400만 톤의 이산화탄소를 흡수하는 것을 목표로 하고 있다.

산림 복원은 생물다양성 보전에도 필수적이다. 전 세계 생물종의 약 80%가 숲에 서식하고 있으며, 산림 파괴는 다양한 종의 서식지를 위협한다. 한국에서는 민북지역과 백두대간 보호지역을 중심으로 생태계 건강성과 멸종위기종 보호를 위한 복원이 추진되고 있다.

산림은 또한 자연재해를 줄이는 데 기여한다. 나무 뿌리는 토양을 고정하고 빗물을 흡수해 홍수와 산사태를 완화하지만, 숲이 훼손되면 이러한 기능이 약화되어 지역사회에 피해를 줄 수 있다.

도시 환경에서도 산림 복원은 유효하다. 도시 숲은 열섬 현상을 줄이고 공기 질을 개선하며, 시민들에게는 휴식과 건강을 위한 녹지 공간을 제공한다. 서울시는 '그린 서울 프로젝트'를 통해 도시공원과 가로수를 확대하고 있으며, 이는 기후 대응과 시민 건강 증진에 긍정적 효과를 보이고 있다.

이처럼 산림 훼손은 생태계뿐만 아니라 기후, 재해, 생물다양성, 인간 삶 전반에 영향을 미친다. 산림 복원은 선택이 아닌 공동의 책임이며, 단순한 식재를 넘어 생태 특성과 지역 여건을 반영한 맞춤형 복원이 필요하다. 이를 위해 정부, 지자체, 지역사회, 시민이 함께 참여하는 체계적 관리가 요구된다.

나무를 심으면 좋은 일만 생길까? : 단일 조림의 함정

기후변화 대응을 위해 세계 곳곳에서 대규모 나무심기 프로젝트가 진행되고 있다. 하지만 무작정 나무를 심는 것이 늘 긍정적인 결과를 낳는 것은 아니다. 잘못된 방식은 오히려 생태계를 해치고 환경을 악화시킬 수 있다.

중국과 인도는 사막화를 막기 위해 유칼립투스, 아카시아처럼 빠르게 자라는 나무를 대규모로 심었다. 그러나 이 나무들은 지하수를 과도하게 흡수하고, 지역 생태계와 맞지 않아 생물다양성을 크게 떨어뜨렸다. 단일 수종 조림은 곤충, 조류, 토양 건강 모두에 부정적인 영향을 주며 결국 숲의 지속성을 위협하게 되었다.

이러한 사례는 조림이 단순한 식재가 아니라 '무엇을, 어디에, 어떻게' 심는지가 중요하다는 점을 보여준다. 생태적 특성과 지역 환경을 고려하지 않으면 오히려 기후변화 대응에 역효과를 낼 수 있다.

이를 해결하기 위해서는 조림 정책이 지역 생태계에 맞는 방식으로 이루어져야 한다. 우선, 지역 생태계에 적합한 자생 수목을 심는 것이 중요하다. 단순한 단일 수종 조림이 아니라, 혼합 조림(다양한 나무를 함께 심는 방식)을 적용하여 생물다양성을 보장하는 것이 필요하다. 또한, 조림 사업은 단순히 나무를 심는 것을 넘어, 기후변화에 맞춰 수자원 관리와 함께 진행되는 복원 모델을 포함해야 한다.

기후변화 대응을 위하여 숲을 만든다는 것은 단순한 수량의 문제가 아니라, 생태계의 균형과 지속가능성을 고려한 접근이 필요하다. 성공적인 나무심기를 위해서는 지역 환경을 고려한 맞춤형 전략이 필수적이며, 장기적인 관점에서 생태계를 회복하는 방향으로 나아가야 한다.

7.2 숲 복원을 위한 다양한 방법

○ 숲 복원이 어려운 이유 : 시간, 비용, 그리고 복잡성

숲 복원은 단순한 나무 심기 이상의 과제로, 파괴된 생태계를 되살리고 인간과 자연이 조화롭게 공존할 수 있도록 하는 복잡하고 장기적인 과정이다. 이 과정은 시간과 비용뿐 아니라 생태적 특성, 사회적 갈등, 정책적 제약 등 다양한 요소들이 얽혀 있어 쉽지 않다. 그럼에도 불구하고 숲 복원은 기후변화 대응과 생물다양성 보전, 지속가능한 미래를 위해 필요하다.

복원에는 오랜 시간이 걸린다. 나무가 자라고 동식물이 다시 정착해 생태계가 기능을 회복하려면 수십 년이 소요되며, 경우에 따라 수백 년이 걸릴 수도 있다. 아마존 열대우림이나 한국의 산불 피해지, 보호구역 복원 사례에서도 장기적인 노력이 필요하다는 점이 반복해서 확인되고 있다.

복원은 일회성 조치로 끝나지 않으며, 병해충, 기후변화, 자연재해 등 다양한 변수에 대응할 수 있도록 지속적인 관리와 모니터링이 필요하다. 복원된 숲은 생태계 기능 회복뿐 아니라, 홍수나 산사태 같은 자연재해를 완충하는 방어막 역할도 수행한다. 뿌리는 토양을 고정시키고 물을 저장함으로써, 급격한 강우 변화에도 피해를 줄이는 데 기여한다.

2009년 설치 초기

2022년

[그림 2-17] 방풍벽 설치에 따른 수목의 성장 모니터링 (대관령 특수조림지)

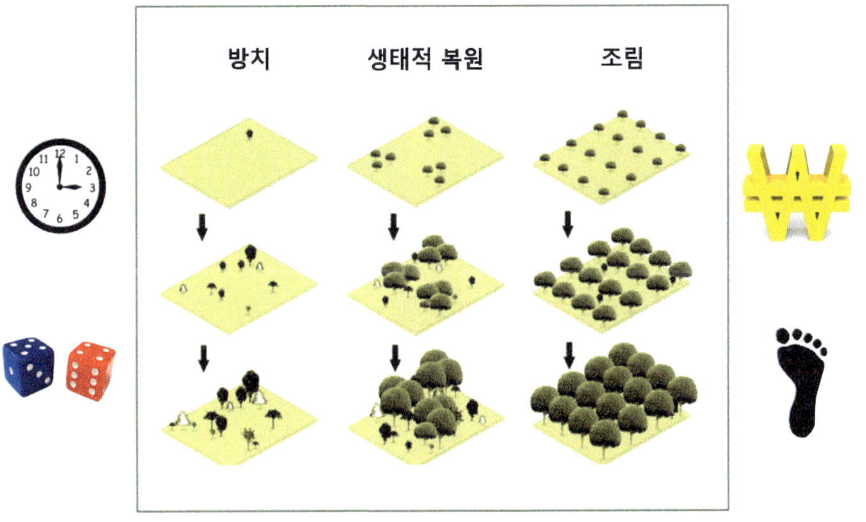

[그림 2-18] 생태복원의 결과에 영향을 주는 다양한 요인[22]

이와 함께 숲 복원은 나무를 심는 데 그치지 않는다. 묘목과 인건비 등 초기 비용은 물론, 이후 관리와 보호에도 많은 예산이 필요하다. 단기 이익이 크지 않기 때문에 정부와 기업의 장기적 참여가 중요하다. 숲은 자연재해를 줄이고 기후 대응에 기여한다. 결국 산림 복원은 미래 세대를 위한 지속 가능한 환경 구축이라는 관점에서 접근해야 한다.

숲은 생물과 요소들이 복잡하게 상호작용하는 생태계로, 복원에는 과학적 도전이 따른다. 자생식물의 적절한 선택은 복원의 성패를 가르는 핵심이며, 이를 위해선 충분한 조사와 실험이 필요하다. 단순히 나무를 심는 것만으로는 생물다양성이 회복되지 않으며, 다양한 생물군이 자연스럽게 돌아올 수 있는 환경을 조성해야 한다. 기후변화로 인한 예기치 못한 변화도 복원에 장애가 될 수 있다.

22) 생태복원에는 우리가 예측할 수 없는 다양한 환경인자가 관여하게 된다. 우선 정상적인 숲이 회복되기 까지에는 시간이 많이 걸리고, 복원 과정에 많은 노력이 필요하다. 또한, 생태복원에는 비용이 상대적으로 많이 들 수 있지만, 그 결과는 외부 환경에 크게 좌우될 수 밖에 없는 확률 게임이라고 할 수 있다.

[그림 2-19] 대나무를 활용한 식물보호울타리의 사례(강원도 평창군)

사회적·정책적 요인도 중요하다. 사유지의 경우 토지 소유자와의 협의가 필요하며, 복원의 목적이 충분히 공유되지 않으면 주민 참여가 저조할 수 있다. 도시 개발을 우선시하는 정책은 복원 활동을 제약하기도 한다.

복원은 단발성 사업이 아니라 지속적인 관리가 필요한 장기 과제다. 병해충 방제, 불법 벌목 방지, 토양 관리 등 꾸준한 모니터링이 필수이며, 이를 위한 예산과 인력도 뒷받침되어야 한다. 복원된 숲을 방치하면 생태계는 다시 붕괴될 수 있다.

결국 숲 복원은 단기 성과보다 생태계 회복과 삶의 질 향상을 위한 전략적 선택이다. 이를 실현하려면 과학적 접근과 사회적 협력이 함께 이루어져야 한다.

○ 숲 복원을 위한 다양한 방법 : 흙, 물, 나무

숲 복원은 단순히 나무를 심는 것만으로는 부족하다. 숲이 생태계 균형을 회복하려면 흙, 물, 식생이 유기적으로 작동하는 자연 순환 구조가 회복되어야 한다.

건강한 숲은 홍수, 산사태, 가뭄 같은 자연재해를 막아준다. 나무 뿌리는 토양을 고정하고, 지표수를 저장해 급격한 강우로 인한 피해를 줄인다. 하지만 이러한 생태적 기능이 회복되기까지는 오랜 시간이 필요하며, 묘목, 장비, 인건비 등 많은 자원과 함께 지속적인 관리가 필수다.

숲 복원은 단기 성과는 작지만, 기후변화 대응과 생태계 회복, 인류의 생존 기반을 위한 장기적 투자다. 이를 위해 정부, 기업, 지역사회가 책임 있게 참여하고 꾸준히 지원해야 한다.

▷ 흙 : 건강한 토양 회복이 숲 복원의 시작

산림 복원에서 가장 먼저 고려해야 할 요소는 건강한 토양의 회복이다. 토양은 식물 생장과 생태계 기능의 기반이며, 토양이 회복되지 않으면 지속 가능한 복원은 어렵다. 산림 훼손으로 토양이 유실되거나 단단하게 굳어지면 식물이 뿌리를 내리기 힘들고, 영양분과 수분 공급도 원활하지 않게 된다. 따라서 복원의 첫 단계는 토양의 물리적 · 화학적 · 생물학적 특성을 개선하는 것이다.

훼손 지역에서는 비가 올 때 토양 유실과 산사태 위험이 커지며, 이를 방지하기 위해 침식 방지 시설, 계단식 구조, 식물 피복 등 생태복원 공법이 활용된다. 이는 토양 구조를 안정화하고 강수 변화에 대응하며, 생태계의 균형 회복에 기여한다.

[그림 2-20] 생태복원을 위한 토양조사(울진 산불피해지 복원 타당성 평가 보고서에서 인용)

[그림 2-21] ○○제련소 주변 산림의 피해 상태[23]

또한, 유기물 함량 저하와 미생물 활동 감소로 생물학적 기능이 약화되기도 한다. 이를 보완하기 위해 퇴비와 바이오차(biochar)를 활용한다. 퇴비는 식물 성장에 필요한 영양을 공급하고, 바이오차는 보습력과 영양 순환, 미생물 활성을 높여 심하게 훼손된 토양을 회복시킨다.

산불이나 산업 활동(공장 배출가스, 광업 등)으로 인해 산림 토양이 산성화되면 식물 생장이 저해되고, 토양 미생물 다양성도 감소한다. 이는 산성비와 황 · 질소 산화물 배출로 pH가 낮아지고, 알루미늄과 중금속 용출이 증가해 생태계 내 양분 불균형이 발생하기 때문이다. 이를 해결하기 위해 석회질 자재(탄산칼슘, 돌가루)를 활용한 토양 중화 작업이 시행되며, 퇴비와 목재 칩 같은 유기 개량제를 추가해 유기물 함량과 미생물 활성을 높이는 방법이 병행된다.

이와 함께, 내산성과 내염성이 강한 식물도 복원에 활용된다. 예를 들어 소나무(Pinus densiflora)는 알루미늄 내성이 높아 산성 환경에서도 잘 자라고, 갈참나무(Quercus aliena)와 황철나무(Betula schmidtii) 역시 낮은 pH에서 생존력이 뛰어나 토양 안정화에 기여한다. 이러한 방식은 토양의 pH 균형을 회복하고 식물의 양분 흡수를 도와, 생태계의 장기적 안정성을 유지하는 데 도움이 된다.

23) 제련소에서 배출되는 대기오염 물질로 인하여 토양이 산성화되면서 1차적으로 산에 있는 나무가 죽고, 산지 토양의 표면이 노출되면서 2차적으로 침식이 발생하고 있다.

토양 복원은 단순한 물리적 조치에 그치지 않고, 생태계와 조화를 이루는 복합 전략이 요구된다. 건강한 토양 생태계를 만들기 위해서는 침식 방지, 유기물 관리, 생물 다양성 증진 등 다양한 접근이 필요하며, 이는 산림 복원의 장기적 성공 가능성을 높이는 데 중요한 역할을 한다.

[그림 2-22] 화산에서 흘러나온 용암 지대에서 식물이 자라나는 모습 (하와이 빅아일랜드)

아이슬란드의 화산 : 생명의 시작

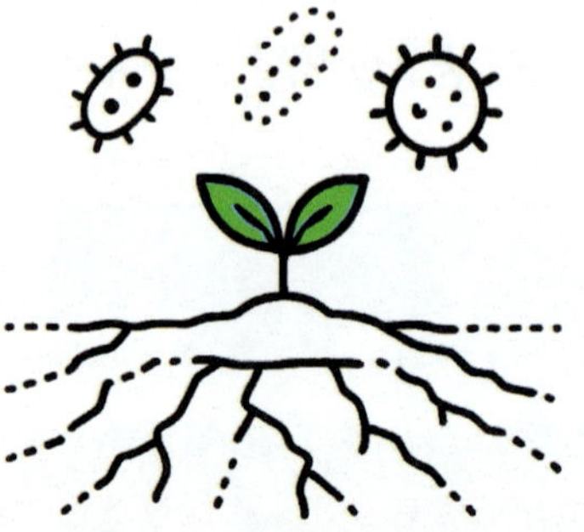

2010년 봄, 아이슬란드의 에이야피야틀라요쿨(Eyjafjallajökull) 화산이 폭발하며 대량의 화산재가 대지를 뒤덮었다. 두꺼운 화산재는 식물 뿌리의 성장을 방해하고, 통기성과 보수력 저하로 토양 생태계를 악화시켰다. 전문가들은 이 지역이 수십 년간 불모지로 남을 것이라 예측했다.

그러나 아이슬란드 정부는 생태복원 프로젝트를 추진하며 반전을 꾀했다. 최대 과제는 산성화되고 무기질이 부족한 토양에서 식물을 다시 정착시키는 것이었다. 연구진은 극한 환경에 견디는 미생물과 식물 종을 실험하고 선별해 복원에 활용했다.

그 결과, 특수 미생물과 식물은 화산재 속에서도 빠르게 자리를 잡았고, 점차 다양한 식물이 뿌리내리며 토양이 안정되었다. 식생은 수분 보존과 유실 방지에 기여했고, 시간이 지나면서 곤충과 조류, 포유류 등도 돌아오며 건강한 생태계가 형성되었다.

이 사례는 자연의 회복력을 보여주는 대표적 성공 모델이다. 자연을 믿고 과학적으로 지원한다면, 파괴된 땅도 되살릴 수 있다는 교훈을 남겼다. 미생물을 활용한 토양 복원은 향후 유사한 재해 지역에 적용할 수 있는 중요한 전략이 될 수 있다.

▷ 물 : 수자원 복원을 통한 생태계 순환 회복

산림 생태계에서 물은 생명유지의 기본 조건이자, 건강한 숲을 지탱하는 핵심 요소다. 그러나 물은 너무 많아도, 너무 적어도 문제가 된다. 집중호우는 산림과 산지를 훼손하고, 반대로 물 부족은 숲의 회복을 더디게 만든다.

훼손된 지역에서는 물의 흐름이 불규칙해지며 가뭄과 홍수 피해가 반복된다. 이를 해결하기 위해 하천과 습지를 복원하고, 물이 순환하는 자연스러운 흐름을 회복하는 것이 필요하다. 안정된 물순환 체계는 숲의 회복뿐 아니라 기후변화 완화, 생물다양성 증진, 수질 정화에도 긍정적인 영향을 준다.

빗물이 지표면을 따라 빠르게 흘러나가면 지하수가 줄고, 하천은 쉽게 고갈되거나 오염될 수 있다. 건조한 환경은 식생 회복을 더 어렵게 만든다. 이에 따라 습지 조성, 생태하천 복원, 산불 피해지의 계류 정비 등 다양한 복원 전략이 활용되고 있다.

또한 물을 머금고 조절할 수 있는 구조물도 함께 도입된다. 등고선에 따라 구덩이를 파거나, 임시 저류지와 정화 습지를 설치하는 방식은 토양 내 수분을 유지하고 집중호우 시 피해를 줄이는 데 효과적이다. 이처럼 수자원 복원은 단순한 기술이 아니라, 숲과 생태계 전반의 회복력을 높이는 중요한 기반이 된다.

[그림 2-23] 산불피해지에서 빗물의 이동을 측정하는 시험연구 사례(동해시)

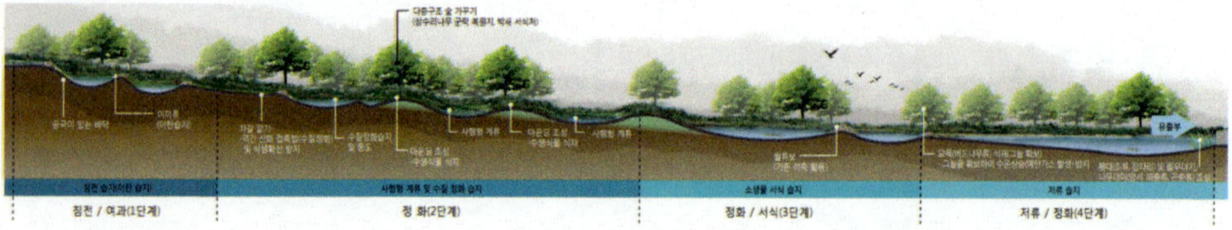

[그림 2-24] 산지에서 수자원 확보를 위한 다단계 저류가 가능한 계류 복원 계획

산림과 연계된 계류 복원은 물의 흐름을 안정시키고 수질 정화 기능을 강화하는 중요한 전략이다. 산지 계류 주변의 토양 침식을 막기 위해 식생을 복원하고, 산림 습원을 조성해 표면수와 지하수의 흐름을 조절하는 방식이 적용된다.

특히 낙엽과 유기물이 풍부한 산림습원은 계류로 유입되는 영양물질을 조절하고, 미세 서식지를 제공해 생물다양성을 높이는 데 기여한다. 이러한 생태공학적 접근은 비점오염원 저감, 퇴적물 안정화, 계류 및 하류 생태계 보호 효과를 동시에 기대할 수 있다.

산림 복원에서의 물 관리는 단순한 수자원 확보를 넘어 수생 생태계 회복, 생물다양성 증진, 기후변화 대응까지 포괄하는 다목적 전략으로 발전하고 있다.

이러한 통합적 복원은 단순한 인프라 조성이 아니라, 산림 생태계의 순환 원리를 기반으로 설계되어야 한다. 산림습원과 계류 복원이 결합되면 수질 정화, 홍수 완화, 지하수 충전, 서식지 제공 등 다양한 이점이 동시에 발생하며, 장기적 생태계 회복에 크게 기여할 수 있다.

산불은 무조건 나쁜 걸까?

산불은 흔히 재앙으로 인식되지만, 자연은 오랜 시간 불과 공존해왔다. 일부 숲은 오히려 산불 이후 더 건강하고 다양한 생태계로 회복되기도 한다.

이처럼 일정한 조건 아래에서 산불은 단지 파괴가 아니라 회복과 재생의 도구가 될 수도 있다. 과학자들은 이를 '회복의 불'(restorative fire) 또는 '생태적 불'(ecological fire)이라고 부른다. 예를 들어, 북미의 로지폴 소나무(Pinus contorta)와 잭 소나무(Pinus banksiana)는 솔방울이 단단하게 닫혀 있다가 산불의 뜨거운 열을 받아야만 열리게 된다. 불이 지나간 후에야 비로소 씨앗이 땅에 떨어지고, 햇빛이 닿는 열린 공간에서 새로운 생명이 자란다.

또한, 산불은 숲속에 쌓인 낙엽, 잡초, 작은 관목들을 태워버리면서 빛이 지면까지 도달하게 하고, 토양 내 씨앗이 발아하기 좋은 조건을 만들어 준다. 불이 지나간 자리에는 오히려 새로운 생명들이 빠르게 뿌리를 내리고, 다양한 종이 자리를 잡는 경우도 있다. 일부 곤충이나 조류, 식물들 중에는 이런 '불 이후'의 환경을 필요로 하는 종들도 존재한다.

그러나 최근 기후변화와 인간 활동으로 발생하는 대형 산불은 너무 넓은 지역을 자주 태워 생태계 회복을 어렵게 만들고, 사막화나 생물종 감소로 이어질 수 있다. 산불의 영향은 시기, 빈도, 규모에 따라 다르다. 자연의 작은 불은 생태 순환의 일부이지만, 통제되지 않은 인위적 산불은 생태계에 큰 피해를 준다.

중요한 것은 불과 자연의 관계를 이해하고, 산불을 무조건적으로 나쁘다고 보기보다는 생태계 내에서의 역할을 성찰하는 시선이다.

▷ 나무 : 생태적 조림과 자연 복원을 통한 숲 회복

나무를 심는 것은 숲 복원의 기본적인 과정이지만, 단순히 많은 나무를 심는 것이 아니라, 해당 지역의 환경과 생태적 특성에 맞는 수종을 선택하고 자연적인 복원 과정과 조화를 이루는 것이 중요하다. 효과적인 산림 복원을 위해서는 나무를 단순한 조림 대상이 아니라, 생태계를 구성하는 중요한 요소로 고려해야 한다.

산림 복원 과정에서 가장 중요한 원칙은 해당 지역에 적합한 자생 수종을 우선적으로 식재하는 것이다. 이는 복원된 숲이 기존 생태계와 자연스럽게 통합되도록 돕고, 장기적인 생태적 안정성을 확보하는 데 필수적인 전략이다. 이 과정에는 주변에 남아 있는 좋은 숲, 즉 참조생태계의 구조와 기능을 토대로 복원 계획를 수립한다.

예를 들어, 백두대간보호지역과 민북지역에서는 주변의 숲 생태를 모델로 삼아, 소나무, 단풍나무, 참나무류 등 자생종을 중심으로 복원이 이루어지고 있다. 이러한 방식은 기존 생태적 맥락을 유지하면서도, 복원된 숲이 해당 지역의 기후와 토양에 적응할

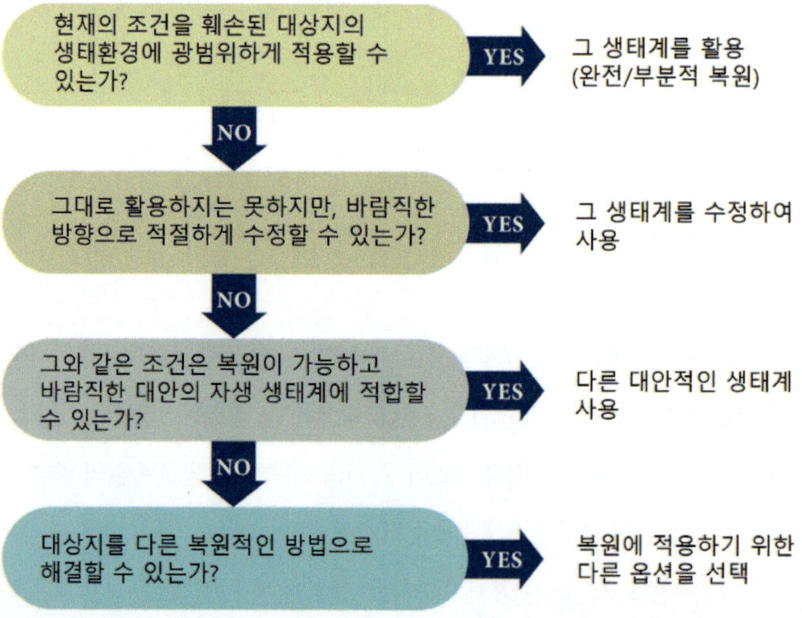

[그림 2-25] 복원에 있어서 참조생태계를 활용하는 프로세스

수 있도록 돕는다.

한때는 경제성을 우선해 단일 수종을 대규모로 조림하는 방식이 널리 사용되었지만, 이는 생물다양성 감소와 병충해에 취약한 숲을 초래했다. 단일 수종 숲은 목재 생산에는 유리하더라도, 생태적 균형을 깨뜨리고 탄소 흡수나 수자원 조절 기능을 약화시킬 수 있다.

이러한 한계를 극복하기 위해 최근에는 여러 수종을 혼합해 심는 혼효림 방식이 확대되고 있다. 이는 생물다양성을 높이고, 숲의 회복력과 적응력을 강화하는 효과적인 방법으로 주목받고 있다.

일부 지역에서는 인위적 조림보다 자연회복을 유도하는 방식이 더 효과적일 수 있다. 자연회복은 남아 있는 식물과 씨앗을 활용해 숲이 스스로 복원되도록 돕는 방법으로, 토양이 건강한 지역에서 특히 적합하다. 이 방식은 인간의 개입을 최소화하며, 특히 종 다양성이 높은 열대림이나 온대림에서 장기적 생태 안정성을 확보하는 데 효과적이다.

[그림 2-26] 낙엽층을 덮어주는 방식으로 숲 복원을 유도하는 과정
(백두대간 작점고개 생태축 복원사업)[24]

24) 백두대간 작점고개에 설치된 생태축 복원현장으로, 주변 산지에서 낙엽층을 긁어 모아 복원지에 덮어 주었으며, 토양내에 함유되어 있는 씨앗(매토종자)에 의해 다양한 식생이 자연적으로 복원이 되고 있다. 이는 직접 묘목을 식재하거나 종자를 파종하지 않는 '식생유도공'의 방법이며, 외부 식물을 인위적으로 도입하지 않고 현지의 유전자원을 활용하는 방식으로 사용된다.

산림 복원은 단순한 환경적 노력에 그치지 않고, 지역 주민들의 경제적 · 사회적 참여와 연계될 필요가 있다. 예를 들어, 탄자니아의 키바하(Kibaha) 지역에서는 지역 주민들이 직접 참여하는 조림 사업이 진행되었으며, 이를 통해 생태복원뿐만 아니라 지역 경제 활성화에도 기여할 수 있었다. 이와 같은 접근법은 지역사회의 자율성을 높이고, 복원된 숲을 지속적으로 관리하는 동기를 제공할 수 있다. 전세계적으로 주민 참여형 산림 복원 프로그램이 확대되고 있으며, 지속 가능한 산림 관리를 위한 협력 체계를 구축하고 있다.

제주 곶자왈 복원 프로젝트는 지역의 생태적 특성을 고려한 성공적인 복원 사례로 평가받는다. 이 프로젝트에서는 제주 고유의 식물을 활용해 숲의 생태적 균형을 회복하는 방식이 적용되었으며, 생물다양성 증진과 토양 및 수자원 관리 측면에서 긍정적인 효과를 거두고 있다. 일본의 모리노 프로젝트 역시 지역에서 자생하는 나무를 심어 자연적으로 숲이 확장되도록 유도하는 방식으로 진행되고 있다. 이 프로젝트는 단순히 나무를 심는 데 그치지 않고, 숲 자체가 스스로 생명을 키울 수 있는 환경을 조성하는 데 초점을 맞추고 있다.

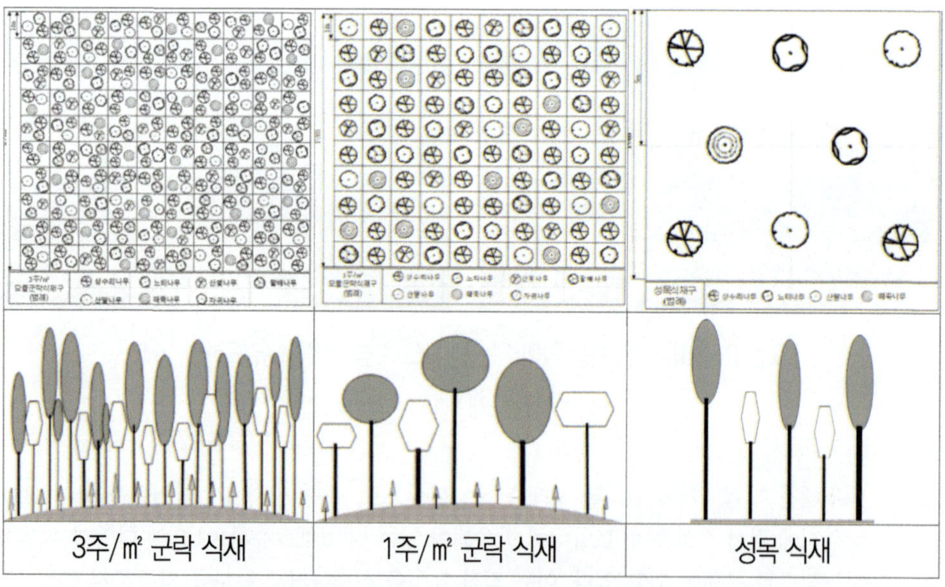

[그림 2-27] 자연림 모듈식재 시험연구 개념도(전남 화순)

(자료 : 한국산지보전협회, 2021)

산림 복원은 단순한 조림 사업이 아니라, 생태적 균형을 고려한 통합적인 접근이 필요하다. 단기적인 목재 생산이나 탄소 흡수량 증가만을 목표로 하기 보다는, 생태적 지속 가능성을 고려한 복원 전략을 수립해야 한다. 이를 위해 각 지역의 기후, 토양, 생물다양성을 종합적으로 분석하고, 자연적인 회복 과정을 지원하는 방식이 요구된다.

○ 숲 복원의 조화 : 흙, 물, 나무가 함께

숲 복원의 핵심은 흙, 물, 나무가 유기적으로 상호작용하는 생태적 균형을 되찾는 것이다. 건강한 토양은 나무 뿌리의 성장을 돕고, 나무는 다시 토양을 고정하고 수분 유지에 기여한다. 물의 순환은 침식을 막고, 식물 생장에 필요한 수분과 영양분을 공급한다. 이 세 요소가 조화를 이루며 숲은 점차 회복되고 생물다양성도 증진된다.

이러한 생태 통합을 실현한 대표 사례가 네덜란드의 와덴해(Wadden Sea) 복원 프로젝트다. 갯벌과 숲 복원을 연계해 물 순환과 탄소 흡수를 강화하고, 기후변화 대응과 생물다양성 보전을 함께 추구한 이 모델은 생태계 기능 회복의 중요성을 잘 보여준다.

산림 복원 역시 토양, 수자원, 식생이 하나의 시스템으로 작동해야 한다. 건강한 숲을 만들기 위해선 우선 양질의 토양과 원활한 물의 순환을 확보하고, 지역 환경에 적합한 수종을 선택해 조림해야 한다. 단기 성과보다는 생태계가 스스로 복원력을 회복하도록 장기적 관점에서 접근하는 것이 중요하다.

우리나라에서도 백두대간, 민북지역, 도서 및 섬 지역을 중심으로 산림청이 다양한 복원 사업을 추진 중이다. 이들 사업은 단순한 조림을 넘어 과학적 방법론을 적용해 생태계 전체 회복을 목표로 하며, 최근에는 지역사회와 협력해 복원의 지속 가능성을 높이려는 시도가 확산되고 있다.

생태복원의 길잡이, 참조생태계!

참조생태계(reference ecosystem)는 복원 대상지의 본래 생태 특성을 이해하고 복원 목표를 설정하는 데 중요한 기준점이다. 이는 유사한 환경에서 건강하게 유지되는 생태계를 말하며, 식생 구성, 생물다양성, 물질 순환, 토양·수문 특성 등 다양한 생태 정보를 제공한다.

하지만 참조생태계 활용에는 한계도 있다.

첫째, 훼손된 지역에 이를 그대로 적용하기 어렵다. 기후, 토양, 생물 분포 등이 변했고, 인간 간섭도 커 동일한 생태 조건을 재현하기 힘들다.

둘째, 생태계는 고정된 것이 아니라 기후변화, 외래종, 토지 이용 등에 따라 변화하는 동적 시스템이라는 점이다. 어느 시점을 기준으로 삼을지 논쟁이 있다.

셋째, 과거 생태 정보가 부족한 지역은 참조 모델 설정 자체가 어렵다. 이 경우 인근 유사 생태계나 현장의 잔존 요소를 분석해 복합적인 모델을 설정해야 한다.

결국 참조생태계는 복원의 기준점이지만, 고정된 정답이 아니라 변화된 조건과 미래 지속 가능성을 고려한 유연한 전략이 필요하다. 생태복원은 과거로의 회귀가 아닌 미래를 준비하는 순응관리(adaptive management)로 나아가야 하며, 참조생태계는 그 방향을 제시하는 나침반이다.

7.3 숲 복원이 탄소중립과 생물다양성에 미치는 영향

산림은 탄소를 흡수하고 저장하며, 생물다양성을 유지하는 중요한 생태계이다. 그러나 기후변화와 인간 활동으로 인해 많은 숲이 훼손되면서, 탄소 배출이 증가하고 생물다양성이 급격히 감소하고 있다. 이에 대한 해결책으로 산림 복원은 탄소중립 목표 달성, 생물다양성 증진, 기후변화 완화에 기여할 수 있는 중요한 수단으로 주목받고 있다.

○ 탄소중립과 산림의 역할 : 탄소 흡수원 기능

산림은 광합성을 통해 이산화탄소(CO_2)를 흡수하고 토양과 나무에 저장하는 자연적 탄소 흡수원으로, 기후변화 완화에 핵심적 역할을 한다. 전 세계적으로 산림 복원을 통해 연간 약 5 ~ 7Gt의 CO_2 감축이 가능하며, 이는 전체 배출량의 약 15%에 해당하는 규모다(World Resources Institute).

그러나 산림이 훼손되면 저장된 탄소가 대기 중으로 방출돼 기후변화를 가속화한다. 아마존 열대우림은 한때 세계 최대 탄소 흡수원이었으나, 과도한 벌목과 산불로 일부 지역이 오히려 탄소 배출원으로 바뀌었다.

탄소중립(Net-Zero)을 실현하기 위해 산림 복원은 필수 전략으로, 각국은 이를 위한 정책을 적극 추진 중이다. 한국 정부도 '2050 탄소중립 로드맵'에서 산림 복원을 핵심 과제로 설정하고, 지속 가능한 산림 경영을 통해 장기적 탄소 흡수원을 구축하고 있다.

또한 도시 차원에서도 도시숲 조성, 생활권 녹지 확대, 가로수 네트워크 강화 등을 통해 탄소 흡수 능력을 높이고, 도시 기후와 환경을 개선하는 복원 정책이 추진되고 있다.

산림을 활용한 탄소중립 정책은 단순한 조림 사업을 넘어서, 기후변화 대응과 생태계 복원을 아우르는 종합적인 접근이 요구된다. 이를 위해 ▲지역 생태계에 적합한 자생 수종 중심의 복원 ▲산불 및 병충해 관리를 통한 탄소 배출 최소화 ▲탄소 저장 능력이 높은 산림 관리 기술 도입이 중요하다.

앞으로는 정부, 민간, 지역사회가 협력해 지속 가능한 산림 경영과 탄소중립 실현을 위한 정책 기반을 함께 마련해야 하며, 이를 통해 탄소중립 사회로의 전환을 앞당길 수 있다.

[그림 2-28] 현지의 산림표토를 활용한 산림생태복원공법 적용 사례
(향로봉 군사시설 철거지의 복원)

○ 생물다양성 증진 : 야생 생물 서식지 제공

산림은 지구 생물의 약 80% 이상이 서식하는 핵심 생태계로, 건강한 숲은 생물다양성을 유지하고 확장하는 데 필수적이다. 반면 산림 훼손은 많은 동식물의 서식지를 파괴해 개체군 감소와 멸종을 초래한다. 이에 따라 산림 복원은 생태계 회복과 야생

생물 서식지 제공을 통해 생물다양성을 높이는 중요한 수단이 되고 있다.

국내 사례로는 DMZ(비무장지대) 일원 복원이 대표적이다. 오랜 기간 인간의 간섭이 적었던 이 지역은 멸종위기종을 포함한 다양한 생물이 서식하는 국내 최대의 생물다양성 보존 구역으로 자리 잡았다. 또한 순천만 갯벌 복원은 농경지, 갈대 군락, 염습지를 복원해 해안 생태계의 다양성과 탄소 저장 능력을 높였다.

국제적으로도 산림 복원을 통한 생물다양성 증진 사례가 다양하게 진행되고 있다. 브라질의 대서양 숲 복원 프로젝트가 대표적이다. 약 10만 헥타르의 열대우림을 복원하여 멸종위기종 보호와 탄소 흡수 확대라는 두 가지 목표를 달성했다. 일본의 모리노 프로젝트는 자생 수종을 중심으로 자연 확장을 유도해 생물다양성 보전과 기후변화 대응에 기여하고 있다.

이처럼 산림 복원은 환경 보호를 넘어 생태계 건강성과 기후위기 대응에 이바지하는 핵심 전략이다. 앞으로도 과학적 기반과 정책적 지원을 통해 지속 가능한 복원 모델을 구축함으로써, 인간과 자연이 조화롭게 공존하는 환경을 실현해 나가야 한다.

○ 지속 가능한 산림 복원의 방향

산림 복원은 단순히 나무를 심는 것에 그치지 않고, 탄소중립 실현과 생물다양성 보전, 기후변화 완화 등 복합적인 환경 문제를 해결하기 위한 전략적 접근이 요구된다. 이를 위해서는 생태계의 자생력을 높이고, 지역사회와 기술을 연계한 통합적 관리 체계를 마련하는 것이 핵심이다.

자연기반해법의 확대는 생태계가 스스로 회복할 수 있는 기반을 마련하는 데 중요한 역할을 한다. 산림과 더불어 습지, 하천 등 주변 생태계와의 연결성을 강화하면 탄소 흡수력과 생태적 복원력을 동시에 높일 수 있다. 자연은 연결될 때 더 큰 회복력을 발휘한다.

복원의 지속성을 위해서는 지역 주민의 참여가 필수적이다. 생태관광, 지속 가능한 임업, 지역 특화 산업과 연계된 복원 프로그램은 주민들에게 경제적 이익과 환경 보호의 가치를 동시에 제공하고, 숲에 대한 주인의식을 형성해 장기적 관리로 이어질 수 있다.

또한, 위성 영상, 드론, 인공지능 등 스마트 기술을 활용해 산림의 변화, 탄소 흡수량, 생물다양성 지표를 실시간으로 모니터링하고, 이에 따라 복원 전략을 정밀하게 설계하는 접근도 요구된다. 기술은 복원의 눈과 손이 되어 복원 과정을 과학적으로 뒷받침한다.

무엇보다 산림 복원은 일회성 사업이 아닌 장기적인 과정이라는 인식이 필요하다. 복원 이후에도 모니터링과 순응관리 등을 통해 숲의 생태 기능이 안정적으로 유지되도록 해야 하며, 특히 기후변화 대응, 외래종 관리, 토양 개선 등의 이슈는 지속적으로 고려되어야 한다.

8장. 도시 속 자연을 되돌리다

도시는 인간의 삶을 편리하게 만들었지만, 급격한 도시화와 개발로 인해 자연이 사라지면서 대기 오염, 열섬 현상, 홍수 위험 증가, 생물다양성 감소 등 다양한 환경 문제가 발생하고 있다. 이는 도시 거주민의 건강과 삶의 질에도 영향을 미치며, 특히 불투수면 증가로 인해 빗물의 자연 순환이 차단되어 홍수와 물 부족 문제가 심화되고, 기후변화와 맞물려 그 영향은 더욱 커지고 있다.

이러한 문제를 해결하기 위해 도시에서는 자연을 되돌리는 다양한 시도가 이뤄지고 있다. 도시 생태계 복원이 주목받는 가운데, 그린 인프라와 녹지 공간은 공기 정화, 온도 조절, 시민의 삶의 질 개선 등에서 긍정적 역할을 한다. 도시 생태계 복원은 환경 보호를 넘어 기후변화 대응과 사회적 건강 증진을 위한 전략으로 발전하고 있으며, 생태적 가치는 물론 경제적 · 심리적 측면에서도 지속 가능한 해법으로 평가받고 있다.

8.1 도시 생태계를 복원하는 새로운 시도

도시는 산업화와 도시화로 인해 자연환경이 급격히 변화한 공간으로, 높은 인구 밀도와 인공 구조물의 확산은 도시 생태계를 심각하게 훼손시켰다. 이러한 변화는 기후변화와 맞물려 열섬 현상, 홍수, 대기 오염 등 다양한 환경 문제를 초래하고 있다. 이를 해결하고자 전 세계적으로 도시 생태계 복원이 활발히 추진되고 있으며, 이는 단순한 환경 보호를 넘어 지속 가능한 도시 발전과 기후변화 대응을 위한 필수 전략으로 인식되고 있다.

도시 생태계 복원은 단순한 녹지 확대를 넘어, 열섬 현상 완화, 홍수 방지, 대기 질 개선, 생물다양성 보전 등 실질적인 환경 효과를 제공하는 방향으로 이루어져야 한다. 최근에는 이러한 문제에 대응하기 위한 정책과 연구가 활발히 진행되고 있으며, 자연기반해법이 효과적인 대안으로 주목받고 있다. 국내에서도 환경부와 지자체를 중심으로 도시 생태축 복원사업이 본격화되며, 도시 환경 개선과 지속 가능한 미래 구축의 기반이 마련되고 있다.

○ 도시 생태계의 중요성과 도전 과제

도시는 인공 구조물이 밀집된 공간으로, 생태계 기능이 약화되며 열섬 현상, 홍수, 대기 오염, 생물다양성 감소 등 다양한 환경 문제가 나타난다. 도심은 아스팔트와 콘크리트로 인해 평균 기온이 2 ~ 4℃ 높아지며, 이는 폭염과 에너지 소비를 심화시킨다. 반면, 녹지와 수변 공간은 기온을 낮추는 효과가 있어 열섬 완화에 유효하다.

또한, 도시의 불투수면 증가는 빗물 침투를 막아 집중호우 시 침수 피해를 초래한다. 생태형 저류지, 빗물 정화 습지, 녹지 확대 등은 홍수 예방에 효과적이다. 도시의 대기 질 역시 산업과 교통 밀집으로 악화되며, 녹지 부족은 정화 기능을 약화시킨다. 이를 개선하기 위해 도시 내 수목 식재와 녹지 조성이 필요하다.

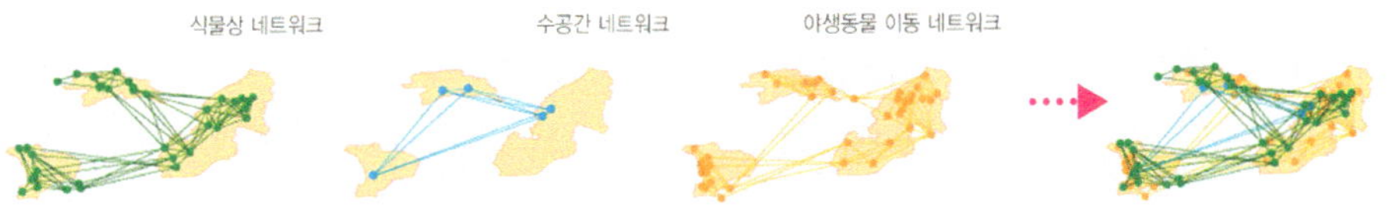

[그림 2-29] 생태복원 계획단계에서 다양한 연결성을 검토하는 과정

도시화는 자연 서식지를 축소시켜 꿀벌, 나비, 조류 등 주요 생물종의 서식처를 위협한다. 이에 따라 도시 생태축 복원, 생태공원 조성, 하천 복원, 생태통로 설치 등 생물다양성을 위한 공간 확보 노력이 요구된다.

최근 '축의 연결' 개념이 도시 생태계 복원에서 주목받고 있다. 도시 생태축은 시·군·구 등 도시 지역에서 생태적 가치와 생물다양성을 보호하기 위해 주요 생태지역을 보전하고, 이를 서로 연결하거나 복원해 녹지의 파편화를 줄이는 물리적 연결 체계를 의미한다.

도시 생태축은 산림녹지축, 하천습지축, 기타 생태축으로 구분된다. 기타 생태축은 지역의 특성과 여건에 따라 연안갯벌축, 자연경관축, 가로녹지축 등으로 설정할 수 있다. 이러한 축의 설정은 도시 생태계의 연속성과 건강성을 회복하는 데 중요한 기반이 된다.

도시 생태축 복원은 녹지, 하천, 습지 등 다양한 자연 요소를 유기적으로 연결해 생태계의 연속성을 회복하는 과정이다. 이러한 복원은 도시 기후 문제를 완화하고 생물다양성을 증진시키는 데 중요한 역할을 한다. 최근 한국의 여러 지방자치단체는 이러한 생태축 복원에 적극 나서고 있다.

[표 2-1] 도시 생태축 구성 요소[25)]

구분	주요내용
핵심지역	• 인간의 간섭과 오염이 거의 없는 질 높은 생태계 지역이자 다양한 생물이 서식하는 대규모 공간 • 야생동물들의 번식, 먹이 확보, 휴식을 위한 장소인 동시에 필요한 경우 긴급 피난처로서의 역할을 수행함
거점지역	• 자연복원 및 창출의 잠재력이 높은 지역 • 생물의 소규모 서식지이자 분포영역을 확대하는 역할을 수행함
연결지역	• 떨어져 있는 핵심지역과 거점지역을 연결하는 선형의 지역 • 서식생물들의 유전자 교류 및 피난 통로역할을 하며 연결기능을 훼손하지 않는 범위에서 도시민의 휴양공간으로서 기능을 함
완충지역	• 핵심(거점)지역이나 연결지역을 둘러싼 지역 • 개발에 따른 훼손이나 영향을 줄일 수 있는 충분한 범위나 폭으로 설정함

서울시는 공원과 하천을 연결하는 생태축 사업을 통해 도심 내 녹지 네트워크를 확장하고 있으며, 이는 기후 조절과 생태계 복원 효과를 동시에 기대할 수 있는 접근이다. 부산시는 '바이오필릭 시티 네트워크'에 가입해, 자연과 조화를 이루는 도시 환경을 조성하는 데 주력하고 있다. 해상도시 연구나 자급자족형 도시 생태계 구축 등 미래지향적인 모델도 함께 추진 중이다.

수원시의 광교호수공원은 도시 개발로 훼손된 생태계를 성공적으로 복원한 사례다. 광교물순환센터를 통해 하루 수만 톤의 물을 정화해 수질을 개선하고, 인공 구조물 설치를 최소화해 자연 친화적인 환경을 조성했다. 현재 이곳은 수도권을 대표하는 생태녹지이자 연간 수십만 명이 찾는 여가 공간으로 자리 잡았다.

25) 환경부(2019)의 "도심내 맞춤형 생태복원 모델개발 및 복원사업 성과분석 연구"에서 재인용.

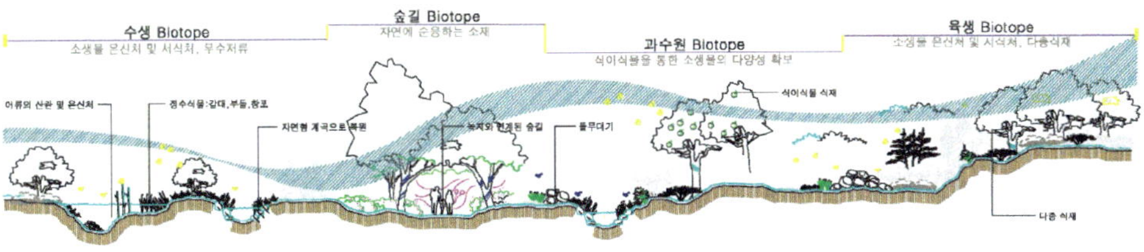

[그림 2-30] 도심지에 위치한 생태숲 조성 개념도[26)]

○ 도시 생태계를 되살리는 주요 전략

도시 생태계 복원은 단순히 녹지를 늘리는 것을 넘어, 자연의 기능을 적극 활용하는 통합적 접근이 필요하다. 주요 목표는 열섬 현상 완화, 홍수 방지, 대기 질 개선, 생물다양성 증진이며, 이를 위해 세계 각국의 도시들이 자연기반해법을 도입하고 있다.

첫 번째 전략은 빗물 정원과 생태 습지의 조성이다. 빗물 정원은 비가 올 때 물을 저장하고 서서히 배출해 침수를 줄이고 토양의 수분을 유지한다. 도심 도로와 건물 주변에 설치하면 도시 배수 능력을 개선할 수 있다. 생태 습지는 빗물과 오수를 정화하고, 다양한 수생 생물의 서식처를 제공해 생물다양성 회복에도 기여한다.

두 번째 전략은 도시 내 생물다양성 회복이다. 도심은 서식지 단절로 인해 생물 다양성이 줄어드는 문제가 발생한다. 이를 해결하기 위해 공원, 가로수, 녹지 공간을 활용해 야생 생물의 서식처를 확보하고, 지역 특성에 맞는 자생식물을 도입해 서식 환경을 복원해야 한다. 서울시는 '도시 생태숲 프로젝트'를 통해 이러한 노력을 적극적으로 추진 중이다.

세 번째는 하천과 습지 복원이다. 콘크리트로 덮인 하천을 자연형으로 되돌리면 수질이 개선되고 수생 생태계가 살아난다. 독일 이자르강 복원은 생태계 회복의 대표 사례이며, 서울 청계천 복원도 도시 미기후 조절과 생물 서식지 확보 측면에서 긍정적인 효과를 보여주었다.

---

26) 도시에 위치한 숲의 경우 생태적인 측면과 다양한 환경서비스를 제공해줄 수 있는 이용적인 측면을 동시에 고려하여 조성해주는 것이 바람직하다.

네 번째는 도시 숲 확대를 통한 탄소중립 실현이다. 도로변, 옥상, 벽면 등 다양한 공간에 수목을 식재하면 탄소 흡수량이 증가하고, 여름철 기온을 낮추는 효과도 얻을 수 있다. 싱가포르는 '그린마크 인증(Green Mark Certification)' 정책을 통해 건물 벽면과 옥상을 녹지화하는 노력을 기울이고 있으며, 이를 통해 열섬 효과를 완화하는 데 성공하고 있다.

마지막으로, 생태축 복원을 통한 도시 녹지 연결이 있다. 도시 공간은 도로와 건물로 인해 녹지가 단절되기 쉬운데, 공원과 하천, 숲을 유기적으로 연결하면 생물의 이동 경로가 확보되고 생태계 연속성이 유지된다. 서울시는 북한산과 남산을 잇는 생태축 복원 사업을 통해 도심 내 생태 흐름을 회복시키려고 노력하고 하고 있다.

이처럼 도시 생태계 복원은 단순한 환경 정비가 아니라, 도시의 회복력과 기후 대응력을 높이는 핵심 전략이다. 자연기반해법을 중심으로 한 복원 정책은 지속 가능한 도시 미래를 여는 열쇠가 되고 있다.

[그림 2-31] 다양한 벽면녹화 시공 사례

[그림 2-32] 도심지내 인공구조물의 외관을 초본 식물로 녹화한 사례

앞으로는 자연과 조화를 이루는 도시 설계, 그린 인프라 확대, 생태적 가치를 반영한 개발 정책이 더욱 중요해질 것이다. 특히 한국을 비롯한 여러 국가는 도시 생태축 복원을 통해 기후변화에 효과적으로 대응하고 생물다양성 보전을 강화할 필요가 있다.

두꺼비의 길을 터주다

봄이면 대전 방동저수지 인근에는 해 질 무렵 수천 마리의 두꺼비가 산란지를 향해 이동하는 특별한 풍경이 펼쳐진다. 하지만 도로와 건물로 인해 이동 경로가 막히며 로드킬과 서식지 단절 문제가 이어져 왔다.

이에 환경부와 대전시는 생물이동통로와 유도 울타리를 설치해 두꺼비들이 안전하게 이동할 수 있도록 조치했다. 이 덕분에 두꺼비는 도로를 건너지 않고 생태통로를 통해 저수지에 도달하게 되었고, 이는 지역 생태계에도 긍정적인 영향을 주었다.

2025년에는 이 사업이 더욱 확대되어, 대전시는 이동통로 효과를 분석하고 추가적인 생태복원사업을 추진 중이다. 이는 단순한 보호를 넘어 도심 생물다양성 증진과 지속 가능한 도시 생태계 구축으로 이어지고 있다.

비슷한 사례는 호주의 크리스마스섬에서도 볼 수 있다. 매년 5천만 마리의 붉은 게(Red Crabs, Gecarcoidea natalis)가 번식을 위해 해안으로 이동하며 도로를 횡단하던 중 사고 위험에 노출되었으나, 호주 정부는 생태통로와 터널, 유도 울타리를 설치해 안전한 이동을 유도했다. 이로써 붉은 게 개체군과 섬의 독특한 생태계가 효과적으로 보호되고 있다.

이처럼 생물의 이동 경로를 보호하는 것은 특정 종을 넘어 생태계의 건강성을 지키는 중요한 전략이다. 두꺼비와 붉은 게 사례는 도시와 자연이 공존할 수 있는 생태 기반 도시의 가능성을 보여준다.

8.2 그린 인프라와 녹지 공간이 바꾸는 도시의 모습

그린 인프라(Green Infrastructure)는 기존의 회색 인프라(Grey Infrastructure)와 구별되는 개념으로, 콘크리트 구조물이나 인공 배수 시스템에 의존하는 전통적인 도시 개발 방식에서 벗어나, 자연의 기능을 도시 안에 통합하려는 접근이다. 공원, 하천, 습지, 도시 숲 등 자연 요소를 활용하여 도시 생태계의 기능을 회복하고, 물 순환, 열섬 현상 완화, 대기 질 개선, 생물다양성 보전 등 다양한 환경적 혜택을 제공한다. 이러한 인프라는 단순히 도시를 아름답게 만드는 것을 넘어서, 기후변화 대응과 생태계 건강 증진, 도시민의 삶의 질 향상 등 복합적인 효과를 기대할 수 있다.

○ 그린 인프라란 무엇인가?

현대 도시는 기후변화, 환경오염, 생물다양성 감소 등 복합적인 환경 문제에 직면해 있다. 높은 인구 밀도와 인공 구조물의 증가로 도심 기온이 상승하고(열섬 현상), 대기 오염과 홍수 위험도 심화되고 있다. 이러한 문제를 해결하기 위한 대안으로 주목받는 것이 바로 '그린 인프라'다.

그린 인프라는 자연의 기능을 도시 설계에 반영해 환경 회복력과 지속 가능성을 높이려는 전략이다. 기존의 콘크리트 기반 인프라와 달리, 녹지 · 하천 · 습지 등 생태 요소를 통합하여 도시의 기후 조절, 수질 정화, 생물다양성 보전에 기여하는 것이 특징이다.

그린 인프라가 적용되는 주요 요소는 다음과 같다.

첫째, 도시 숲과 녹지 공간 조성이다.

도시 내 숲과 공원은 단순한 휴식 공간을 넘어 공기 정화, 기온 조절, 생물 서식지 제공 등의 생태 기능을 수행한다. 녹지가 늘면 여름철 기온이 평균 2℃ 낮아지고, 미세먼지 농도도 줄어드는 효과가 있다.

서울시는 '2030 도시 숲 조성 계획'에 따라 도로변과 공공부지에 녹지를 확충 중이며, 뉴욕시는 '밀리언트리 프로젝트'를 통해 100만 그루의 나무를 심고 공기질 개선, 탄소 흡수, 에너지 절감 효과를 유도했다.

둘째, 도시 생태하천 및 습지 복원이다.

콘크리트로 덮인 도시 하천은 물순환을 방해하고 생태 기능을 저해한다. 이에 따라 세계 여러 도시에서는 하천과 습지를 자연형으로 복원하는 사업을 추진하고 있다.

서울 청계천은 2005년 복원 이후 생태 건강성이 회복되고, 수질 개선, 생물다양성 증가, 도심 온도 하향, 지역 경제 활성화 등의 효과를 보였다.

[그림 2-33] 청계천의 현재 모습

셋째, 빗물 정원 및 투수성 포장 기술을 활용하는 것이다.

기존의 도시 구조에서는 빗물이 빠르게 배수되면서 지하수 보충이 어려워지고, 집중호우 시 도로 침수가 자주 발생한다. 이를 해결하기 위해 빗물 정원과 투수성 포장

기술이 적용되고 있다.

미국 필라델피아는 2011년부터 '그린 시티, 클린 워터(Green City, Clean Waters)' 프로그램을 통해 회색 인프라 대신 자연 기반 해법을 적용하고 있으며, 도심 곳곳에 빗물 정원과 녹지를 조성해 연간 약 11억 리터의 오염된 빗물 유출을 차단하고 하천 수질을 개선하는 성과를 거두고 있다.

싱가포르는 연중 비가 많이 내리는 기후적 특성에 대응하기 위해 'ABC(Active, Beautiful, Clean) Water Programme'을 운영하고 있다. 이 프로그램은 도시 내 다양한 수변 공간을 친환경적으로 재구성하여 물 순환을 개선하고, 도시민의 삶의 질을 높이기 위한 접근이다. 일부 지역에서는 강우 유출량을 최대 35% 줄여 홍수 완화와 지하수 재충전에 기여하고 있다.

[그림 2-34] 싱가포르(좌)와 홍콩(우) 도심지에 조성한 습지 생태공원

넷째, 옥상 및 벽면 녹화를 통해 건물 외벽과 지붕에 녹지를 조성하는 것이다.

건물 옥상과 외벽에 녹지를 조성하면 도심 기온을 낮추고 에너지 소비를 줄이는 효과가 있다.

독일 베를린은 신축 건물에 옥상녹화를 의무화하고, 벽면녹화도 행정적으로 지원하고 있다. 이로 인해 냉·난방 에너지 절감, 빗물 유출 저감, 생물 서식지 제공 등 다양한 생태적 효과가 나타나고 있으며, 도시 기후 회복력 향상에도 기여하고 있다.

멧돼지와의 동거 : 가능할까?

최근 도심과 마을 근처에서 멧돼지, 고라니, 너구리 같은 야생동물을 자주 마주치게 된다. 한때 산속에 머물던 이들이 도로, 공원, 아파트 단지까지 내려오고 있다.

그중에서도 멧돼지는 덩치가 크고 돌발 행동이 가능해 사람들에게 위협적이다. 특히 아프리카돼지열병(ASF)의 매개체로 지목되며 공포와 혐오의 대상이 되었다.

그러나 이들은 도심을 '침입'한 것이 아니다. 인간이 산림 개발, 도로 건설, 도시 확장으로 이들의 서식지를 먼저 파괴했다. 먹이는 줄고 은신처는 사라졌으며, 살기 위해 인간 공간으로 밀려나올 수밖에 없었다.

우리는 종종 이 문제를 "포획, 격리, 사살"로 해결하려 한다. 하지만 쫓겨난 자리를 또 다른 개체가 채우고, 갈등은 반복된다. 갈등을 늦출 수는 있어도, 멈추게 하지는 못한다.

생태복원은 새로운 질문을 던진다.

"이 문제를 어떻게 공존의 방향으로 풀 수 있을까?"

야생동물이 인간 영역을 넘지 않아도 살 수 있도록 건강한 자연을 되살리고, 서식지를 잇는 생태통로를 만들며, 거리 두기와 공존의 인식을 함께 만들어가는 것이 복원의 핵심이다.

멧돼지의 출몰은 인간과 자연의 경계가 흔들리고 있다는 신호다. 불쾌하거나 두려울 수 있지만, 그 존재는 우리에게 묻는다.

"우리는 왜 여기까지 왔는가?"

그리고 "이제 어떻게 함께 살아갈 수 있을까?"

그린 인프라는 단순한 조경이 아니라 기후 변화에 대응하고 도시 생태계를 회복하는 방법이다. 자연을 도시 설계의 중심에 두는 접근은 시민 삶의 질을 높이고, 지속 가능한 도시 발전을 가능하게 한다.

전 세계 주요 도시들은 그린 인프라를 도시 계획의 필수 요소로 채택하고 있으며, 향후 자연기반해법을 확대하는 방향으로 나아가야 한다.

○ 도시 녹지 공간이 변화시키는 환경

도시 내 녹지 공간 확충은 환경 개선뿐 아니라 시민의 삶의 질 향상에도 기여하는 다면적인 해결책이다. 녹지는 열섬 현상 완화, 대기 질 개선, 홍수 예방, 생물다양성 보전, 시민 건강 증진 등 다양한 기능을 수행한다.

도심은 아스팔트와 콘크리트로 덮여 있어 태양열을 흡수하고 저장하는 특성이 강하다. 이로 인해 기온이 주변보다 높아지며, 폭염을 가중시키는 요인이 된다. 녹지는 그늘을 제공하고 식물의 증산작용을 통해 도심 기온을 낮추는 데 기여한다.

또한, 녹지는 공기 중 오염물질을 흡수하고 정화해 대기 질 개선에 도움이 된다. 도시 숲은 특히 미세먼지와 이산화탄소 제거 효과가 크며, 산림청에 따르면 나무 한 그루는 연간 약 20kg의 미세먼지를 흡수하는 것으로 알려져 있다.

강우 시에는 빗물을 일시적으로 저장하고 서서히 방출하여 배수 시스템의 부담을 줄이는 역할도 한다. 투수성 포장과 빗물 정원은 물이 지하로 자연스럽게 스며들게 해 침수 예방에 효과적이며, 일본 도쿄는 도시 내 습지와 저장 공간을 활용해 집중호우 피해를 줄이고 있다.

녹지는 동식물의 서식처로 기능하며 생태계의 연결성도 높인다. 도시 공원, 가로수, 수변 녹지 등을 통해 생물의 이동 경로가 형성되고, 서울 한강변 생태복원사업은 조류와 수생 생물의 서식 환경을 회복한 대표적인 사례다.

이와 함께, 녹지는 시민의 신체 활동을 유도하고 스트레스를 줄이며 정신 건강을 증진하는 공간으로서의 역할도 한다. 연구에 따르면 녹지가 풍부한 지역일수록 우울증 발생률이 낮고, 전반적인 삶의 질이 높은 경향이 있다.

결국 도시의 그린 인프라는 단순한 환경 조성을 넘어 기후변화에 대응하고 도시 회복력을 높이는 전략으로 작용한다. 앞으로의 도시 개발은 자연과 조화를 이루는 설계와 생태축 연결, 녹지 확대가 중요해질 것이다.

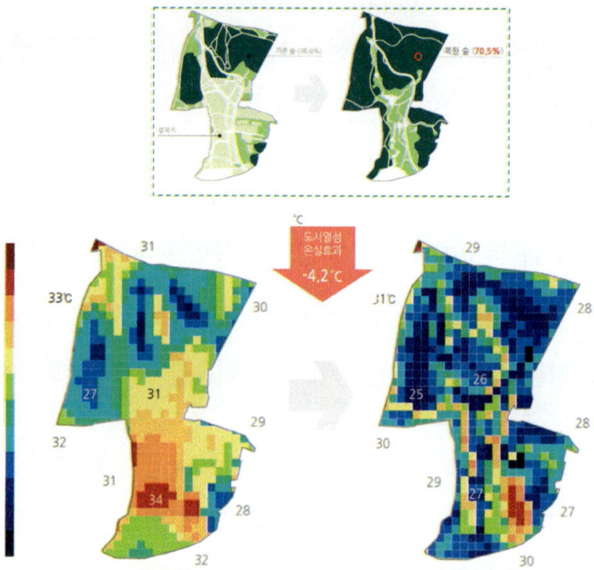

[그림 2-35] 도심지내 생태공원 조성으로 인한 여름철 온도 저하 효과(익산시 자연마당)

○ 그린 인프라와 녹지 공간 적용 사례

전 세계 도시에서는 그린 인프라와 녹지 공간을 활용한 생태 복원 프로젝트를 적극적으로 추진하며 지속 가능한 도시 환경을 조성하기 위해 노력하고 있다. 뉴욕시는 버려진 고가 철도를 활용한 하이라인 공원(High Line Park)을 조성하여 도심 내 녹지 공간을 성공적으로 확장하였다. 이 프로젝트는 도시 열섬 현상을 완화하고 시민들에게 휴식과 문화 공간을 제공하는 동시에 생물다양성을 높이는 데도 기여하고 있다.

싱가포르는 '정원 속 도시(City in a Garden)'라는 비전 아래 건물의 옥상과 벽면을 적극적으로 녹화하는 정책을 펼치고 있다. 도시 내 녹지를 확대하여 열섬 효과를 줄이고, 탄소 배출 저감과 공기 질 개선 효과도 함께 얻고 있다. 특히 공중 정원을 활용한 이 정책은 지속 가능한 도시 발전의 모범 사례로 평가받는다.

서울시도 비슷한 맥락에서 '서울로 7017' 프로젝트를 통해 노후한 고가도로를 보행자 전용 녹지로 바꾸어 도심 녹지 네트워크를 확충했다. 이를 통해 도시 환경을 개선하고 시민들에게 걷기 좋은 친환경적 공간을 제공함으로써 교통 중심의 도시에서 사람 중심의 도시로 전환하는 데 성공한 사례로 주목받고 있다.

[그림 2-36] 고가도로 위에 녹지공간을 조성한 서울로

독일 프라이부르크(Freiburg)는 도시 계획 초기부터 녹지를 우선 고려해 탄소 배출을 줄이고 지속 가능한 도시 생태계를 성공적으로 구축했다. 차량 통행을 제한하고 대중교통과 자전거 인프라를 확대한 동시에 녹지를 적극 조성하며 대표적인 친환경 도시로 자리매김했다.

네덜란드는 해안가의 모래 언덕과 습지를 자연 상태로 복원하는 방식으로 해안 생태계를 회복하고 홍수 방어력을 높였다. 이러한 그린 인프라 정책은 기후변화에 대응하면서도 생물다양성을 보전하는 지속 가능한 해안 관리 사례로 평가받고 있다.

또한, 일본 도쿄의 미드타운 가든(Midtown Garden) 프로젝트 역시 도심에 대규모 녹지를 도입해 도시의 생태적 기능을 회복하고 열섬 현상을 완화했다. 건축물과 녹지를 조화롭게 배치해 도시 기온을 낮추고 야생 생물에게 서식지를 제공하는 효과도 거두었다.

이처럼 세계 각국의 사례는 그린 인프라와 녹지 확대가 단순한 미화를 넘어 도시의 기후 대응력과 생태 회복력을 높이는 핵심 전략임을 보여준다. 녹지는 열섬 현상 완화, 대기 질 개선, 생물다양성 증진, 시민 건강 향상 등 다양한 효과를 종합적으로 제공하며 도시 환경의 질을 높인다.

앞으로 도시 개발은 설계 초기부터 자연 친화적 요소를 반영하고, 정책적 지원과 시민 참여를 통해 생태계를 회복하고 기후변화에 유연하게 대응할 수 있도록 추진되어야 한다.

도시숲 조성의 효과 (산림청 자료)

도시 속 숲은 단순한 녹지를 넘어, 다양한 생태계 서비스를 제공하는 중요한 자연자산이며, 공기 정화, 기후 조절, 소음 저감 등 도시민의 삶의 질을 높이는 데 크게 기여한다.

예를 들어 1헥타르(ha)의 숲은 연간 약 168kg의 대기오염 물질을 흡수한다. 미세먼지 46kg, 이산화황 24kg, 이산화질소 52kg, 오존 46kg 등이 포함된다. 나무 한 그루는 연간 약 35.7g의 미세먼지를 흡수하며, 우리나라 전체 산림의 흡수량은 약 29만 톤에 달한다.

도시숲은 도시의 기온과 습도도 조절한다. 여름에는 햇빛을 차단하고 겨울에는 기온 저하를 완화해 기후를 안정시킨다. 도심의 숲은 여름 한낮 기온을 3 ~ 7°C 낮추고 습도는 9 ~ 23% 높인다. 버즘나무 잎 1㎡는 하루 약 664kcal의 열을 흡수하며, 이는 에어컨 5대를 5시간 가동한 것과 비슷한 냉방 효과다.

도시숲은 소음 저감에도 효과적이다. 폭 30m, 높이 15m의 숲은 약 10dB의 소음을 줄이며, 차량 소음의 75%를 차단할 수 있다. 대화(60dB), 전화벨(70dB) 같은 일상 소음과 비교해 그 완충 효과가 분명하다.

도시숲은 이산화탄소 흡수와 산소 공급 역할도 한다. 느티나무 한 그루는 연간 약 2.5톤의 이산화탄소를 흡수하고, 1.8톤의 산소를 방출하는데 이는 성인 7명이 1년간 필요로 하는 산소량에 해당한다.

뿐만 아니라 도시숲은 시민들에게 심리적 안정과 정서적 회복을 제공하는 공간이다. 바쁜 도시생활 속에서 숲은 휴식과 치유의 장소가 되며, 지하수 함양, 수질 보전, 야생동물 서식처 제공 등 생태계 유지에도 중요한 역할을 한다.

도시숲은 단순한 나무의 집합이 아닌, 공존과 지속가능성을 위한 필수 기반이다.

8.3 도시 생태계 복원이 가져다주는 다양한 혜택

급속한 도시화는 자연환경의 구조를 크게 변화시키며, 다양한 환경 문제를 초래해 왔다. 공기 오염, 도시 열섬 현상, 홍수 위험 증가, 생물다양성 감소 등은 도시화의 결과로 나타난 대표적인 문제들이다. 이러한 도전 과제에 대응하기 위해 전 세계적으로 도시 생태계 복원에 대한 관심이 높아지고 있으며, 다양한 정책과 사업들이 활발히 추진되고 있다.

도시 생태계 복원은 단순히 녹지를 늘리는 것을 넘어, 기후변화에 적응하고 온실가스를 흡수하는 데 기여하며, 생물다양성을 보전하고 대기 질을 개선하는 데 중요한 역할을 한다. 또한 빗물 관리와 수질 개선을 통해 도시의 수자원 순환을 건강하게 유지시키며, 시민들의 신체적·정신적 건강 증진에도 긍정적인 영향을 준다. 나아가 쾌적한 도시 환경은 지역의 이미지와 부동산 가치를 높이며, 경제적 혜택까지 창출할 수 있다.

○ 도시 생태계 복원의 혜택

▷ 환경적 혜택

도시 생태계 복원은 환경적 측면에서 가장 큰 혜택을 제공하는 전략 중 하나이다. 녹지가 증가하면 대기 질이 개선되고, 열섬 현상이 완화되며, 생물다양성이 회복되는 등 다각적인 환경 개선 효과가 나타난다.

먼저, 복원된 녹지는 탄소를 흡수해 온실가스를 줄이고, 도시의 기온 상승을 억제한다. 도시 내 나무와 식물은 대기 중 이산화탄소를 흡수·저장하는 역할을 하며, FAO에 따르면 도시숲 1헥타르는 연간 3 ~ 5톤의 CO_2를 흡수할 수 있다(FAO). 이는 탄소중립 실현에 실질적으로 기여할 수 있다.

또한, 복원된 녹지는 열섬 현상 완화에도 효과적이다. 콘크리트와 아스팔트로 뒤덮인 도시는 태양열을 흡수해 기온이 상승하는데, 녹지가 그늘과 증산작용을 통해 온도를 낮춰 냉방 에너지 소비를 줄여준다.

도시숲은 대기 정화에도 기여한다. 나무와 식물은 잎의 표면에 미세먼지(PM2.5 및 PM10[27])와 각종 대기오염 물질을 흡착하거나 흡수하여 공기 질을 개선한다. 성숙한 나무 한 그루는 연간 수 kg의 오염 물질을 제거할 수 있으며, 도시 전체의 도시숲은 수천 톤에 달하는 정화 능력을 발휘한다. 미국 환경보호청(EPA) 연구에 따르면, 도시 내 녹지 확충은 미세먼지와 오존, 이산화질소 농도를 낮춰 시민 건강에 긍정적인 영향을 준다.

홍수 예방과 수자원 관리도 중요한 기능이다. 도시화로 불투수면이 늘면서 집중호우 시 빗물이 빠르게 유입돼 침수 위험이 커지지만, 빗물 정원, 투수성 포장, 생태 습지 등은 물을 지하로 유도해 이를 완화한다.

아울러 복원된 녹지와 공원은 꿀벌, 나비, 조류, 양서류 등 다양한 생물의 서식처가 되어 도시의 생물다양성을 회복시킨다. 이를 위해 정부와 지자체는 생태축 복원과 녹지 연결 정책을 적극 추진하고 있다.

[그림 2-37] 철로 부지에 조성한 경의선 숲길

27) 미세먼지(PM2.5 및 PM10)는 대기 중에 떠다니는 입자상 물질로, 숫자는 각각 입자의 크기(지름)를 나타낸다. PM2.5는 지름이 2.5㎛ 이하인 초미세먼지를, PM10은 지름이 10㎛ 이하인 미세먼지를 의미한다. 입자가 작을수록 호흡기 및 심혈관 질환에 더 큰 영향을 줄 수 있다.

▷ 사회적 혜택

도시 생태계 복원은 시민의 신체적 · 정신적 건강을 증진시키는 데 기여한다. 녹지가 풍부한 환경은 스트레스와 우울증 발생률을 낮추고, 신체 활동을 유도해 건강에 긍정적인 영향을 미친다. UNEP에 따르면, 공원 인근에 거주하는 시민은 정서적 안정감이 높고 스트레스 수준도 낮은 것으로 나타났다. 자연 속 휴식 공간은 삶의 질을 높이는 중요한 요소다.

복원된 도시 녹지는 지역사회의 유대감을 강화하는 데도 효과적이다. 녹지가 많은 지역일수록 주민 간의 상호작용이 활발해지고 공동체 의식이 향상된다. 실제로 연구에 따르면 도시 내 녹지 확충은 범죄율을 15 ~ 25% 낮추는 효과가 있으며(Branas), 이는 녹지가 안전한 커뮤니티 공간을 제공하고 지역 감시 기능을 강화하기 때문이다.

또한, 생태복원 공간은 교육 및 문화 활동의 장으로도 활용된다. 생태공원이나 자연 학습장은 어린이와 청소년에게 자연을 체험하고 환경 보호의 중요성을 배우는 기회를 제공한다. 서울 한강 생태공원, 경의선 숲길, 순천만 습지 등은 시민 교육과 생태문화 확산에 기여하는 대표적 사례다.

비 오는 날 도심 빗물이 어디로 가는지 알고 있는가?

도심의 비 오는 날 풍경은 익숙하다. 우산을 쓰고 걷는 사람들, 도로 위를 흐르는 물줄기. 그런데 이 빗물은 어디로 향할까?

자연에서는 빗물이 땅에 스며들어 지하수를 채우고 숲과 강을 따라 천천히 순환한다. 하지만 도시의 아스팔트와 콘크리트는 물을 흡수하지 못한다. 빗물은 하수도와 배수로를 따라 빠르게 흘러가고, 이 과정에서 먼지, 기름, 쓰레기 등 오염물질을 함께 쓸어간다.

폭우가 내리면 하수 시스템이 감당하지 못해 오염된 빗물이 강이나 바다로 유입되고, 도로 침수나 지하 유입으로 이어지기도 한다.

이제 도시는 바뀌고 있다. 빗물을 단순히 '처리해야 할 물'이 아닌, '순환 가능한 자원'으로 바라보는 움직임이 확산되고 있다. 도심 곳곳에 작은 정원을 만들고, 식물이 자라며 빗물을 머금게 하거나, 물이 스며들 수 있는 바닥 재료를 도입하는 곳도 늘어나고 있다. 어떤 지역에서는 도심 한가운데 작은 습지를 조성해 빗물을 자연스럽게 흘러가게 하고, 옥상에 식물을 심어 녹지를 늘리는 방식도 활용된다.

이러한 변화는 단순한 도시 디자인의 개선이 아니라, 도시가 자연과 다시 연결되는 방식을 의미한다. 도시가 물을 흘려보내는 곳에서, 물과 함께 살아가는 공간으로 바뀌고 있는 것이다. 이는 단순히 홍수를 줄이거나 수질을 개선하는 기술적 접근을 넘어서, 도시를 더 건강하고 회복력 있는 공간으로 만드는 중요한 전환이다.

비는 언제나처럼 내릴 것이다. 그러나 그 비가 어디로 흐를지, 도시가 어떤 선택을 하느냐에 따라 결과는 달라진다. 흐름을 멈추고, 잠시 머물게 하며, 다시 땅으로 돌아가게 하는 일. 이 작은 변화들이 모여 도시의 미래를 바꾼다. 우리가 발끝으로 흘려보내는 그 물줄기 속에, 더 나은 삶의 조건이 숨어 있는지도 모른다.

▷ 경제적 혜택

도시 생태계 복원은 경제적으로도 다양한 긍정 효과를 가져온다. 도시 내 녹지 공간이 확대되면 부동산 가치가 상승하는 경향이 있다. 녹지와 가까운 지역은 쾌적한 환경과 높은 주거 만족도로 인해 수요가 증가하며, 공원 인근 부동산 가격이 평균 10% 내외로 높다는 통계도 있다. 실제로 뉴욕 센트럴파크, 서울 경의선숲길 · 서울숲 인근의 부동산 가격이 다른 지역보다 높게 형성되어 있다.

또한, 도시 생태계 복원은 친환경 산업과 생태관광을 활성화한다. 복원된 생태공원과 습지는 관광 명소로 자리 잡아 연간 수십만 명의 방문객을 유치하며, 지역 상권에도 활력을 불어넣는다.

의료비 절감도 기대되는 효과 중 하나다. 녹지가 많아지면 시민들의 활동량이 증가하고, 공기 질이 개선되어 호흡기 · 심혈관 질환 발생률이 낮아진다. 이는 의료비 부담을 줄이고 장기적으로 국민 건강 증진에 기여한다. 녹지 확충과 활동 프로그램은 비만율 감소와 만성질환 예방에도 효과적이다.

○ 도시 생태계 복원을 위한 전략

도시 생태계 복원의 중요성은 계속 커지고 있으며, 도시 개발과 복원을 함께 고려하는 정책이 요구된다. 지속 가능한 도시를 위해선 단순한 녹지 확보를 넘어, 도시 구조 전반에 친환경 설계를 반영해야 한다. 개발 초기부터 녹지 네트워크 구축, 생태통로 연결, 물순환 개선 등 자연과 조화를 이루는 도시 공간 설계가 필요하다.

공원, 가로수, 하천 복원 등 그린 인프라 확대는 시민의 접근성과 활용도를 높이며, 폭염, 홍수, 미세먼지 등의 환경 문제를 완화하고 에너지 소비와 의료비 절감에도 기여할 수 있다. 건강한 생태계를 유지하려면 정부, 지자체, 기업, 시민이 함께 장기적 계획을 수립하고 실행해야 한다.

9장. 동물과 식물이 살아가는 집, 서식지 복원하기

지구상의 모든 생물은 생존을 위해 적절한 서식지가 필요하지만, 산업화와 도시화, 기후변화 등으로 인해 많은 서식지가 점차 사라지고 있다. 서식지 훼손은 개체수 감소와 생태계 균형 붕괴로 이어지며, 이는 생물다양성 감소의 주요 원인이 되고 있다.

서식지 복원은 단순히 생물이 거주할 공간을 되찾는 것을 넘어, 생태계 기능을 회복하고 다양한 생물종이 공존할 수 있는 환경을 조성하는 과정이다. 이를 위해서는 과학적 연구와 기술 기반의 복원 전략, 생태적 연결성 확보, 그리고 장기적 모니터링과 지속적인 관리 체계가 필수적이다.

서식지 복원의 핵심 목표는 자연과 인간이 조화롭게 공존하는 지속 가능한 환경을 만드는 것이다. 건강한 서식지는 생물다양성 보전뿐 아니라 기후변화 대응, 재해 완화, 생태계 서비스 향상 등 다양한 측면에서 핵심적인 역할을 수행한다.

9.1 동물과 식물이 집을 잃은 이유

지구상의 모든 생물은 생존을 위해 특정한 환경 조건을 필요로 하며, 고유한 서식지에서 살아간다. 그러나 산업화, 도시화, 기후변화 등의 영향으로 많은 동식물이 서식지를 잃고 있으며, 이는 생물다양성을 위협하고 있다. 서식지가 파괴되면 개별 종의 생존 가능성이 낮아지고, 생태계의 균형도 무너질 수 있다. 특히 산림 벌채, 도시 확장, 오염, 외래종 침입, 인프라 개발 등 인간 활동이 자연환경을 변화시키며 서식지를 지속적으로 훼손하고 있다.

이러한 문제를 해결하기 위해 서식지 보호와 복원에 대한 관심이 높아지고 있으며, 생물다양성과 생태계 보전을 위한 노력이 지속적으로 요구된다. 서식지 복원은 생태계 기능 회복과 생물다양성 보전을 통해, 자연과 조화를 이루는 지속 가능한 환경을 조성하는 데 핵심적인 역할을 한다.

○ 생물서식지

생물서식지(habitat)란 특정 생물종이 생존, 생장, 번식을 위해 필요로 하는 물리적 · 환경적 공간을 말한다. 이는 단순한 위치 개념을 넘어, 생활사 유지에 필요한 비생물적 · 생물적 요인을 포함한 생물-환경 간 상호작용의 기반이다.

서식지는 하천, 호수, 늪, 초지, 산림 등 다양한 자연환경을 포함하며, 물, 온도, 빛, 은신처, 먹이, 번식지 등 생존에 필수적인 요소들을 제공한다. 개체 수준의 생활사뿐 아니라 군집 및 생태계 구조와 기능이 작동하는 기반으로서 중요한 역할을 한다.

서식지의 핵심 기능은 생물의 생존(survival), 생장(growth), 번식(reproduction)으로 요약된다. 생존은 환경 변화에 적응해 생명을 유지하는 과정, 생장은 영양 섭취와 대사를 통한 체적 또는 바이오매스 증가, 번식은 유성 · 무성 생식을 통한 종의 연속 유지다.

[그림 2-38] 다양한 생물종(좌 : 조류, 우 : 양서류)의 서식공간 조성 계획 사례

서식지와 혼용되는 개념으로 생태적 지위(niche)가 있다. 서식지가 생물이 점유하는 '주소'라면, 지위는 생태계 내에서 수행하는 '직업'이다. 이는 먹이 자원 이용, 활동 시간, 서식 층위, 경쟁 · 포식 관계 등 생태계 내 상호작용을 포함한다.

서식지는 다양한 생물이 공존할 수 있는 공간 구조를 형성하며, 생물다양성과 생태계 안정성 유지에 핵심적인 역할을 한다. 그러나 기후변화, 도시화, 토지 이용 변화, 단편화 등 인위적 교란으로 인해 서식지의 질과 면적이 저하되고 있다. 이는 개별 종의 생존뿐 아니라 군집 구조 붕괴와 생태계 서비스 저하로 이어질 수 있다.

따라서 생물서식지의 보전과 복원은 생물다양성 유지뿐만 아니라 생태계 기능 회복력을 확보하는 방법이다. 효과적인 복원은 개체수 증가에만 초점을 두지 않고, 서식지의 구조 · 기능, 생물 간 상호작용, 생태적 지위 회복 등을 통합적으로 고려해야 한다.

○ 기후변화 : 변화하는 환경, 사라지는 서식지

기후변화는 온도, 강수량, 습도 등에 영향을 미치며, 서식지의 생태적 특성을 변화시켜 동식물 생존을 위협하는 주요 요인으로 작용하고 있다. 평균 기온 상승, 강수 패턴 변화, 해수면 상승, 극단적 기상 현상의 증가는 서식지의 구조와 기능을 변화시키

[그림 2-39] 구상나무의 수형과 위로 자라는 구과

며, 일부 지역에서는 기존 생태계의 유지 자체가 어려워지고 있다.

예를 들어, 한라산과 지리산의 아고산대에 서식하는 구상나무(Abies koreana)는 기후 변화로 급격히 쇠퇴하고 있다. 서늘한 기후를 선호하는 이 침엽수는 기온 상승으로 고도가 낮은 지역부터 사라지고 있으며, 이에 의존하는 다양한 생물들에게도 부정적 영향을 주고 있다. 서식지 축소와 기후 스트레스는 곤충, 조류, 포유류 등 생물다양성 감소로 이어지며, 장기적으로 고유종의 멸종 위험을 높인다.

기후변화는 전 세계적으로 서식지 파괴를 가속화하고 있다. 아프리카 사헬(Sahel) 지역에서는 가뭄이 잦아지면서 초원과 사바나 지대가 사막화되고 있으며, 이는 초식동물 개체 수 감소와 포식자 개체군 축소라는 연쇄 반응을 일으키고 있다. 아프리카 코끼리, 가젤, 치타 등의 개체 수 감소는 생태계 균형을 위협하는 심각한 문제다.

극단적 기상 현상도 서식지 변화를 부추기고 있다. 폭염, 가뭄, 허리케인, 홍수 등이 증가하면서 서식지의 안정성이 약화되고 있으며, 예를 들어 호주의 산불은 광대한 유칼립투스 숲을 소실시켜 코알라의 개체 수를 급감시켰다. 북극에서는 빙하가 녹으면서 북극곰과 바다표범이 서식지를 잃고 생존이 위협받고 있다.

기후변화로 인한 서식지 변화는 일부 생물종의 문제가 아니라 생태계 전반에 복합적인 영향을 미치고 있다. 이에 따라 세계 각국은 기후변화 완화와 적응 전략을 병행하며 서식지 복원을 적극 추진하고 있다.

○ 산림 벌채와 도시화 : 사라지는 숲과 초원

산림은 지구상의 생물종이 가장 풍부하게 서식하는 공간 중 하나다. 그러나 산업화, 농경지 확대, 도시화 등으로 인해 전 세계 산림이 빠르게 사라지고 있으며, 이는 생물다양성 감소와 생태계 붕괴의 주요 원인이 되고 있다. 산림 벌채는 단순히 나무가 사라지는 것을 넘어, 토양 유실, 수자원 고갈, 기후변화 가속화 등 다양한 환경 문제를 유발한다. 특히 열대우림의 대규모 벌목은 지구 탄소흡수원을 줄여 온난화를 가속한다.

대표적으로 아마존 열대우림에서는 매년 10,000㎢ 이상의 산림이 사라지고 있으며, 이는 동식물의 서식지를 직접 위협한다. 이와 유사한 현상은 동남아시아, 아프리카 등지에서도 팜유 농장 확대, 불법 벌목 등으로 심화되고 있다.

한국은 전쟁과 산업화 시기를 거치면서 산림 훼손을 겪었으나, 이후 복구 정책을 통해 비교적 높은 산림률을 회복했다. 그러나 도시 확장과 인프라 개발은 여전히 도심 인근 산림을 위협하며, 야생동물의 서식지를 단절시키고 있다.

도시화는 산림 감소와 더불어 서식지 파괴의 또 다른 원인이다. 인구 증가와 경제 발전으로 도시 면적이 확장되며, 기존 자연 생태계가 인공 구조물로 대체되고 있다. 서울과 같은 대도시에서는 대규모 개발로 인해 녹지 축이 사라지고 생물다양성이 감소하고 있다. 도시화는 또한 불투수면 증가, 홍수 위험, 미세먼지, 도시 열섬현상 등 다양한 환경 문제를 유발한다. 이로 인해 도시 동물들은 서식지 부족과 이동 경로 단절로 생존에 위협을 받는다.

결국 산림 벌채와 도시화는 생물 서식지를 직접 파괴하고, 생태계의 균형을 무너뜨

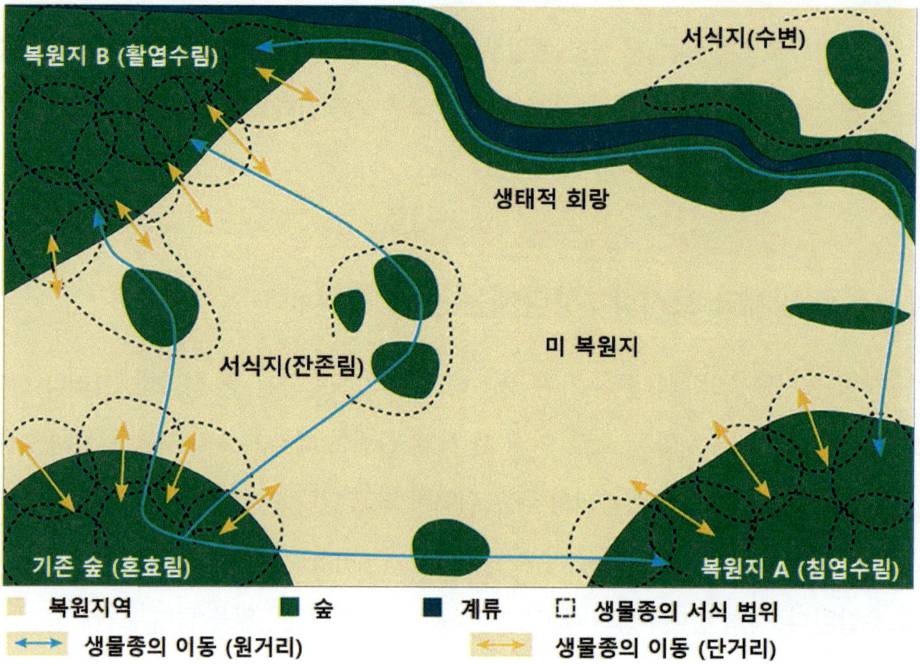

[그림 2-40] 복원 지역과 주변 지역과의 연결성을 고려한 계획

린다. 지속 가능한 도시 계획과 산림 보호 정책이 수립되지 않는다면, 생태적 위기는 불가피할 것이다. 산림 보호 지역 확대, 녹지 네트워크 구축 등 자연과 조화를 이루는 정책적 노력이 절실하다.

○ 오염과 서식지의 질적 저하

서식지는 단순히 면적 감소뿐 아니라, 질적 악화도 생물 생존을 위협하는 주요 요인이다. 인간 활동에서 배출된 오염물질은 환경을 변화시키고 생태계 기능을 저해해 다양한 종의 생존을 어렵게 만든다.

그중 수질 오염은 서식지 파괴의 심각한 원인 중 하나다. 공장 폐수, 생활하수, 농업용 화학비료와 살충제 등이 하천으로 유입되면서 수생 생물의 서식 환경을 위협한다. 부영양화가 일어나면 조류(Algae)가 과도하게 번식하고 산소 농도가 급감해 물고기와 무척추동물 생존이 어려워진다. 인도 갠지스강은 산업 폐수와 생활 오수의 유입으로 오염이 심화되었고, 갠지스강 민물돌고래(Platanista gangetica)의 개체수는 급감하고 있다.

대기 오염 또한 서식지 질을 저하시킨다. 황산화물(SOx), 질소산화물(NOx) 등은 식물의 광합성을 방해하고 생장을 저해한다. 도심에서는 대기오염이 조류의 폐 기능을 손상시켜 번식률 저하와 서식지 이탈을 유발할 수 있다.

토양 오염도 심각한 문제다. 광산 개발과 산업 폐기물의 불법 투기로 중금속과 독성 물질이 축적되면 식물 생육이 저하되고 토양 생태계가 붕괴된다. 미생물 활동은 위축되고, 보수력과 양분 순환 기능이 약화되어 식생 회복이 어렵다. 나아가 독성 물질은 먹이사슬을 통해 초식동물과 포식자에게까지 영향을 미치며 생태계 전체에 악영향을 준다.

결국 오염은 서식지 질을 떨어뜨리고 생태계 균형을 무너뜨리는 요인이 된다. 이를 해결하기 위해서는 오염물질 배출을 줄이는 동시에, 자연 정화 기능을 활용한 생태적 해결책의 도입이 필요하다.

모기가 걱정돼요! 도심 생태습지, 정말 괜찮을까?

도심의 방치된 공터에 생태습지가 조성되었다. 물이 흐르고 식물이 자라자 개구리, 잠자리, 물새 등 다양한 생물들이 돌아왔다. 콘크리트로 둘러싸인 도시 속, 이 작은 습지는 생물의 소중한 서식처이자 생태 연결고리가 되었다.

하지만 반가움만 있는 것은 아니다. 근처 주민들은 산책로와 풍경은 좋아졌지만, 여름이면 모기 때문에 창문을 열기 어렵다고 말한다. "습지 생기고 나서 모기가 늘어난 것 같아요."라는 불만도 종종 나온다.

그러나 모든 습지가 모기 번식처가 되는 것은 아니다. 모기는 보통 고인 물에서 번식하며, 유속이 있고 생물다양성이 높은 생태습지는 모기 유충이 살기 어려운 환경이다. 잠자리 유충, 장구애비, 미꾸라지, 송사리 등은 모기 유충을 잡아먹는 천적이다. 이런 생물학적 방제는 화학 방역보다 지속 가능하다.

생태습지는 처음부터 이를 고려해 설계된다. 물이 고이지 않도록 완만한 경사, 다양한 식생대, 수질 유지를 위한 흐름 등이 반영된다. 모기의 문제는 '물이 있는가'보다 '그 물이 어떻게 관리되는가'에 달려 있다.

하지만 과학적 설명만으로 주민 불안을 해소하긴 어렵다. 생태적으로 완성도 높은 공간도, 주민의 공감과 참여 없이는 유지되기 힘들다. 습지의 목적과 생태 원리를 함께 나누고, 공동으로 돌보는 참여형 관리가 필요하다.

도심 생태습지는 단순한 녹지가 아니다. 사람과 자연이 다시 연결되는 접점이자, 공존의 무대다. 모기 문제는 단순한 방역 이슈를 넘어, 우리가 자연을 바라보는 태도를 되돌아보게 한다.

○ 외래종 침입 : 기존 생태계의 교란

외래종 침입은 자생종과의 경쟁, 새로운 포식자 등장 등을 통해 기존 생태계와 서식지를 교란하는 주요 요인이다. 인간 활동으로 의도적 또는 비의도적으로 외래종이 확산되며, 생태계 구조와 기능이 변하고 생물다양성이 위협받고 있다.

외래종은 여러 방식으로 생태계를 교란한다. 첫째, 자생종과의 경쟁을 통해 생태계 내 우위를 점할 수 있다. 큰입배스(Micropterus salmoides)는 강한 포식성 어종으로, 미시시피강 유역에서도 일부 지역 생태계에 영향을 끼쳐왔다. 이 어종은 한국 한강과 낙동강 수계에도 유입되어, 블루길(Lepomis macrochirus)과 함께 빠르게 확산되며 토착 어종과 먹이를 두고 경쟁하고, 담수 생태계를 위협하고 있다.

둘째, 외래종은 새로운 포식자로서 자생종에 큰 위협이 된다. 황소개구리(Rana catesbeiana)는 높은 번식력과 포식성으로 개구리, 곤충, 작은 파충류 등을 먹어치우며 토착 양서류 개체군을 급감시켰다. 호주의 유럽산 붉은여우(Vulpes vulpes)도 기존 포식자가 없던 지역에서 조류와 포유류의 감소를 초래했다.

셋째, 외래종은 질병이나 기생충을 옮겨 생태계에 간접적 피해를 준다. 북아메리카에서 유입된 소나무재선충(Bursaphelenchus xylophilus)은 우리나라 산림에 급속히 퍼지며 소나무를 고사시키고, 이로 인해 곤충, 조류, 미생물 등 다양한 생물 군집이 영향을 받는다.

외래종 침입은 생물다양성 감소뿐만 아니라 생태계 기능 변화와 경제적 피해로도 이어진다. 이에 따라 각국은 외래종 확산 방지와 생태계 보호를 위한 대응 전략을 마련하고 있다. 한국은 연구기관을 중심으로 외래종 관리 정책을 강화하고, 주요 하천과 습지에서 모니터링과 제거 작업을 지속적으로 추진하고 있다.

○ 인프라 개발과 경관의 단절

인프라 개발은 인간 사회의 발전에 필수적이지만, 생태계와 생물 서식지에 심각한 영향을 미칠 수 있다. 도로, 철도, 댐, 항만, 공항 등 대형 시설의 확장은 야생동물의 이동을 제한하고 생태계의 연속성을 단절시켜 생물 개체군 간 교류를 막고, 유전적 다양성 감소와 생태계 건강성 약화를 초래한다.

특히 도로와 철도는 야생동물 이동 경로를 차단하는 대표적인 원인이다. 유럽에서는 이로 인해 늑대(Canis lupus), 스라소니(Lynx lynx), 곰(Ursus arctos) 등 대형 포유류의 이동이 제한되었고, 이는 개체군 간 유전자 교류 부족으로 이어졌다. 유전 다양성 감소는 질병 확산, 번식 저하 등 종 생존에 부정적인 영향을 준다.

우리나라에서도 고속도로와 철도망 확장이 야생동물 이동에 영향을 주고 있다. 백두대간을 관통하는 교통망은 멸종위기종인 삵(Prionailurus bengalensis)의 개체군 감소와 연결된다. 이를 완화하기 위해 육교형이나 터널형 야생동물 생태통로를 설치해 단절된 서식지 연결을 시도하고 있다.

또한, 댐 건설과 하천 개발은 수생 생물의 이동을 막고 서식지를 변화시키는 주요 원인이다. 대표적으로 미국 컬럼비아강에서는 대형 댐이 건설된 이후 연어의 산란 이

[그림 2-41] 육교형 생태통로 이미지

동 경로가 차단되며 개체수가 급감했다. 연어는 상류로 이동해 산란하지만, 댐으로 인해 이동이 어려워지면서 개체군이 위기에 처했다. 이를 해결하기 위해 미국은 어도를 설치하고, 인공 이주 방식으로 연어 개체군 보전에 노력하고 있다.

이 같은 문제를 해결하려면 인프라 개발 과정에서 생태계를 고려한 설계가 필요하다. 도시 및 교통 인프라를 계획할 때 야생동물의 이동 경로를 유지할 수 있도록 생태 연결망 구축이 필수적이다. 이를 위해 생태통로 설치, 수생 생물의 이동을 돕는 어도, 대체 서식지 조성 등의 전략이 활용된다. 국내에서도 신도시 개발과 국토개발 과정에서 생태축 보전을 위한 정책이 강화되며, 인프라 개발과 생태 보전의 균형을 모색하고 있다.

개발이 필수적인 현대 사회에서 자연과 공존하는 방안을 찾는 일은 지속 가능한 환경 조성을 위해 필요하다. 생태계를 훼손하지 않는 개발을 위해 과학적 연구와 정책적 지원이 병행되어야 하며, 생태적 균형을 고려한 인프라 구축은 장기적으로 환경 보호와 기후변화 대응에도 기여할 수 있다.

9.2 숲, 강, 습지, 초원 등 다양한 서식지 복원 사례

서식지 복원은 단순히 나무를 심거나 식생을 되살리는 데 그치지 않고, 다양한 동식물이 안정적으로 살아갈 수 있는 환경을 조성하는 과정이다. 이는 단기적인 환경 개선을 넘어 생태계의 균형을 회복하고, 인간과 자연의 조화를 이루는 지속 가능한 발전의 전략이기도 하다. 전 세계에서는 다양한 서식지 복원 프로젝트가 성공적으로 수행되고 있으며, 이를 통해 복원의 구체적인 방법과 생태계 회복의 가능성을 확인할 수 있다.

○ 열대림 복원 : 코스타리카의 열대우림 복원 프로젝트

코스타리카는 농경지 확장과 벌목으로 훼손된 열대우림을 복원하기 위해 국가 차원의 프로젝트를 추진했다. 열대림은 다양한 생물이 공존하는 복잡한 생태계로, 단순한 나무 심기를 넘어 동물과 곤충이 돌아올 수 있는 환경 조성에 중점을 두었다.

농경지로 바뀐 지역에는 자생 수종을 다시 심고, 작은 서식지를 연결하는 생태통로를 구축했다. 자생종과 외래종을 구분해 자연스러운 생태계 회복을 유도하고, 생물 간 상호작용이 활발해지도록 설계되었다. 1996년부터는 지불형 생태계 서비스 제도(PES, Payment for Ecosystem Services)를 도입해 토지 소유주가 숲을 보전·복원할 수 있도록 경제적 인센티브를 제공했고, 그 결과 현재까지 100만 헥타르 이상의 숲이 보호되고 있다.

이 복원 사업은 멸종위기종의 서식지를 회복하고 탄소 흡수 능력 향상에도 기여했다. 1987년 24%까지 감소했던 산림 비율은 2021년 57%로 회복되었으며, 코스타리카는 세계적인 열대우림 복원 사례로 평가받고 있다(FAO). 복원된 숲에는 나비, 새, 대형 포유류가 돌아오며 생태계 기능도 점차 회복되고 있다.

○ 사막화 방지 : 중국의 쿠부치 사막 복원 프로젝트

중국 쿠부치 사막(Kubuqi Desert)은 인간 활동과 기후변화로 확산되었으나, 이를 막기 위한 대규모 복원 프로젝트가 성공적으로 추진되었다. 단순한 조림을 넘어 토양 안정화와 서식지 회복에 중점을 둔 것이 특징이다.

복원 과정에서는 내염성 · 내건성 식물을 식재해 토양 침식을 방지하고 초목이 지표를 덮게 하였다. 초기 생장을 돕기 위해 관개 시스템을 도입해 수분 공급을 극대화했고, 그 결과 새와 곤충 등의 서식지가 회복되었다. 이 지역은 생태관광지로 발전하며 지역 경제에도 긍정적인 영향을 주고 있다.

중국은 쿠부치 사막의 녹지화 프로젝트는 다른 사막화 지역에도 적용 가능한 생태복원 모델로 평가받으며, 지속 가능한 환경 회복의 가능성을 보여주고 있다.

○ 산불 피해 지역 복원 : 호주의 블랙 서머 산불 복구 프로젝트

2019 ~ 2020년 '블랙 서머' 산불로 호주에서는 1,000만 헥타르 이상의 산림이 소실되며 많은 동식물이 서식지를 잃었다. 이에 따라 호주 정부와 환경 단체들은 피해 지역 복원을 위한 다양한 프로젝트를 추진했다.

복원의 핵심은 단순한 조림이 아니라, 산불 피해를 입은 동물들이 다시 정착할 수 있는 환경을 조성하는 데 있었다. 자생식물을 다시 심고, 인공 둥지와 피난처를 설치해 동물들의 복귀를 지원했다.

이러한 노력으로 코알라, 캥거루 등 일부 동물들이 복원된 숲으로 돌아오기 시작했고, 생태계 기능도 점진적으로 회복되고 있다. 그러나 여전히 코알라 개체수는 감소하고 있어, 지속적인 서식지 복원과 보호가 필요하다는 지적도 제기되고 있다.

○ 습지 복원 : 한국의 순천만 갯벌

순천만 갯벌은 과거 농경지로 전환되어 훼손되었으나, 복원사업을 통해 생태적 기능과 서식지를 되찾았다. 갯벌은 다양한 조류와 어류의 서식지로, 복원 과정에서는 단순한 물길 정비보다 퇴적 과정과 물 순환 체계 회복에 중점을 두었다.

일부 인공 구조물을 제거하고, 철새를 위한 전용 서식지를 마련해 저어새 등 희귀 조류가 다시 돌아올 수 있도록 했다. 이로써 갯벌의 탄소 흡수 기능도 회복되었다.

또한 생태관광 활성화를 통해 지역 주민에게 새로운 경제적 기회를 제공하며, 환경 복원과 지역 경제가 조화를 이루는 사례로 평가받고 있다. 순천만 갯벌 복원은 자연과 인간이 공존하는 지속 가능한 관리 모델로, 갯벌 생태계 보호의 중요성을 보여주는 대표적 사례이다.

[그림 2-42] 순천만 갯벌 전경

○ 반딧불이 서식지 복원 : 무주군

무주군은 반딧불이 서식지 보전과 생태관광 활성화를 가장 적극적으로 추진하는 지역 중 하나다. 특히 설천면 청량리 진평마을은 보호구역으로 지정되었으며, 3헥타르

규모의 편백숲이 생태복원의 중심지로 활용되고 있다. 지역 주민과 협력해 숲을 보존하면서 생태 교육과 체험 활동이 가능한 친환경 공간으로 운영 중이다.

복원의 핵심은 단순한 개체수 증가가 아닌, 반딧불이가 안정적으로 서식할 수 있는 자연 환경 조성에 있다. 무주군은 친환경 농법 장려, 인공 조명 최소화, 하천·습지 복원 등 다양한 노력을 펼치고 있다. 주민들은 '에코매니저'로 활동하며 숲과 하천 생태를 조사하고, 반딧불이 보호 활동에 직접 참여하고 있다.

[그림 2-43] 애반딧불이 사진(좌 : 무주군, 우 : 서울시)

○ 하천 생태복원 : 창녕 우포늪 복원

창녕 우포늪은 한국 최대의 자연 늪지로 다양한 생물의 서식지 역할을 해왔으나, 과거 농업 및 도시 개발로 일부가 훼손되며 생태 기능이 저하되었다. 이를 복원하기 위해 자연환경복원사업의 일환으로 우포늪 생태복원 프로젝트가 추진되었다.

복원 과정에서는 하천의 자연 흐름 회복에 중점을 두고, 일부 인공 배수 시설을 철거해 늪지 환경을 재현하였다. 또한 수생식물을 심고, 멸종위기종인 따오기와 수달의 서식지를 보호하는 대책도 마련되었다.

복원 이후 희귀 조류와 수서 생물 개체수가 증가했고, 따오기가 자연에서 번식하는 모습도 관찰되었다. 우포늪 복원은 한국 대표 습지 보전 및 복원 사례로 평가받으며, 생태관광지로서의 가치도 높아지고 있다.

○ 독도 생태계 복원

경상북도 울릉군에 위치한 독도는 해양성 기후와 척박한 환경 속에서도 고유한 생태계를 유지해온 섬으로, 식물학적 · 지질학적 · 해양 생물학적으로 높은 가치를 지닌 천연보호구역이다.

그러나 강풍, 염분, 조류의 배설물 등 다양한 요인이 산림 생태계를 훼손해 일부 지역의 생태 기능이 약화되었다. 이에 따라 중앙정부와 지방자치단체는 독도 산림 생태계 복원사업을 추진하였다.

복원은 자생식물을 중심으로 이루어졌으며, 이를 위해 별도 양묘장을 조성하고 사철나무, 보리밥나무, 섬괴불나무 등을 재배해 독도로 이식했다. 이식 전에는 외래종 유입과 병해충 확산을 막기 위한 검역과 소독 절차가 시행되었다.

복원 이후 초목의 활착률이 높아졌고, 사철나무는 90% 이상의 생존율을 보였으며, 괭이갈매기가 복원 지역에 둥지를 트는 등 생물다양성 회복의 긍정적 신호가 나타났다. 독도 생태복원사업은 한국을 대표하는 도서 생태복원 사례로, 생태적 가치는 물론 기후변화 시대 생물종 보전의 상징적 모델로 평가받고 있다.

[그림 2-44] 독도(서도) 전경 및 천연보호구역 안내판 (사진 제공 : 라정란)

○ 산림 생태복원 : 울진 · 삼척 산불 피해지 복원사업

2022년 3월, 강원도 삼척시와 경상북도 울진군 일대에서 발생한 대규모 산불로 인해 약 2만 헥타르 이상의 산림이 소실되었다. 이는 산불 발생 당시까지 국내 산림재해 중 가장 큰 규모 중 하나로 기록되었으며, 산불 이후 토양 유실, 생물다양성 감소, 탄소흡수원 손실 등의 문제가 심각하게 대두되었다. 이에 따라 산림청은 해당 지역의 산림을 복원하기 위한 장기적인 사업을 추진하고 있다.

[그림 2-45] 산불피해지에서 산지 침식을 방지하기 위한 초기 생태복원 과정(울진)

이번 산불피해지의 복원사업은 단순한 나무 심기가 아닌 산림 생태계의 건강성을 회복하는 것을 목표로 하고 있다. 현재 복원 초기 단계에서는 토양 유실을 막기 위한 응급 복구 작업이 진행되었으며, 이후 단계적으로 산림 복원 모델을 적용한 조림 사업이 추진될 예정이다. 산림청은 장기적인 모니터링과 연구를 병행하여, 단순한 산림 녹화가 아닌 기후변화 대응 및 탄소흡수원으로서의 기능을 극대화하는 방향으로 복원사업을 진행하고 있다. 향후 산림청은 지속적인 모니터링을 통해 복원의 효과를 극대화하고, 복구된 지역의 산림이 건강한 생태계로 자리 잡을 수 있도록 유지 · 관리할 계획이다.

9.3 생물 간 상호작용을 고려한 복원의 중요성

서식지 복원은 단순한 환경 회복이 아니라, 생물들이 상호작용할 수 있는 생태계 구조를 되살리는 과정이다. 생태계는 개체들의 집합이 아니라 서로 연결된 네트워크로 작동하며, 이 상호작용이 원활할 때 생물다양성과 생태계 건강성이 유지된다. 생물 간 관계를 고려한 복원은 서식지의 기능 회복과 장기적인 생태 안정성을 보장하는 핵심이다.

특히 먹이사슬, 공생관계, 생태네트워크와 서식지 연결성은 생물이 지속적으로 서식할 수 있도록 하는 필수 요소이다. 최근 연구는 개별 공간 조성보다 생태계 전체의 연결성을 고려하는 경관생태학적 접근이 복원 효과를 높인다는 점을 강조하고 있다.

○ 생물 간 상호작용과 생태계 안정성

생태계는 수많은 생물 간의 상호작용을 통해 균형을 유지하며, 이러한 관계가 원활히 작동할 때 지속 가능한 기능을 한다.

먼저, 먹이사슬과 먹이망의 복원은 생태계 안정의 핵심 요소다. 포식자와 피식자, 초식동물과 식물, 꽃가루 매개 곤충과 식물 간의 관계는 에너지 순환과 생물다양성 유지에 중요한 역할을 한다. 예를 들어, 케냐 마사이마라(Masai Mara) 생태계에서 코끼리 개체수 회복은 초원의 식생과 생물다양성에 긍정적 영향을 미쳤다. 코끼리는 나무와 덤불을 먹어 초지를 유지하는데, 개체수 감소로 초지가 숲으로 변해 초식동물과 맹수들의 서식지가 줄었다. 이후 보호 활동으로 코끼리가 늘자 초원이 다시 유지되고 다양한 종의 서식지가 복원되고 있다.

또한, 공생 관계도 복원의 중요한 고려 요소다. 곤충은 꽃가루를 옮기고, 조류는 씨앗을 퍼뜨려 숲 확장을 돕는다. 이러한 상호작용이 단절되면 개별 종뿐 아니라 생태계 전체가 쇠퇴할 수 있다. 따라서 복원 과정에서는 특정 종뿐만 아니라 생태계 전반의 상호작용을 복원하는 전략이 필요하다.

생태계를 잇는 두 가지 방법 : 숲과 길

백두대간 깊은 숲속, 한 생태학자는 무언가 낯선 기운을 느꼈다. 나무는 여전히 푸르렀지만, 자연의 흐름이 어딘가 끊긴 듯했다. 조사 끝에 그는 중요한 사실을 확인했다. 백두대간과 낙동정맥을 따라 형성된 주요 생태축이 도로와 개발로 단절되면서 야생동물의 이동 경로가 끊긴 것이었다.

이를 해결하기 위한 생태축 복원사업은 단순한 식재를 넘어 자생 수종으로 숲을 복원하고, 지형을 되살리면서 끊어진 생태 흐름을 회복시키는 데 초점이 있다. 이 사업은 서식지를 넓히고, 건강한 생태계를 만드는 장기적 전략이다.

한편, 도심 외곽 국도에서는 로드킬이 늘어나고 있었다. 야생동물의 이동 경로를 분석한 연구팀은 서식지 단절로 인해 동물들이 어쩔 수 없이 도로를 횡단하다 사고를 당한다는 사실을 밝혀냈다. 이에 따라 생태이동통로 설치가 시급한 과제로 떠올랐다.

생태이동통로는 도로 · 철도로 단절된 서식지를 연결해 야생동물이 안전하게 이동할 수 있도록 돕는다. 육교형, 터널형, 하천 횡단형 등 다양한 형태가 있으며, 실제 멧돼지 가족과 고라니가 안전하게 통로를 이용하는 모습은 그 필요성을 증명해 주었다.

생태축 복원과 생태이동통로는 서로 다른 방식이지만, 모두 생태계 연결성을 회복하고 인간과 자연의 공존을 위한 방법이다. 백두대간의 흐름을 되살리고, 생명의 길을 이어주는 이 두 가지 노력은 우리가 함께 살아갈 수 있는 미래의 기반이 된다.

○ 생태네트워크와 서식지 연결성

경관생태학[28]에서는 서식지 내 생물 간 상호작용을 원활하게 유지하기 위해, 생태네트워크와 서식지 연결성을 강화하는 것이 중요하다고 본다. 생태네트워크는 생물들이 자유롭게 이동하고, 서식지 간 상호작용이 가능하도록 연결된 생태 경로를 의미한다. 이 네트워크가 잘 유지될수록 생물다양성과 유전적 다양성이 보장되며, 생태계는 환경 변화에도 탄력적으로 대응할 수 있다.

유럽의 녹색 인프라 네트워크(Green Infrastructure Network)는 대표적 사례다. 숲, 하천, 초원을 자연 경로로 연결해 생물다양성을 높이고 생태계 기능을 강화하고 있다.

서식지 연결성도 핵심 요소이다. 서식지가 고립되면 생물의 이동이 차단되어 개체군이 감소한다. 미국 플로리다의 Florida Wildlife Corridor 프로젝트는 멸종위기종인 플로리다 팬서(Puma concolor coryi)의 이동 경로 단절 문제를 해결하기 위해 보호구역과 자연 서식지를 연결하는 생태통로를 조성했다. 이로써 팬서와 다양한 야생동물의 이동이 가능해졌고, 유전적 다양성이 회복되어 장기적 보전 효과를 얻었다.

○ 경관생태학 관점에서의 서식지 복원

경관생태학에서는 서식지 복원을 개별적인 지역 단위에서 이루어지는 독립적인 작업으로 보지 않는다. 대신, 서식지와 주변 환경 간의 상호작용을 고려한 통합적 접근 방식이 필요하다고 강조한다. 생태계는 개별 서식지의 복원만으로 완전한 기능을 회복할 수 없으며, 주변 경관과의 연결성을 유지하고 확대하는 것이 중요하다.

---

28) 경관생태학(Landscape Ecology)은 생태계와 공간 구조의 상호작용을 연구하는 학문으로, 생물과 환경 간의 관계를 경관 단위에서 분석한다. 토지 이용 변화, 서식지 단편화, 생태적 연결성 등을 고려해 공간적 패턴과 생태적 과정을 통합적으로 다루고 있다.

경관생태학적 복원의 핵심 개념 중 하나는 서식지 패치(Habitat Patch)[29]와 매트릭스(Matrix)[30] 구조이다. 서식지는 독립적인 공간이 아니라 주변 환경과 긴밀하게 연결된 네트워크의 일부로 작용하며, 개별 서식지(패치)의 크기와 배치뿐만 아니라 이를 둘러싼 경관(매트릭스)의 질적 특성도 생물다양성과 생태적 기능 유지에 큰 영향을 미친다. 따라서 효과적인 서식지 복원 전략은 개별 서식지의 조성뿐만 아니라, 서식지 간 연결성을 강화하는 방향으로 설계되어야 한다.

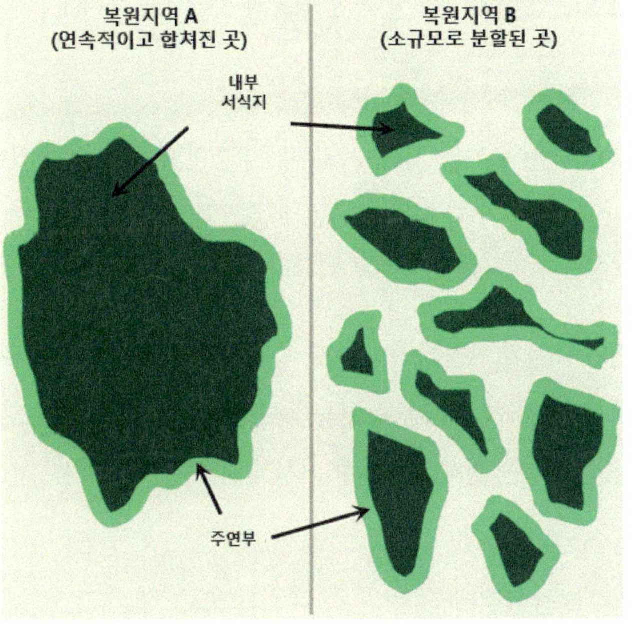

[그림 2-46] 서식지 패치 개념도

예를 들어, 일본의 모리노(Morino) 프로젝트는 경관생태학 개념을 적용한 대표 사례로, 개별 산림 패치를 연결해 생물의 자유로운 이동이 가능하도록 생태통로를 구축한 사업이다. 단순히 나무를 심는 것이 아니라, 숲, 습지, 초원 등 다양한 서식지를 유

29) 경관 내에서 주변과 구별되는 비교적 동질적인 공간 단위로, 특정 생물종의 서식처나 특정 생태 기능을 수행하는 핵심 구역이다(예 : 숲 한 조각, 연못, 초지 등).

30) 경관에서 가장 넓은 면적을 차지하며, 패치와 회랑을 둘러싸는 배경 공간이다. 주로 생물 이동이나 확산에 장벽 또는 필터 역할을 하며, 전체 생태계의 연결성에 큰 영향을 준다.

기적으로 연결해 장기적이고 지속 가능한 생태계를 조성하는 데 중점을 두었다.

경관생태학에서는 서식지를 독립된 공간이 아닌 다양한 생태 기능이 융합된 모자이크 구조로 본다. 따라서 숲만 복원하는 것으로는 부족하며, 초원 · 습지 · 하천 · 해안 등 다양한 서식 유형이 조화를 이루도록 계획하는 것이 중요하다. 예를 들어, 캐나다의 보리얼 숲(Boreal Forest)은 북반구 고위도 지역에 분포한 침엽수 위주의 한대 수림대로, 타이가(Taiga)로도 불린다. 이 지역의 복원 프로젝트에서는 산림 복원뿐 아니라 습지와 하천을 연결해 수생 및 육상 생물의 서식지를 동시에 회복하는 전략을 택했다.

이러한 접근은 생태 네트워크(Ecological Network) 강화에 초점을 두며, 공간의 연결성과 기능 회복을 중시한다. 한국 백두대간 복원사업도 산림 복원과 생태통로 조성을 병행해 단절된 서식지를 연결하고 있다.

이는 기후변화 대응과 생물다양성 보전 측면에서도 효과적이며, 유전적 다양성 유지, 종 이주 · 확산, 환경 변화 대응 능력을 높이는 데 기여한다. 앞으로의 서식지 복원은 개별 공간을 넘어 경관 전체를 고려한 거시적 전략이 요구된다.

▷ 독일의 라인강 복원 프로젝트

라인강은 한때 산업화로 인해 심각한 오염과 생태계 단절을 겪었다. 19세기 이후 급속한 산업 발전과 도시화로 공장이 들어섰고, 폐수와 오염물질이 강으로 유입되며 수질이 악화되었다. 이로 인해 연어를 포함한 토착 어류는 서식지를 잃고 사라졌으며, 보와 댐은 물의 흐름을 막아 어류 이동을 방해했고, 습지 소실로 생물다양성도 감소했다.

이에 독일 정부는 대규모 복원 프로젝트를 추진했다. 우선 폐수 배출을 규제하고 수질 정화 시스템을 도입했으며, 강바닥 오염물질을 제거하는 작업도 병행했다. 동시에 사라졌던 자연형 둔치와 습지를 복원하고, 일부 보와 댐을 개방해 어류 이동을 가능하게 했다.

[그림 2-47] 라인강 복원 프로젝트 개념

그 결과, 오랫동안 사라졌던 연어가 돌아오고, 토착 어류도 증가하며 생태계 균형이 회복되었다. 수질 개선과 함께 다양한 수생 생물이 복귀했고, 강 주변 경관도 회복되었다. 복원된 자연을 기반으로 생태관광이 활성화되며 지역 경제에도 긍정적 영향을 주고 있다. 라인강 복원은 단순한 오염 저감을 넘어 생태계 연결성과 기능 회복의 중요성을 보여주는 대표 사례다.

▷ 브라질의 대서양 숲 복원

브라질의 대서양 숲은 한때 광활한 면적을 자랑했지만, 도시 개발과 농업 확장으로 급격히 감소하며 생태계 균형이 크게 흔들렸다. 대규모 벌채로 서식지가 파편화되고, 야생동물의 이동이 제한되면서 생물다양성이 심각하게 감소했다. 이에 브라질 정부와 환경 단체들은 생태적 연결성 회복을 목표로 대규모 복원 프로젝트를 추진했다.

복원의 핵심은 자생 수종 식재와 서식지를 연결하는 생태통로 구축이었다. 초원, 강, 숲을 아우르는 자연기반해법을 적용해 생물의 자유로운 이동을 가능하게 했고, 단절된 생태계를 통합하기 위해 인접 지역과의 연계를 강화해 모자이크형 서식지 구조를 복원했다.

그 결과 멸종 위기 동식물이 다시 서식지를 찾기 시작했고, 개체군 증가와 함께 생태계 균형도 회복되었다. 생태적 연결성이 강화되면서 먹이사슬과 생태 기능이 안정되었고, 숲의 회복은 탄소 흡수와 기후 조절 기능 향상으로 이어졌다. 이 사례는 단순 조림을 넘어 생물 간 조화로운 공존 환경 조성의 중요성을 보여주는 대표적 모델로 평가된다(WWF Brazil).

▷ 한국의 곶자왈 복원

제주도의 곶자왈은 화산암 지형 위에 형성된 독특한 생태계로, 다양한 생물이 복합적으로 서식하는 중요한 자연 유산이다. 그러나 도로 건설과 관광 개발로 서식지가 단절되면서 생물 이동 경로가 차단되고 생태계 연결성이 약화되었다. 이에 제주도와 환경부는 생태 기능과 서식지 연속성 회복을 위한 대규모 복원사업을 추진하였다.

복원의 핵심 과제는 생물 이동 경로를 고려한 생태통로 구축이었다. 곤충, 새, 양서류 등이 자유롭게 이동할 수 있도록 서식지 연결망을 조성하고, 훼손 지역은 자연 복원이 이뤄지도록 했다. 또한 숲과 습지를 연계해 생태축을 복원하고, 생태 모니터링을 통해 종 다양성과 이동 패턴을 분석하며 복원 효과를 지속적으로 평가하고 있다.

그 결과 자생종 개체수가 증가하고 곤충과 조류의 서식 환경이 안정화되었으며, 곶자왈 특유의 생태 기능도 되살아났다. 아울러 지역 주민과의 협력을 통해 생태관광이 활성화되고, 환경 보호 인식도 높아졌다. 곶자왈 복원은 자연 복구를 넘어 인간과 자연의 공존 가능성을 제시하는 대표적 사례로 평가된다.

▷ 추풍령 생태통로

경북과 충북의 경계인 추풍령 지역은 경부고속도로, 경부선 철도, 국도 4호선 등 교통 인프라가 밀집되어 있어 야생동물 서식지가 단절되고 로드킬이 빈번하게 발생하는 지역이다.

이를 해결하기 위해 2017년 추풍령 휴게소 인근에 생태통로가 설치되었다. 자연스러운 이동을 유도하기 위해 주변과 유사한 식생을 조성하고, 입구와 출구에 유도 펜스를 설치해 도로 진입을 방지했다.

2021년에는 빗물을 자동 공급하는 물 공급 시스템이 도입되어, 동물들이 통로 내에서 물을 마시고 쉴 수 있는 환경도 조성되었다.

이 생태통로는 다양한 야생동물이 안전하게 이동할 수 있도록 돕고 있으며, 서식지 연결과 생태계 회복에 기여하고 있다. 설치 이후 로드킬이 감소하는 등 긍정적 효과가 나타나고 있으며, 생태 인프라의 중요성을 보여주는 대표 사례로 평가된다.

○ 자연과 인간이 공존하는 서식지 복원

서식지 복원은 단순히 훼손된 자연을 되살리는 기술적 행위에 그치지 않는다. 이는 생물다양성을 회복하고 생태계의 건강성을 높이며, 인간과 자연이 조화를 이루는 미래를 여는 도구이다. 특히 생물 간 상호작용을 고려한 복원은 먹이사슬, 경쟁, 공생 등 복잡한 생태 기능이 자연스럽게 회복되도록 유도한다.

현대 생태계는 기후변화, 도시화, 토지 이용 변화로 인해 단절과 고립이 심화되고 있으며, 이는 종의 생존 가능성 저하, 유전자 다양성 감소, 생태계 기능 붕괴를 초래하고 있다. 이를 해결하려면 개별 서식지 복원뿐 아니라, 서식지 간 연결성을 고려한 경관생태학적 접근이 필요하다. 숲, 하천, 습지, 초원 등을 유기적으로 연결해 생물의 이동과 번식이 원활하게 이루어져야 한다.

이처럼 서식지 연계는 생물이 필요로 하는 다양한 요소가 상호 보완되도록 해 생태계의 안정성과 회복력을 높인다. 따라서 서식지 복원은 '공간의 복원'을 넘어 '관계의 복원', '기능의 복원'이라 할 수 있다.

또한 복원은 인간에게도 수질 정화, 탄소 흡수, 토양 유지, 재해 완화 등 생태계 서비스를 통해 실질적 혜택을 제공하고 삶의 질을 높인다. 기후변화 시대에 서식지 복원은 적응과 완화를 동시에 실현할 수 있는 효과적인 수단이다.

이를 위해 과학적 계획과 기술뿐만 아니라, 지역 주민, 행정, 전문가, 시민사회의 통합적 거버넌스가 요구된다. 복원 효과를 지속하려면 모니터링과 적응적 관리, 지역사회의 적극적인 참여가 필수적이다.

결국 서식지 복원은 단순한 환경 정비가 아닌, 자연과 인간이 상호 의존하며 공존하는 생태적 삶의 기반을 되살리는 일이다. 이는 오늘을 위한 실천이자 미래 세대를 위한 투자이며, 우리가 지켜야 할 자연의 가치를 되새기는 길이다.

3부. 생태복원의 미래

10장. 기후변화와 생태복원, 함께 해결하기

기후변화는 더 이상 미래의 문제가 아니다. 극한 기후, 생태계 파괴, 생물다양성 감소 등 그 영향이 우리의 삶을 위협하고 있다. 탄소중립이 전 세계적인 목표로 떠오르면서, 단순한 배출 저감을 넘어 자연이 가지고 있는 회복력이 새로운 해결책으로 주목받고 있다. 생태복원은 탄소를 흡수하고 저장하며, 기후변화에 적응하는 데 중요한 역할을 한다.

숲을 복원하고, 습지를 보호하며, 해양 생태계를 회복하는 과정에서 자연은 스스로 균형을 찾아간다. 우리나라를 비롯한 세계 각국은 생태복원을 탄소중립 전략에 통합하고 있다. 인간과 자연이 공존하는 길, 기후위기를 극복하는 해답은 바로 생태복원에 있다. 자연을 되살리는 것은 곧 인류가 지속적으로 번영할 수 있는 길이며, 지금이야말로 이를 실천해야 할 시점이다.

10.1 기후변화가 생태계에 미친 영향

산업혁명 이후 인간의 활동이 급격히 증가하면서 대기 중 온실가스 농도도 함께 상승했다. 그 결과, 지구의 평균 기온이 상승하고 있으며, 이는 생태계 전반에 걸쳐 중대한 변화를 초래하고 있다. 기후변화는 단순히 기온이 오르는 문제를 넘어 생물다양성을 감소시키고, 극단적인 기상이변을 증가시키며, 생태계가 제공하는 다양한 서비스를 약화시키고 있다. 이러한 변화는 전 세계적으로 나타나며, 우리나라도 예외가 아니다. 기후변화가 생태계에 미치는 영향은 매우 다양하지만, 가장 두드러지는 문제는 생물다양성의 손실, 자연재해의 증가, 그리고 생태계 서비스의 약화이다.

○ 생물다양성의 손실

기후변화는 지구 생태계 전반에 심각한 영향을 미치고 있다. 기온 상승, 강수 패턴 변화, 극단적 기상 현상은 다양한 생물종의 서식지를 위협하고, 일부는 멸종 위기에 처해 있다. 대표적 사례인 북극곰은 북극 해빙 면적 감소로 사냥터가 줄고, 먹이를 찾아 인간 거주지로 이동하는 사례가 늘고 있다. 이는 단순한 한 종의 문제가 아니라 인간과 자연의 새로운 공존 방식에 대한 과제를 던진다.

해양 생태계도 위협받고 있다. 해수 온도 상승과 해양 산성화로 전 세계 산호초의 절반 이상이 백화현상으로 소멸되었다. 산호초는 다양한 해양 생물의 서식지이기에, 이들의 붕괴는 해양 생태계 전체의 붕괴로 이어질 수 있다.

한국의 경우, 고산지대 고유 수종인 구상나무가 기온 상승과 건조화로 급감하고 있다. 한라산 정상부에서 자라던 구상나무는 1990년대 이후 90% 이상 사라졌으며, 이는 아고산대 생태계 붕괴의 신호로 해석된다.

농업 부문에서도 변화가 뚜렷하다. 제주도와 남부 지역에서는 아열대 작물이 빠르게 확산되며 열대 과일 재배가 가능해졌지만, 동시에 토종 식물의 생육이 어려워지고 병해충이 확산되고 있다. 이는 기존 농업 생태계에 새로운 위협을 초래하며, 지속 가능한 농업을 위해 체계적 대응이 요구된다.

▷ 자연재해의 증가 : 기후변화가 만든 재난

기후변화는 극단적인 기후 현상을 더욱 빈번하게 만들고 있으며, 이에 따라 대규모 자연재해가 전 세계 곳곳에서 발생하고 있다. 호주의 2019 ~ 2020년 산불은 그 대표 사례로, 당시 1억 헥타르 이상의 산림이 소실되고 약 30억 마리의 야생동물이 피해를 입었다. 기온 상승과 강수량 감소로 건조한 날씨가 지속되며 산불 발생 빈도와 강도가 높아지고 있다.

캐나다에서도 2023년 대형 산불로 약 1,800만 헥타르의 산림이 피해를 입었으며, 경제적 손실과 생태계 파괴가 심각한 수준에 이르렀다.

우리나라도 기후변화로 인한 자연재해가 증가하고 있다. 2020년 중부지방을 강타한 기록적 폭우는 대기 중 수증기 함량 증가로 집중호우의 강도와 빈도가 높아진 사례다. 또한 동해안과 경북 내륙의 봄철 산불은 기온 상승과 건조한 날씨로 더욱 자주 발생하고 있으며, 이는 산림 생태계를 위협하는 주요 요인이 되고 있다.

▷ 생태계 서비스의 약화 : 인간과 자연 모두의 문제

생태계는 인간에게 다양한 혜택을 제공한다. 숲은 탄소를 흡수하고, 습지는 수질을 정화하며, 해양 생태계는 기후를 조절하는 기능을 수행한다. 그러나 기후변화로 인해 이러한 기능들이 점차 약화되고 있다.

아마존 열대우림은 '지구의 허파'로 불리며 이산화탄소를 흡수해왔지만, 기온 상승과 과도한 벌목으로 일부 지역은 탄소를 흡수하기보다 방출에 가까운 상태로 변하고 있다. 이는 탄소 흡수원에서 배출원으로 전환될 수 있다는 우려를 낳고 있다.

미국 체사피크 만(Chesapeake Bay) 역시 해수면 상승과 습지 파괴로 수질 정화 기능이 약화되고, 지역 어업 생산성도 감소하고 있다. 기후변화는 오염물 정화, 서식처 제공 등 습지의 주요 기능을 저해하고 있다.

한국에서도 생태계 서비스 변화가 나타나고 있다. 남부 지역에서는 바나나, 파파야, 망고 등 열대작물의 재배가 증가하고 있지만, 이는 기존 생태계 균형을 해칠 수 있어 신중한 접근이 필요하다. 또한 우리 산림은 탄소 흡수원 역할을 해왔으나 병해충, 산불, 산림 노령화로 인해 흡수 능력이 감소하고 있다. 이는 기후변화 완화 노력에도 부정적인 영향을 줄 수 있다.

기후변화는 생태계의 기능뿐 아니라 인간 사회가 의존하는 생태계 서비스 전반에 영향을 미친다. 생태계의 건강성과 회복력을 유지하고, 필요한 경우 이를 적극적으로 복원하는 일은 앞으로 더욱 중요해질 것이다.

[그림 3-1] 우리나라 남부 내륙지역에서 재배되는 다양한 열대과일

○ 기후변화에 대한 대응 : 복원의 필요성

기후변화는 생태계와 인간 사회 모두에 심각한 위협으로 작용하며, 이에 대한 대응은 더 이상 미룰 수 없는 과제가 되었다. 지구 평균기온 상승과 극단적인 기상 현상 증가는 서식지 변화와 생물다양성 감소를 초래하고, 생태계 기능을 전반적으로 약화시키고 있다. 자연재해의 빈도와 강도 증가로 지속 가능한 환경 조성의 중요성도 더욱 커지고 있다.

이에 대한 대응 전략 중 하나가 생태복원이다. 생태복원은 훼손된 환경을 회복시켜 생태계의 탄력성을 높이고, 기후변화 영향을 완화한다. 건강한 생태계는 온실가스를 더 많이 흡수 · 저장하고, 수자원 순환과 토양 유지 기능을 강화해 자연재해 피해를 줄이는 데 기여한다.

또한 서식지를 복원하고 생태적 연결성을 확보하는 일은 생물다양성 유지를 통해 기후변화 적응 기반을 마련하는 데 필수적이다. 조화로운 생물 군집은 외부 충격에 대한 회복력을 높이고 생태계의 안정성을 강화한다.

생태복원은 환경 보호를 넘어 지속 가능한 발전과도 밀접히 연결된다. 건강한 생태계는 깨끗한 물과 공기, 기후 안정, 식량과 자원 등 다양한 생태계 서비스를 제공하며, 이는 사회 · 경제 전반에 긍정적 영향을 미친다. 복원 전략은 자연기반해법 중심의 통합적이고 체계적인 접근이 필요하며, 장기 계획과 지속적 관리가 뒷받침되어야 한다.

기후변화는 단기적 대응으로 해결할 수 없는 문제다. 이를 극복하려면 과학 기반의 생태복원 노력이 지속적으로 추진되어야 하며, 정책적 지원과 사회적 협력도 병행되어야 한다. 생태복원은 기후변화의 부정적 영향을 줄이고, 회복력 있는 환경을 조성해 미래 세대를 위한 지속 가능한 기반을 마련하는데 중요한 역할을 한다.

10.2 탄소중립 시대, 왜 복원이 중요한가요?

기후변화는 현재 인류가 직면한 가장 심각한 환경 위기다. 이를 해결하기 위해 세계 각국은 탄소중립(Net Zero)을 목표로 다양한 전략을 추진하고 있다.

탄소중립이란 온실가스 배출량과 흡수량을 같게 만들어 순배출을 '0'으로 만드는 것이다. 그러나 감축만으로는 부족하며, 이미 대기 중에 축적된 이산화탄소를 제거하고 기후변화에 적응하는 방안이 필요하다. 여기서 생태복원이 중요한 역할을 한다.

자연은 스스로 탄소를 흡수 · 저장하는 능력이 있으며, 산림 · 습지 · 해양 생태계 복원은 탄소중립 실현과 기후위기 대응을 동시에 가능하게 하는 효과적인 수단이다.

○ 탄소중립과 생태복원의 연결고리

탄소중립을 실현하려면 온실가스 배출 저감뿐 아니라, 자연의 기능을 활용한 탄소 흡수 방안을 적극 도입해야 한다. 생태계는 이미 대기 중 이산화탄소를 흡수 · 저장하는 기능을 수행하고 있으며, 이를 보전하고 복원하면 탄소중립 목표에 효과적으로 접근할 수 있다.

산림은 대표적인 탄소 흡수원이다. 전 세계 숲은 연간 약 20억 톤, 한국 산림은 약 4,600만 톤의 탄소를 흡수하는 것으로 평가된다. 그러나 벌목, 산불, 산림 노령화 등으로 흡수량이 감소할 우려가 있으며, 이는 기후변화 완화에 장애가 될 수 있다.

습지와 해양 생태계도 중요한 탄소 저장고다. 전 세계 습지는 지표의 6%에 불과하지만 전체 토양 탄소의 약 30%를 저장한다. 그러나 이미 50% 이상이 훼손되었고, 해양 오염과 연안 개발로 해양 생태계의 탄소 흡수 능력도 저하되고 있다.

이러한 상황에서 주목받는 것이 자연기반해법이다. 이는 단순한 조림을 넘어 생태계를 통합적으로 보전 · 복원해 기후변화와 환경문제에 대응하는 전략이다. 탄소 흡수는 물론 생물다양성 보전, 기후 적응, 수자원 관리 등 다양한 환경 혜택을 동시에 달성할 수 있다.

○ 생태복원 전략 : 산림, 습지, 해양의 역할

탄소중립을 실현하려면 생태복원이 필수이며, 이를 위해 산림 · 습지 · 해양 생태계를 중심으로 한 접근이 필요하다. 각 생태계는 탄소 흡수와 저장에서 중요한 역할을 하며, 이를 복원하고 보호하는 것은 기후변화 대응의 해법이 된다.

산림은 대표적 탄소 흡수원으로, 광합성을 통해 이산화탄소를 흡수 · 저장한다. 과거엔 단일 수종 조림이 일반적이었지만, 최근에는 다양한 수종을 혼합해 흡수 효율을 높이는 방식이 권장된다. AI 기반 산불 예측 시스템은 산림 손실을 예방하며, 도시숲 조성은 탄소 흡수 외에도 열섬 완화와 공기 질 개선에 기여한다.

습지는 '자연의 탄소 저장고'로, 유기물을 분해하지 않고 퇴적시켜 탄소를 장기적으로 저장한다. 하지만 도시 개발과 농경지 전환으로 습지가 줄며 기능이 약화되고 있다. 보호구역 확대, 간섭 최소화, 체계적 관리가 필요하다.

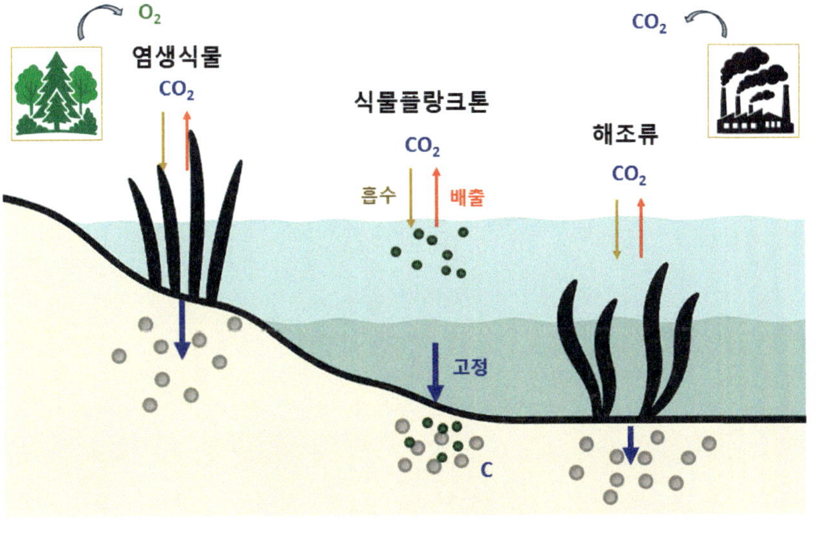

[그림 3-2] 블루카본에 대한 개념도

해양 생태계도 지구 최대의 탄소 저장소로, 해초숲 · 맹그로브 · 염습지 같은 블루 카본 생태계는 강력한 탄소 흡수원이다. 그러나 오염, 남획, 기후변화로 훼손되고 있어, 해양 보호구역 확대, 인공 해초숲 조성, 산호초 및 맹그로브 복원 등 실질적인 복원이 요구된다.

이처럼 생태복원은 산림, 습지, 해양을 아우르는 통합적 접근이 필요하며, 이를 통해 탄소중립과 기후변화 대응이 가능해진다. 복원된 생태계가 기능을 유지할 수 있도록 과학적 관리와 정책적 지원이 병행되어야 한다.

바다에 숲을 만들면 무슨 일이 벌어질까? : 블루카본의 비밀

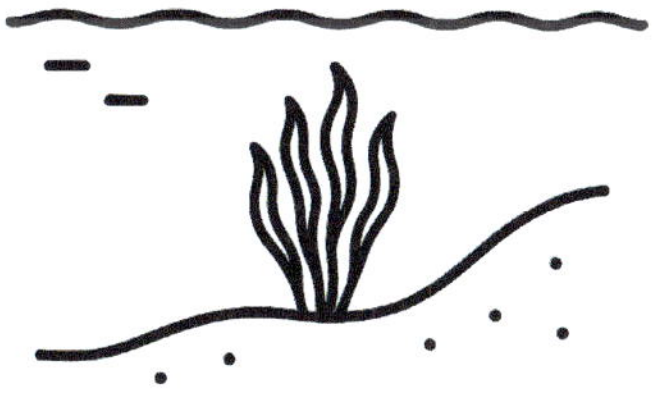

탄소중립 이야기가 나오면 대부분은 나무가 빽빽한 육상 숲을 떠올린다. 하지만 지구의 절반은 바다이고, 그곳 역시 보이지 않는 거대한 탄소 저장고다.

요즘 해양 생태학자들이 주목하는 것은 바로 '바다에 숲을 심는 일'이다. 이른바 '블루카본(Blue Carbon)', 바다 속 식물이 탄소를 흡수하고 저장하는 놀라운 힘이 다시 빛을 받고 있다.

호주의 한 해안 도시에서는 한때 바다를 가득 메웠던 해조류 숲이 사라졌다. 무분별한 어업과 연안 오염이 이어지자 탄소 저장량은 줄고, 물고기들은 집을 잃었다. 그때 시작된 것이 바로 '해초숲 복원 프로젝트'다. 인공 구조물 위에 해조류를 심고, 조류 흐름을 조정하며 서서히 바다의 숨을 되살렸다. 몇 해가 지나자 물결 사이로 다시 해초가 춤을 추기 시작했고, 그 속으로 물고기와 게, 새우들이 돌아왔다. 탁했던 바다는 맑아지고, 사람들의 어망에도 생명이 다시 걸려들었다.

해초숲은 바다의 허파이자 정화 장치다. 미세플라스틱과 중금속, 오염물질을 흡착해 물을 깨끗하게 만들고, 그 몸속과 뿌리, 퇴적층 깊숙이 탄소를 저장한다.

학자들은 말한다. "해초숲은 같은 면적의 열대우림보다 최대 5배 많은 탄소를 흡수한다."

게다가 맹그로브와 염습지는 태풍의 파도를 막아주는 자연의 방파제 역할까지 해낸다. 결국 탄소중립의 열쇠는 땅 위의 숲만이 아니라 바다 속 숲에도 있다. 해초숲과 맹그로브, 염습지로 이어진 블루카본 생태계는 지구의 바다를 거대한 탄소 창고로 바꾸는 숨은 주역이다.

바다에 숲을 심는 일, 그것은 더 이상 낭만적인 상상이 아니다. 이제 인류가 기후위기에 맞서기 위해 택해야 할, 가장 푸른 해법이다.

○ 도시 녹지와 탄소중립

도시는 산업 활동, 교통, 에너지 소비가 집중되어 있어 전 세계 탄소 배출의 상당 부분을 차지한다. 이로 인해 도시는 기후변화의 주요 발생지이자, 탄소중립 실현의 핵심 대응 지역으로 부각되고 있다. 이를 해결하려면 도시 생태계 복원과 녹지 공간 확대가 필수적이다.

도시 숲과 공원은 이산화탄소 흡수 외에도 미세먼지 저감, 기온 조절, 대기질 개선 등 다양한 생태계 서비스를 제공한다. 이는 도시 환경을 지속 가능하게 만들고 시민 건강과 삶의 질 향상에도 기여한다. 또한 도시 녹지는 생물다양성 보전과 야생동물 서식처 확보에도 중요하다.

특히 옥상녹화와 벽면녹화 등 수직적 녹지 확대는 공간이 부족한 도심에서 효과적이다. 연구에 따르면, 지붕녹화는 냉난방 에너지 소비를 최대 20 ~ 30% 줄이고, 벽면녹화는 여름철 외벽 온도를 낮춰 실내 온도 유지에 도움을 준다(FAO). 이러한 기술은 미관 개선을 넘어 탄소저감, 열섬 완화, 생물서식처 제공 등 다양한 효과를 낸다.

도시 하천과 습지 복원도 중요하다. 불투수 면적이 많은 도심은 빗물이 스며들지 못해 홍수 위험이 커지지만, 하천 · 습지 복원을 통해 물 순환 회복, 수질 정화, 생물 서식처 제공, 탄소 흡수 기능 강화가 가능해진다.

기술만으로는 기후위기의 본질을 해결할 수 없다. 탄소중립 시대에는 자연의 탄소 흡수 · 저장 기능을 회복하고 도시뿐 아니라 산림, 해양, 습지 등 다양한 생태계에서 복원이 함께 이뤄져야 한다. 그래야 기후변화 속도를 늦추고 회복력 있는 미래로 나아갈 수 있다.

○ 한국의 탄소중립 관련 정책과 생태복원

기후변화가 세계적 위기로 부각되면서, 우리나라도 탄소중립(Net Zero) 목표를 설정하고 본격적인 정책을 추진하고 있다. 2020년 정부는 '2050 탄소중립 선언'을 통해 기후위기 대응과 지속 가능한 미래에 대한 의지를 공식화했으며, 이는 국가 기후정책의 방향성을 제시한 전환점이 되었다.

이후 우리나라는 법적 · 제도적 기반 마련, 에너지 전환, 산업구조 개편과 함께 자연기반해법을 생태복원 전략에 적극 도입하고 있다. 생태계를 보전 · 복원해 탄소 흡수 능력을 높이는 접근은 탄소중립 실현의 도구로 주목받고 있다.

특히 산림청은 '2050 탄소중립 산림부문 추진전략'을 통해 산림 복원, 신규 탄소 흡수원 확보, 목재 · 바이오매스 활용 확대 등을 추진 중이다. 환경부는 '제1차 국가 탄소중립 · 녹색성장 기본계획(2023 ~ 2042)'을 통해 2030년까지 온실가스 배출을 2018년 대비 40% 감축하겠다는 목표를 제시하고 부문별 이행 방안을 구체화했다.

관련 부처와 연구기관은 이러한 정책들이 국가의 탄소 흡수 능력 향상에 실질적으로 기여할 것으로 평가하고 있으며, 기후위기 대응을 위해 부문 간 연계와 통합적 접근의 필요성을 강조하고 있다.

결국 탄소중립은 단순한 온실가스 감축을 넘어 생태복원, 지속가능한 성장, 환경 보호를 함께 실현하는 국가 과제이며, 자연기반해법은 이를 가능하게 하는 실행 전략이다.

▷ 2050 탄소중립 목표와 정책 방향

정부는 "2050 탄소중립 시나리오"를 발표하며, 구체적인 탄소 감축 목표와 정책 방향을 설정했다. 주요 목표는 다음과 같다.

- ✓ 2030년까지 온실가스 배출량 40% 감축(2018년 대비)
- ✓ 2050년 탄소중립(Net Zero) 달성
- ✓ 에너지 전환과 산업 구조 개편을 통한 저탄소 경제로 전환

이를 실현하기 위해 정부는 법 · 제도적 기반을 마련하고, 재생에너지 확대, 산업 · 수송 부문의 탄소 감축, 생태계 복원을 통한 탄소 흡수 증대 등의 다양한 전략을 추진하고 있다.

○ 탄소중립을 위한 주요 정책 및 전략

▷ 법적 · 제도적 기반 강화

탄소중립 목표를 실현하기 위해 "탄소중립 · 녹색성장 기본법"을 제정하고 시행하고 있다. 이는 탄소중립을 체계적으로 추진하기 위한 법적 근거를 마련한 것으로, 주요 내용은 다음과 같다.

- ✓ 탄소예산제 도입 : 국가와 산업별 온실가스 배출 상한을 설정하여 감축 목표를 명확히 규정함.
- ✓ 기후변화 영향평가 시행 : 대규모 개발 사업이 기후변화에 미치는 영향을 사전에 평가하도록 의무화함.
- ✓ 탄소국경세 대응 : EU의 탄소국경세(Carbon Border Adjustment Mechanism, CBAM)에 대비하여 국내 기업의 저탄소 전환을 지원.

이러한 제도적 기반을 통해 탄소 배출 감축을 강제하고, 지속적인 감축 목표를 달성할 수 있도록 정책적 지원을 강화하고 있다.

▷ 에너지 전환 : 재생에너지 확대와 수소경제 육성

에너지는 탄소중립 실현에서 가장 중요한 요소 중 하나다. 현재 국내 전력 생산은 여전히 석탄과 가스 중심이지만, 정부는 친환경 에너지를 확대하고 에너지 전환을 가속화하는 정책을 추진하고 있다.

- ✓ 재생에너지 확대 : 태양광, 풍력, 수소 등 청정에너지 비중을 2030년까지 30% 이상으로 증가시키는 목표를 설정
- ✓ 석탄발전 감축 : 노후 석탄발전소를 단계적으로 폐쇄하고, 신재생에너지로 전환하는 계획을 추진
- ✓ 수소경제 육성 : 한국은 세계적인 수소경제 리더로 자리매김하기 위해 수소경제 로드맵을 발표하고, 2050년까지 수소 기반 산업을 주력으로 육성

이러한 정책을 통해 한국은 친환경 에너지 사용을 확대하고, 탄소 배출을 획기적으로 줄여 나가고 있다.

▷ 산업 및 수송 부문의 저탄소 전환

온실가스 배출의 상당 부분을 차지하는 산업 및 교통 부문에서도 탄소 감축을 위한 정책이 강화되고 있다.

산업 부문에서는 탄소 배출이 많은 철강, 시멘트, 석유화학 업종에서 탄소 배출을 줄이기 위해 탄소포집 · 활용 · 저장(CCUS : Carbon Capture, Utilization and Storage) 기술을 적극 도입하고 있으며, 친환경 생산 공정으로 전환하는 지원 정책도 마련하고 있다.

또한, 수송 부문에서는 전기차 및 수소차 보급 확대, 대중교통 친환경화, 내연기관 자동차 단계적 퇴출(2035년부터 내연기관차 신규 판매 금지) 등의 정책을 추진하고 있다.

▷ 생태복원과 자연기반해법(NbS) 적용

탄소중립 실현을 위해 기술적 접근뿐만 아니라, 자연이 가진 탄소 흡수 기능을 극대화하는 전략도 중요하다. 정부는 생태계 복원을 통해 탄소를 흡수하고, 기후변화 적응력을 높이는 다양한 정책을 추진하고 있다.

산림 복원 및 탄소 흡수원 확대를 위하여 국토의 63%를 차지하는 산림을 보호하고, 탄소 저장 능력을 강화하기 위해 혼합 조림 및 숲 가꾸기 사업을 확대하고 있다. 갯벌과 습지에 대해서는 이들 대상지를 보호하고 복원하여 블루카본(Blue Carbon) 생태계를 강화하는 정책을 추진하고 있다. 또한 도시 내 녹지 공간 확대, 지붕녹화 및 벽면녹화 사업을 통해 도시에서도 탄소 흡수 및 기후변화 적응력을 높이는 방안을 시행하고 있다.

[그림 3-3] 탄소중립을 위한 국가비전 및 국가전략 체계도[31]

31) 정부에서는 국가 탄소중립 녹색성장 기본계획을 5년마다 수립하고, 매년 탄녹위+중앙부처+지자체의 상설협의체 운영 및 체계적 이행할 계획이다(관계부처 합동 https://www.2050cnc.go.kr).

○ 탄소중립 정책과 국제 협력

우리나라는 글로벌 기후 위기에 대응하기 위해 국제사회와 긴밀히 협력하며, 다양한 국제 이니셔티브에 적극 참여하고 있다. 2015년 파리협정 이후 국가 온실가스 감축목표(NDC)를 상향 조정했으며, 국제 탄소배출권 거래제 확대와 탄소가격제 논의에도 적극 대응하고 있다. 일본, 중국 등 아시아 국가들과의 협력을 통해 친환경 산업과 녹색 기술 교류도 활발히 진행 중이다.

탄소중립 정책은 단순한 온실가스 감축에 그치지 않고, 에너지 전환, 산업 구조 개편, 생태복원 등 전방위적 전환을 포함한 국가 전략이다. 한국은 이러한 노력을 바탕으로 국제사회에서 탄소중립을 선도하는 국가로 자리매김하고자 한다.

탄소중립은 환경 보호를 넘어 경제 · 사회 · 기술 전반의 대전환을 의미한다. 이를 성공적으로 실현하려면 정부, 기업, 시민사회 간 긴밀한 협력이 필수적이다. 아울러, 정책은 공정하고 지속 가능한 방식으로 설계되어야 하며, 모두가 함께하는 포용적 기후 대응이 되어야 한다.

[그림 3-4] 중국 쿠부치사막에서의 조림 (사진 : 산림청 보도자료에서 재인용)[32)]

32) 중국과 몽골 등 동북아시아 지역 사막화 방지와 황사 저감을 위해 실시했던 우리나라의 조림사업 성과를 보여주는 사진. 중국 쿠부치 국제 사막포럼(Kubuqi International Desert Forum)은 2007년부터 2년마다 개최하고 있으며, 유엔사막화방지협약(UNCCD) 등 사막화 방지 관련 국제기구와 각국 전문가들이 참여하여 사막화 방지와 녹색 경제 개발에 대해 논의하는 포럼(산림청 보도자료 2023.09.14.).

섬이 사라지고 있어요 : 기후난민, 물러설 곳 없는 사람들

전 세계 해안과 섬 지역이 점점 바닷물에 잠기고 있다. 이는 단순한 기상 이변이 아니라, 기후변화로 인한 해수면 상승 때문이다.

남태평양의 섬나라 투발루(Tuvalu)는 평균 해발고도 2m 남짓한 저지대 국가다. 해수면 상승으로 해안 마을이 침식되고, 조수만으로도 물이 마을 안쪽까지 밀려든다. 염분은 땅과 지하수를 오염시켜 농사와 식수 확보마저 어렵게 만든다. 결국 사람들은 삶의 터전을 떠날 수밖에 없게 된다.

이처럼 기후 변화로 거주지를 잃고 이동하는 사람들을 '기후난민(Climate Refugees)'이라 한다. 그러나 이들은 기존 난민과 달리 국제법의 보호를 받기 어렵다. 이에 키리바시(Kiribati)는 국민의 미래 이주를 대비해 피지(Fiji)의 토지를 매입하기도 했다.

기후 변화는 점점 가속화되고 있다. 자료에 따르면 해수면은 연평균 약 3.3mm 상승 중이며, 이는 과거보다 2배 이상 빠르다. 빙하 융해와 해양의 열팽창이 주요 원인이다. 이 변화는 섬나라만의 문제가 아니다. 일부 갯벌은 점차 사라지고 있고, 이는 생태계 변화가 인간의 삶터에 직접 영향을 미치고 있음을 보여준다.

기후난민들은 말한다.
"우리가 떠나는 게 아니라, 우리가 살던 곳이 사라지고 있습니다."

이 절박한 외침은 단지 경고가 아니다. 이제 우리는 기후위기에 대응할 복원의 길을 찾아야 한다. 자연과 인간이 공존할 수 있는 생태계를 다시 만드는 일이 그 어느 때보다 절실하다.

10.3 생태복원이 탄소 흡수와 기후 적응을 돕는 방법

기후변화 대응에서 생태복원은 단순한 자연 회복을 넘어, 탄소 흡수·저장 기능을 극대화해 기후위기의 영향을 줄이고 적응력을 높이는 방법이다. 기술 기반 탄소 포집에는 한계가 있는 만큼, 자연의 복원력을 활용한 접근이 더욱 효과적이고 지속 가능한 해결책으로 주목받고 있다.

산림, 습지, 해양 생태계는 각각 탄소를 흡수·저장하는 고유의 기능을 갖고 있으며, 이들의 건강성을 회복하는 것은 탄소중립 실현과 직결된다. 도시와 농촌 생태계도 복원을 통해 재해 대응력과 회복력을 높이며, 사람과 자연이 공존하는 환경 조성에 기여한다.

다양한 복원 사례는 생태복원이 실질적 성과로 이어질 수 있음을 보여준다. 생태복원은 이제 기후위기 시대에 반드시 함께 추진해야 할 필수 도구로 자리 잡고 있다.

○ 탄소 흡수원으로서의 생태복원

기후변화 대응에서 가장 중요한 과제 중 하나는 대기 중에 축적된 탄소를 효과적으로 줄이는 것이다. 생태계는 자연적으로 탄소를 흡수하고 저장하는 기능을 하며, 이를 복원하고 보호하는 것은 탄소중립을 달성하는 방법이 될 수 있다. 특히 산림, 습지, 해양과 같은 생태계는 대기 중 탄소를 흡수하고 오랜 기간 저장할 수 있는 중요한 탄소 저장소 역할을 한다. 그러나 이러한 생태계가 훼손되거나 사라질 경우 탄소 저장 능력이 약화되며, 오히려 기존에 저장된 탄소가 방출될 위험도 있다. 따라서 생태복원을 통해 자연이 가진 탄소 흡수 기능을 극대화하는 것이 필요하다.

▷ 산림 복원 : 지구의 탄소 저장고

산림은 자연이 가진 가장 강력한 탄소 흡수원으로, 매년 전 세계적으로 약 20억 톤의 이산화탄소를 흡수한다(FAO). 한국 산림도 연간 약 4,600만 톤의 탄소를 흡수하는 것으로 알려져 있다(국립산림과학원). 그러나 산불, 벌목, 기후변화로 산림의 탄소 흡수 능력이 점차 감소하고 있어 지속적인 보호와 복원이 요구된다.

단순한 나무 심기로는 장기적 효과를 기대하기 어려우며, 생물다양성을 고려한 혼합 조림과 지속적 관리가 필요하다. 보호구역 확대와 기후 회복력 높은 숲 조성 전략도 병행해야 한다.

▷ 습지 및 갯벌 복원 : 자연의 탄소 배터리

습지는 지구 면적의 6%에 불과하지만 전 세계 토양 탄소의 약 30%를 저장한다. 유기물 분해가 느리고 퇴적물이 축적되며, 한국 갯벌도 연간 약 160만 톤의 탄소를 흡수하는 것으로 평가된다. 그러나 연안 개발과 매립으로 전 세계 습지의 절반 이상이 훼손되며, 탄소 저장 능력이 감소하고 있다.

복원을 위해선 보호구역 확대, 인위적 간섭 최소화, 자연 생태계 유지가 필요하다. 퇴적물 복원, 해수 유입 조절, 맹그로브 복원 등은 해안 보호와 탄소 저장에 기여하며, 생물다양성 보전, 수질 개선, 재해 완화 효과도 기대된다.

[그림 3-5] 한국의 일반적인 해안 사구지역 (해남 산이지구)

▷ 해양 블루카본 생태계 보호 : 바다 속 탄소 저장소

해양 생태계는 육상보다 최대 5배 많은 탄소를 저장할 수 있으며, 특히 해초숲, 맹그로브, 염습지 같은 블루카본 생태계는 매우 효과적인 탄소 흡수원이다. 이들은 광합성뿐 아니라 유기물을 퇴적층에 축적해 탄소를 장기적으로 격리하는 기능을 한다.

하지만 해양 오염, 남획, 해수 온도 상승 등의 영향으로 생태계가 빠르게 훼손되고 있으며, 이에 따라 탄소 저장 능력도 약화되고 있다.

이를 해결하기 위해 해초숲 복원과 해양 보호구역 확대가 필요하다. 해초숲은 탄소 저장과 더불어 해양 생물의 서식처 기능도 수행한다. 일부 국가는 해초 이식 프로젝트를 시행 중이며, 한국에서도 블루카본 생태계 강화를 위한 정책과 연구가 활발히 진행되고 있다.

이탄습지 속 잠든 시간, 보그맨의 경고

BOG MAN

1940년대 덴마크. 한 농부가 이탄을 채취하던 중 진흙 속에서 평온한 얼굴의 시신을 발견했다. 마치 잠든 듯한 모습에 사람들은 그를 '톨런드 맨(Tollund Man)'이라 불렀고, 그는 무려 2,400년 전 철기시대의 사람이었다. 어떻게 그토록 온전히 보존될 수 있었을까?

그 해답은 그가 누워 있던 이탄습지에 있다. 이곳은 산소가 부족하고 산성이 강해 미생물 활동이 억제되며, 생물의 분해가 극도로 느리다. 그래서 수천 년 전의 시신조차 타임캡슐처럼 남는다. 북유럽과 독일, 아일랜드 등에서도 이탄습지에서 발견된 '보그맨(Bog Man)'들이 이를 입증한다.

그러나 이탄습지는 단순한 고고학 유산이 아니다. 지구 육지의 3%에 불과하지만 전 세계 토양 탄소의 30 ~ 35%를 저장하는, '천연 탄소 금고'다. 식물이 분해되지 않고 이탄으로 바뀌며 탄소를 오랜 시간 땅속에 가둬 둔다. 나무보다 많은 탄소를 저장하는 이탄지는 기후변화 완화에 핵심적인 역할을 한다.

문제는 인간의 간섭이다. 농경지 확장, 배수로 조성, 도시 개발 등으로 이미 절반 이상의 이탄지가 사라졌다. 건조화된 이탄은 산소와 만나 빠르게 분해되며, 오랫동안 저장되었던 탄소가 대기 중으로 방출된다. 연구에 따르면 전 세계 온실가스 배출량의 약 5%가 훼손된 이탄지에서 발생한다.

이 탄소의 금고는 보호받지 못하면 기후폭탄이 될 수 있다. 조용히 잠든 보그맨은 말이 없지만, 그의 존재는 묻고 있다.

"나는 수천 년 동안 탄소를 품고 있었다.
이제, 너희는 이 땅을 지킬 준비가 되었는가?"

○ 기후변화 적응을 위한 생태복원 전략

기후변화는 단순한 기온 상승을 넘어 극한 기후 현상의 빈도를 증가시키고, 생물 다양성을 감소시키며, 자연재해의 위험을 높이는 등 광범위한 영향을 미치고 있다. 이에 대응하기 위해서는 체계적인 복원 전략이 필요하며, 이를 통해 생태계가 스스로 회복하고 변화하는 환경에 적응할 수 있도록 도와야 한다.

▷ 도시 생태계 복원 : 녹색 인프라 확대

도시화가 진행될수록 열섬 현상, 홍수, 대기 오염 등의 문제가 심각해지고 있다. 이러한 문제를 해결하기 위해 도시 생태계를 복원하고 녹지 공간을 확대하는 것이 중요하다.

[그림 3-6] 기후 문제를 해결할 수 있는 녹색 인프라의 개념

녹색 인프라(Green Infrastructure)는 도시 내 녹지 공간을 조성하여 기후변화에 적응할 수 있도록 돕는 대표적인 복원 전략이다. 녹색 인프라를 활용하면 대기 중 탄

소를 흡수할 뿐만 아니라, 여름철 도시의 평균 기온을 2 ~ 3°C 낮출 수 있으며, 폭염에 대한 대응력을 강화할 수 있다. 서울, 런던, 뉴욕 등 주요 도시에서는 옥상녹화, 벽면녹화, 도시 숲 조성 등의 방법을 도입하여 탄소 흡수 능력을 강화하고, 열섬 현상을 억제하는 정책을 추진하고 있다.

특히, 빗물 정원과 투수성 포장 기술은 강우량이 급격하게 증가하는 기후변화 시대에 홍수 위험을 줄이는 효과적인 방법으로 주목받고 있다. 이러한 녹색 인프라는 물 순환을 정상화하고, 폭우 시 물이 자연스럽게 땅속으로 스며들도록 유도하여 도심 침수 피해를 예방하는 역할을 한다.

[그림 3-7] 건물에서 빗물을 재활용하는 개념

▷ 토양 및 농업 생태계 복원 : 지속가능한 탄소 저장

토양은 자연적인 탄소 흡수원으로서 지구 탄소 순환에서 중요한 역할을 한다. 그러나 집약적 농업, 벌채, 사막화 등으로 탄소 저장 능력이 감소하면서 기후변화를 악화시키고 있다. 이를 해결하려면 지속 가능한 농업 방식과 토양 복원 기술을 통해 탄소 저장 능력을 회복해야 한다.

대표적인 기술로는 바이오차(Biochar) 활용이 있다. 유기물을 고온 탄화해 만든 바이오차는 토양에 혼합 시 탄소를 장기적으로 격리하며, 토양의 보습력과 비옥도를 개선한다. 또 다른 방법은 탄소 격리 작물(Carbon Sequestration Crops)[33]을 활용하는 것이다. 이들은 광합성으로 이산화탄소를 흡수하고, 깊은 뿌리와 유기물 축적을 통해 토양에 탄소를 고정한다. 자생 초지 식물, 심층 뿌리 작물, 다년생 곡물 등이 대표적이다.

최근 경관농업[34]과 연계해 유채, 해바라기, 메밀 등 녹비 작물을 재배함으로써 탄소 저장과 생물다양성 증진, 농촌 경관 개선까지 도모하는 방안이 주목받고 있다.

또한, 전 세계적인 사막화는 토양의 탄소 저장 능력을 크게 저하시키고 있어 이에 대응한 복원 전략도 필수적이다. 녹지 조성, 생태적 조림, 토양 보전 기술 등을 통해 탄소 격리 기능을 회복하는 것은 기후변화 적응과 완화를 위한 지속 가능한 해법이 된다.

▷ 산불 및 자연재해 대응 복원 : 생태계 회복력 강화

기후변화로 산불, 홍수, 태풍 등 자연재해가 빈번해지며 생태복원의 중요성이 더욱 커지고 있다. 특히 산불은 짧은 시간에 대규모 산림을 파괴하고 탄소를 다량 배출하

33) 탄소 격리 작물(Carbon Sequestration Crops)은 광합성을 통해 대기 중 이산화탄소를 흡수하고, 뿌리나 토양에 탄소를 저장하는 작물이다. 이들은 토양 유기물 함량을 높여 탄소를 장기적으로 격리시키는 데 기여한다. 대표적으로 자생 초지 식물, 심층 뿌리 작물, 다년생 작물이 포함된다.

34) 경관농업은 농업 생산 활동과 동시에 아름다운 농촌 경관을 조성하여 관광, 휴식, 교육 등 다양한 가치를 창출하는 농업 형태이다. 농작물, 꽃, 논, 밭 등을 활용해 지역의 정체성과 경관 자원을 살리는 것이 특징이다.

며, 생물다양성에도 큰 피해를 준다. 이에 따라 단순 조림을 넘은 회복력 중심의 복원과 예방 전략이 필수적이다.

산불 피해 지역 복원에서는 자생 식물종을 활용한 조림과 생태적 천이 유도가 핵심이다. 지역 환경과 조화를 이루는 수종은 복원 안정성과 속도를 높이며, 미국과 호주 등에서는 내화성 식물종을 도입해 산불 재발 가능성을 줄이고 있다.

굴참나무 등과 같이 불에 강한 수종 중심의 식생 구성, 초지 · 습지를 활용한 완충지대 설정도 효과적이다. 일부 국가에서는 AI 기반 산불 예측 시스템을 통해 고위험 지역을 선제적으로 관리하고 있다.

해안 지역에서는 해안 보호림과 맹그로브 숲 복원이 태풍과 해일에 대응하는 자연기반 방어 전략으로 주목받는다. 필리핀과 인도네시아는 맹그로브 복원을 통해 해안 피해를 줄이고 있으며, 우리나라 역시 일부 해안에서 갯벌 및 해안림 복원을 통해 자연재해 완화와 해양 생태계 회복을 병행하고 있다.

기후위기에 대응하기 위해선 도시 · 산림 · 해양 · 농업 생태계 복원과 함께, 자연재해 대응력을 높이는 회복 중심 복원 전략이 장기적으로 마련되어야 한다.

○ 기후변화에 대비한 생태복원 사례

기후변화 대응을 위한 생태복원은 전 세계적으로 활발하게 이루어지고 있으며, 다양한 환경에서 그 효과가 입증되고 있다. 각국의 사례를 살펴보면, 생태복원이 탄소 흡수뿐만 아니라 기후변화 적응과 재해 예방에도 중요한 역할을 하고 있음을 확인할 수 있다.

▷ 맹그로브 숲 복원 : 탄소 저장과 자연재해 완화

맹그로브 숲은 탄소 저장과 해안 보호에 중요한 해양 생태계로, 자연 방파제 역할을 수행한다. 그러나 도시 개발과 벌목 등으로 전 세계 맹그로브의 절반 이상이 사라지며 복원의 필요성이 커졌다.

방글라데시는 세계 최대 맹그로브 숲인 순다르반스를 복원해 해안 침식을 줄이고 태풍 피해를 예방하고 있다. 필리핀은 2013년 태풍 하이옌 이후 주민 참여형 복원 프로젝트를 진행했으며, 복원된 숲이 태풍 피해를 30% 이상 감소시키는 효과를 보였다.

맹그로브 복원은 탄소 흡수뿐 아니라 홍수, 해일 등 재해에 대한 지역사회의 회복력을 높이는 데 기여하고 있다.

▷ 갯벌 복원 : 탄소 흡수와 생물다양성 증진

갯벌은 블루카본(Blue Carbon) 생태계로서 탄소 저장 능력이 높고 생물다양성 유지에도 중요하다. 그러나 전 세계적으로 갯벌 매립이 확산되면서 기능이 급감해 복원 노력이 확대되고 있다.

전남 순천만 갯벌은 1990년대부터 복원이 시작되어 탄소 저장과 철새 · 해양 생물의 귀환 등 생태계 회복에 성공한 대표 사례다. 2021년에는 세계유산으로 등재되며 국제적으로도 인정받고 있다.

네덜란드는 해수면 상승과 홍수 위험에 대비하기 위해 와덴해(Wadden Sea) 갯벌을 복원하는 프로젝트를 추진하고 있다. 와덴해는 북해 연안에 위치한 대규모 갯벌로, 자연적인 방파제 역할을 하며 해안선 침식을 방지하는 중요한 기능을 수행한다. 이 복원 프로젝트를 통해 해양 생태계가 회복되었으며, 연간 약 5만 톤의 탄소를 저장하는 효과가 있다고 한다(WRI).

▷ 산림 복원 : 탄소 흡수와 기후변화 완화

산림은 탄소를 흡수하고 저장하는 주요한 자연 기반 해법으로, 기후변화 완화에 핵심적인 역할을 한다. 그러나 산림이 훼손되면 이산화탄소가 대기 중으로 방출되어 오히려 기후위기를 심화시킬 수 있다. 이에 세계 각국은 산림 복원 사업을 통해 탄소 중립 실현에 나서고 있다.

중국은 사막화 방지와 기후대응을 위해 '녹색장성(Great Green Wall)' 프로젝트를 추진 중이다. 1978년 시작된 '삼북방호림(Three-North Shelter Forest Program)'의 일환으로, 북부 · 서북부 · 동북부에 4,500km 규모의 방풍림을 조성하고 있으며, 지금까지 약 660억 그루의 나무가 식재되었다. 목표는 2050년까지 1,000억 그루 심기이며, 연간 최대 1억 8천만 톤의 이산화탄소 흡수 효과가 있는 것으로 추산된다.

인도에서는 카베리 강 유역을 중심으로 '카베리 콜링(Cauvery Calling)' 프로젝트가 진행 중이다. 이샤 재단 주관으로 자생 수종 중심의 조림을 장려하고 있으며, 2024년 3월 기준 약 1억 900만 그루가 심어졌다. 21만여 명의 농민이 참여했으며, 2030년까지 누적 2 ~ 3억 톤의 탄소 흡수를 목표로 하고 있다.

이처럼 산림 복원은 기후대응을 넘어 생물다양성 보전, 토양 · 수자원 회복, 농촌 생계 안정 등 다양한 부가 가치를 창출하며, 지속 가능한 환경 조성을 위한 전략으로 주목받고 있다.

▷ 한국의 생태복원 사례

한국에서도 기후변화 대응을 위한 다양한 생태복원 사업이 추진되고 있으며, 탄소 흡수, 물순환 회복, 자연재해 예방 등 다방면에서 성과를 거두고 있다.

한강 상류 지역에서는 수질 개선과 탄소 흡수 강화를 목표로 생태복원이 진행되었다. 강 주변의 습지와 녹지를 확장해 홍수 위험을 줄이고, 도시 수자원 안정화에 기여하였다. 복원 이후 어류와 수서생물의 다양성이 증가하며 수질 정화 효과도 확인되었다.

제주의 곶자왈 숲은 화산지대의 독특한 생태계를 이루며, 탄소 흡수 및 저장 기능이 뛰어난 지역이다. 하지만 무분별한 개발로 인해 훼손이 진행되면서 복원의 필요성이 대두되었다. 이에 따라 지역 주민과 관광객이 함께 참여하는 곶자왈 복원 프로젝트가 추진되었으며, 이를 통해 훼손된 지역을 복구하고 생물다양성을 회복하기 위한 노력이 지속되고 있다. 또한, 곶자왈은 제주도 지하수 함양에도 중요한 역할을 하며, 복원을 통해 수자원 보전에도 긍정적인 영향을 미치는 것으로 평가된다.

새만금에서는 갯벌 생태계 복원을 통해 어업 자원 회복과 블루카본 기능 강화가 추진되고 있다. 갯벌은 탄소 저장과 생물다양성 유지에 중요한 역할을 하며, 기후변화 완화에 기여하고 있다.

낙동강 하구 생태복원은 인공 구조물 철거와 자연형 하천·갯벌 복원을 통해 철새 도래지와 수생 생물 서식지를 되살리는 프로젝트다. 이 사업은 멸종위기종 보호, 수질 개선, 해안 재해 예방 측면에서 의미 있는 성과를 내고 있다.

서울과 인천 등 도시지역에서는 홍수와 폭염 완화를 위한 '스펀지 시티(Spongy City)' 개념이 도입되었다. 빗물 정원, 투수성 포장, 녹지 확대 등을 통해 자연스러운 물 순환을 복원하고 도심 온도를 낮추는 효과를 보고 있다.

○ 기후변화에 대한 최후의 해결책 : 생태복원

기후변화는 인류가 직면한 가장 중대한 위기이며, 이를 해결하기 위한 전략으로 생태복원이 주목받고 있다. 생태복원은 단순한 자연 복구가 아닌, 탄소를 흡수·저장하고 극한 기후를 완화하는 자연기반해법으로서, 지속 가능한 환경 조성에 필수적이다. 산불, 홍수, 가뭄, 해수면 상승 등으로 인한 피해를 줄이기 위해서는 생태계 회복이 반드시 필요하다.

탄소중립 실현을 위해서도 생태복원은 핵심이다. 자연은 탄소를 저장하고 순환하는 능력을 지니며, 산림, 습지, 갯벌, 맹그로브 등은 대표적인 탄소 흡수원이다. 건강한 생태계일수록 탄소 저장력이 높아지므로 복원과 보호는 장기적인 기후 대응 전략으로서 필수적이다.

또한 생태복원은 기후변화 적응의 유력한 방법이다. 도심에서는 녹지 확대와 자연 기반 인프라로 열섬현상과 홍수를 완화하고, 농업 생태계에서는 탄소 격리 작물과 토양 복원으로 지속 가능성을 높일 수 있다.

결국 생태복원은 환경 보호를 넘어 인류 생존과 직결된 과제다. 정부, 기업, 시민사회가 협력해 정책, 재정, 기술을 지원하고, 장기적 관리와 모니터링을 통해 생태계 변화를 꾸준히 관찰하고 보완해야 한다. 자연을 되살리는 일은 미래를 위한 근본적인 투자이며, 기후위기 대응의 최우선 전략이다. 자연과의 공존만이 진정한 지속 가능성의 열쇠가 된다.

11장. 첨단기술과 데이터로 열어가는 생태복원의 미래

기후변화와 환경 파괴가 심화되면서 기존 방식만으로는 훼손된 자연 생태계를 복원하는 데 한계가 있다. 이를 극복하기 위해 첨단기술의 활용이 확대되고 있으며, 특히 정밀한 데이터를 어떻게 확보하고 이를 복원에 효과적으로 적용할지가 중요한 과제로 떠오르고 있다.

현재 인공지능(AI), 드론, 위성, 환경 DNA(eDNA), LiDAR, 자율주행 로봇 등 다양한 기술이 생태복원에 적극 도입되고 있다. AI는 생태계 붕괴 위험이 높은 지역을 사전에 예측하고 복원 우선순위를 설정하는 데 활용되며, 드론은 광범위한 지역에 씨앗을 살포하거나 변화 모니터링에 사용된다. eDNA는 물과 토양 속 유전 정보를 분석해 육안으로 확인하기 어려운 생물종의 존재를 파악하고, 자율 로봇은 해양 쓰레기 제거 및 오염 정화에 투입된다. 위성과 LiDAR 센서는 산림과 생태계의 지형과 구조를 3차원으로 정밀 분석해 복원 설계에 과학적 근거를 제공한다.

11.1 AI와 데이터 모델링을 통한 생태계 예측과 복원

과거의 생태복원은 주로 인력과 현장 작업에 의존하던 시절이 있었다. 산불로 황폐화된 산에 나무를 심거나, 오염된 하천을 정화하기 위해서는 수많은 인력과 장비가 동원되어야 가능했다. 그러나 최근 기술의 발전이 가속화되면서, 생태복원을 시행하는 방식에도 혁신적인 변화가 일어나고 있다.

인공지능(AI)과 데이터 모델링은 방대한 생태계 데이터를 분석하여 어디에, 어떤 방식으로 복원을 진행해야 하는지 최적의 전략을 제안한다. 뿐만 아니라, 우리가 상상하지 못했던 새로운 방식으로 자연을 복원할 가능성을 열어주고 있으며, 복원의 미래를 예측할 수 있도록 도와준다. AI는 단순히 데이터를 분석하는 것을 넘어, 이전에는 불가능했던 맞춤형 복원 전략을 설계하고, 보다 정밀하고 효율적인 복원 방안을 제시한다.

이제 생태복원은 손으로만 이루어지던 작업에서 AI와 로봇이 함께하는 방식으로 변화하고 있다. 기술과 데이터가 결합된 생태복원 패러다임이 펼쳐지면서, 자연을 되살리는 방식도 더욱 정밀하고 지속 가능한 방향으로 발전하고 있다.

[그림 3-8] 생태복원 분야에 다양하게 사용하게 될 다양한 미래기술

○ AI로 서식지를 이해하고 멸종 위기를 막다

생태복원의 출발점은 대상 지역의 정확한 진단이다. 과거에는 전문가가 현장을 방문해 식생을 조사하고 수질을 분석했으나, 넓은 지역에 대한 실시간 모니터링에는 한계가 있었다. 이제 AI는 이러한 제약을 극복하는 도구로 떠오르고 있다. 기후, 토양, 먹이 자원 등의 변수를 분석해 멸종위기종의 서식지를 모델링하고, 보호 전략 수립을 가능케 한다.

대표 사례로 북미의 회색 늑대(Canis lupus)가 있다. 회색 늑대는 생태계 최상위 포식자로 먹이사슬을 조절하며 균형을 유지하지만, 사냥과 도시화로 서식지가 파괴되고 개체수가 급감했다. 이에 AI 기반 보호 전략이 도입되어 늑대의 서식지와 이동경로를 예측하고, 보호구역 설정을 지원함으로써 개체군 회복과 생태계 안정에 기여했다. AI는 이제 단순 분석을 넘어 전략적 결정을 이끄는 중요한 조력자가 되고 있다.

한국에서도 AI 기반 생태 보전 연구가 활발히 진행되고 있다. 예를 들어, 한국마이크로소프트의 'AI for Earth 프로그램'에서는 도롱뇽 서식지의 적합성을 AI 모델로 정밀 분석하는 연구가 발표되었다. 도롱뇽은 환경 변화에 민감한 생물로, 서식지 보전은 생태계 건강성을 평가하는 중요한 지표가 된다. 해당 연구에서는 기후, 지형, 수질 등 다양한 환경 데이터를 AI에 학습시켜 서식 가능성이 높은 지역을 예측하고 보호 우선순위를 설정하는 방식을 제안했다. 아직 본격적으로 적용되지는 않았지만, AI를 활용한 이 같은 접근은 서식지 보전 및 복원 계획에 새로운 가능성을 보여준다.

또한 '지구사랑탐사대 2.0'은 시민 참여형 생태 모니터링 플랫폼으로, 일반 시민이 직접 관찰한 생물종 데이터를 수집 · 공유할 수 있도록 설계되었다. 이 플랫폼은 AI와 집단지성 기술을 접목해 시민이 촬영한 사진과 위치 정보를 자동 분석하고, 이를 데이터베이스에 기록하는 방식으로 운영된다. 과거에는 전문가가 수작업으로 분석하던 방대한 데이터를 이제는 AI가 빠르고 정확하게 처리하게 되면서, 더 많은 생물종 정보를 효율적으로 축적할 수 있게 되었다. 이는 생물다양성 연구와 정책 수립에 중요한 자료가 된다.

이처럼 시민의 생태 모니터링 참여가 확대되면 자연 보호에 대한 관심과 참여도 함께 높아질 수 있다. AI는 생물종 보호와 서식지 보전을 위한 과학적 분석을 지원하는 동시에, 일반 시민의 참여를 이끄는 촉진자 역할도 수행한다. 이러한 기술 발전은 향후 생태계 복원 전략의 효과를 높이고, 자연과 인간이 조화를 이루는 지속 가능한 미래 구현에 기여할 것이다.

○ 미래를 예측하다 : 기후변화와 생태계의 시나리오

기후변화는 단순한 환경적 문제가 아니다. 이는 생태계의 구조와 기능을 변화시키며, 생물종의 서식지와 생존 전략에 많은 영향을 미친다. 기후변화는 생태계의 균형을 뒤흔들며, 많은 생물종이 기존의 서식지를 떠나 새로운 환경을 찾아 이동하도록 만든다. 이러한 변화는 단순한 지역 이동이 아니라, 장기적으로 생물다양성 감소와 서식지 붕괴로 이어질 수 있는 심각한 문제다. 세계 곳곳에서 생물종들이 기후변화에 적응하기 위해 새로운 서식지를 찾거나 행동을 바꾸는 사례가 증가하고 있으며, 일부 종은 적응하지 못하고 멸종 위기에 처하고 있다.

이와 같은 문제는 기후변화로 인한 생물종 서식지 변화에서 뚜렷하게 드러난다. 특히 열대우림에 서식하는 나비 종들은 기온 상승에 따라 점차 더 높은 고도로 이동하고 있다. 연구에 따르면, 평균 기온이 1℃ 상승할 때 일부 나비는 서식 고도를 약 100 ~ 150m씩 상향 이동하며, 이러한 변화가 지속되면 결국 생태학적 임계점[35)]에 도달할 가능성이 있다. 예를 들어, 남아메리카 안데스산맥 고지대에 서식하는 일부 Morpho 속 나비는 점차 해발 고도가 높은 지역으로 이동하고 있으나, 3,500m 이상 지역은 낮은 기온, 저산소 환경, 식생 부족 등으로 인해 생존이 어렵다. 이러한 조건은 장기적으로 개체군 감소와 지역적 절멸 위험을 높이는 요인으로 작용할 수 있다(Forister).

35) 생태학적 임계점(Ecological Threshold 또는 Ecological Tipping Point)은 생태계가 외부 스트레스(예 : 기후변화, 오염, 서식지 파괴 등)를 일정 수준까지는 견디다가, 그 한계를 넘는 순간 갑작스럽고 돌이키기 어려운 변화가 발생하는 시점을 말한다.

[그림 3-9] 기후변화로 인한 북극곰의 서식지 축소

기후변화로 인한 해빙의 급격한 감소는 북극곰(Ursus maritimus)의 생태에 심각한 영향을 주고 있다. 북극곰은 바다 얼음 위에서 물개를 사냥하며 살아가지만, 여름철 해빙 면적이 줄어들면서 먹이 확보가 어려워지고 있다. 이로 인해 일부 개체는 육지로 이동하는 빈도가 증가해 인간과의 충돌 위험도 커지고 있다.

서부 허드슨만(Hudson Bay) 지역의 장기 연구에 따르면, 해빙 붕괴 시점이 앞당겨짐에 따라 북극곰은 점차 북쪽과 동쪽으로 서식지를 옮기고 있다. 바렌츠해(Barents Sea) 연구에서도 북극곰이 해빙이 남아 있는 북쪽 해역을 따라 이동하며 기존 사냥터를 떠나는 현상이 보고되었다. 해빙이 줄면서 북극곰이 육지에 머무는 시간이 길어지고, 이에 따른 에너지 소비 증가는 번식률 저하로 이어질 수 있다. 결국 북극곰 생존을 위협하는 핵심 요인은 해빙 손실이며, 이는 북극 생태계 구조 변화의 주요 지표로 지목된다(WWF).

북미 대륙에서도 기후변화로 인해 일부 조류 종이 따뜻한 기후를 따라 북쪽이나 고지대로 서식지를 이동하는 현상이 나타나고 있다. 대표적인 예는 노랑부리딱새

(Empidonax flaviventris)로, 여름철 번식지는 주로 캐나다 중·동부와 미국 북동부 고산지대에 분포한다. 최근 고지대 개체군이 감소하며 일부 지역에서 서식지가 북상하는 징후가 보고되고 있다. 조류의 서식지 변화는 기온 외에도 먹이 자원, 서식지 질, 파편화 등 복합적인 요인의 영향을 받으며, 장기적인 관찰과 정밀한 모니터링이 필요한 분야다.

이처럼 생물종 이동은 개별 종의 적응을 넘어, 생태계 균형을 변화시키는 요인이 될 수 있다. 새로운 환경에서 일부 종이 경쟁 우위를 차지하면 기존 생물종과의 관계가 바뀌고, 새로운 먹이사슬과 생태적 상호작용이 형성될 수 있다. 따라서 생물종의 이동을 면밀히 모니터링하고, 이에 기반한 생태복원 전략을 마련하는 것이 기후변화 대응에 필수적이다.

○ AI와 데이터 모델링을 통한 생태계 변화를 예측하다

기후변화는 생태계의 구조와 기능에 심각한 영향을 미치며, 이는 생물종의 서식지와 생존 전략에 중대한 변화를 초래한다. 이러한 변화에 대응하기 위해 AI 기반 시뮬레이션과 데이터 모델링 기술이 활발히 활용되고 있다. 이들 기술은 서식지 변화, 생물종 이동 경로, 환경 변화 패턴 등을 정밀하게 예측함으로써, 보전과 복원이 시급한 지역을 사전에 파악하고 선제적으로 대응할 수 있도록 돕는다.

특히, 생태학적 회랑[36] 설계에 AI 기술이 활용되고 있다. 생태학적 회랑은 인간 활동과 개발로 단절된 서식지를 연결해 생물종의 이동을 돕는 생태축이다. 예를 들어 캐나다와 미국에서는 AI 모델을 통해 퓨마(Puma concolor)와 회색곰(Ursus arctos) 같은 대형 포유류가 기후변화에 적응하며 이동할 수 있는 최적 경로를 도출하고 있다. 이는 단순한 서식지 보호를 넘어, 변화하는 환경 속에서도 생태계가 지속 가능하도록 지원하는 데 기여한다.

---

36) 회랑(corridor)은 건물의 복도나, 지정학에서의 통로, 교통에서의 네트워크 등을 뜻한다.

국내에서도 AI 기반 생태 보호 연구가 활발하다. 딥러닝 기법을 활용해 산림복원 대상지를 자동 추출하거나, ICT 기반 생태계 모니터링 시스템과 동식물 탐지 AI 모델이 개발되고 있다. 이를 통해 생태계의 건강 상태를 실시간으로 점검하고, 이상 징후에 신속히 대응하는 체계가 마련되고 있다.

또한 S사가 주최한 생물다양성 데이터 분석 경진대회에서는 AI를 이용해 기후변화가 생물종 분포에 미치는 영향을 분석하고, 멸종위기종 보호를 위한 과학적 근거를 제시하는 연구도 수행되었다. 이처럼 AI 기반 연구는 생물다양성 보전 전략 수립에 중요한 기초 자료를 제공한다.

AI와 데이터 분석 기술은 생태계 복원과 보전 분야에서 강력한 도구로 자리잡고 있다. 이를 통해 기후변화의 영향을 받는 생물종을 조기에 감시하고, 보호가 필요한 서식지를 과학적으로 선정할 수 있다. 기후변화 대응은 단순한 온실가스 감축을 넘어, 변화하는 환경에서도 생태계가 지속 가능하도록 유지하는 전략을 포함해야 한다.

- ✔ 기후변화에 수동적으로 반응하며 사라지는 종을 방치할 것인가?
- ✔ AI와 과학적 예측을 활용하여 생태계 보호 전략을 수립할 것인가?

지금 우리는 자연과 공존할 것인지, 아니면 외면할 것인지의 중대한 기로에 서 있다. 지속 가능한 미래를 위해서는 과학과 기술, 그리고 우리의 의지가 함께 움직여야 한다. 이제는 우리의 결정이 미래 세대에게 어떤 환경을 남기게 될지를 진지하게 고민해야 할 때이다. 앞으로도 AI와 빅데이터 기술을 적극적으로 활용하여 생태복원 전략을 고도화하고, 기후변화에 효과적으로 대응하기 위한 노력이 지속되어야 한다.

○ 데이터로 복원을 설계하고 모니터링하다

산림은 탄소 흡수 · 저장, 생물다양성 유지, 수자원 보호 등 지구 생태계의 핵심 기능을 수행한다. 그러나 기후변화와 인간 활동으로 인해 산림이 훼손되며 이러한 기능이 위협받고 있다. 이에 따라 전 세계적으로 산림 복원 노력이 확대되고 있으며, 특히 인공지능(AI)의 도입이 주목받고 있다.

케냐에서는 기후변화와 무분별한 벌채로 산림이 급감하자, 정부와 국제 환경 기관이 협력해 AI 기반 복원 프로젝트를 추진하고 있다. AI는 기후, 토양, 생물다양성 데이터를 분석해 최적의 수종을 제안하며, 복원 효과를 극대화하고 있다.

케냐 중부의 반건조 지역에서는 기존에 식재되던 유칼립투스(Eucalyptus spp.)가 토양 수분을 과도하게 흡수해 생태계를 교란할 우려가 있었다. 이에 따라 자생 수종인 아카시아(Acacia spp.)가 대안으로 제시되었는데, 이 수종은 건조한 기후에 강하고 질소 고정 능력 및 생물다양성 유지에 기여할 뿐만 아니라 높은 탄소 흡수 능력을 갖추고 있다.

복원 이후에도 건강한 산림을 유지하기 위해 드론과 위성, AI를 활용한 실시간 모니터링 시스템이 도입되고 있다. 이 시스템은 토양 수분, 식생 성장률, 병해충 여부 등을 분석하고, 이를 바탕으로 필요한 관리 조치를 신속히 수행한다. 이러한 통합 관리 방식은 기후변화 대응과 생태계 회복의 지속 가능성을 높이는 데 크게 기여하고 있다.

국내에서도 산림청과 국립산림과학원을 중심으로 AI 기반 복원 및 관리 기술이 활발히 개발되고 있다. 산림청은 ICT 기반 산불 감시 시스템을 전국 30개소로 확대해 신속 대응 체계를 갖추었고, 국립산림과학원은 원격탐사와 AI 기술을 접목해 수종 분류, 산림 훼손 탐지, 재해 예측, 구조 분석 등을 정밀하게 수행하고 있다.

특히 드론과 위성 영상 기반의 원격탐사 기술은 광범위한 산림 지역의 수종 분포와 건강 상태를 파악하며, AI는 훼손 지역을 신속히 식별한다. 3차원 시각화 기술을 통해 산림 구조를 분석하면 산사태 같은 재해를 예방하고 복원 우선순위를 과학적으로 설정할 수 있다. 이 같은 기술 결합은 대규모 산림을 효과적으로 복원하는 데 필수적이다.

AI 기반 산림 관리는 다음과 같은 효과를 기대할 수 있다.

첫째, AI는 위성·드론 영상과 센서 데이터를 분석해 산림의 건강 상태, 병해충, 수종 분포를 정확히 파악한다.

둘째, AI는 산불을 실시간 감지하고 확산 경로를 예측해 재해에 신속 대응하며, 산사태 위험 지역도 선제적으로 파악할 수 있다.

셋째, 다양한 환경 변수에 따라 특정 지역에 최적화된 수종과 복원 전략을 제안해 생존율을 높이고 생태계와의 조화를 이룬다.

이처럼 AI는 산림 복원과 기후변화 대응, 생물다양성 보전에 있어 혁신적 도구로 부상하고 있다. 앞으로도 첨단 기술을 적극 활용해 지속 가능한 산림 생태계를 구축해 나가야 할 것이다.

○ AI 기반 탄소 흡수량 예측 및 지속 가능한 생태복원

기후변화에 대응하기 위해 산림의 탄소 흡수량을 정밀하게 측정하는 데 인공지능(AI) 기술이 적극 활용되고 있다. 국내에서는 고해상도 원격탐사 자료와 기계학습 기법을 결합해 산림 탄소 저장량을 추정하는 모델이 개발되었다. 특히, 랜덤 포레스트(Random Forest) 알고리즘을 활용하여 30m 해상도의 전국 임목축적 지도와 탄소 저장량 지도를 구축함으로써, 시·군·구와 읍·면·동 단위에서 보다 정확한 산림 탄소량 산정이 가능해졌다.

이러한 AI 기반 모델은 산림 복원 우선순위 결정, 탄소 배출권 거래, 생태계 서비스 평가 등 다양한 분야에 활용된다. 또한 시간 경과에 따른 탄소 흡수량 변화를 모니터링하여 효과적인 산림 관리와 정책 수립에 기여할 수 있다.

해양 생태계 복원에도 AI 기술이 도입되고 있다. 기후변화로 심각한 위기를 겪고 있는 오스트레일리아 대산호초에서는 산호 백화 현상이 빈번해지면서 생태계 붕괴가 우려되고 있다. 이에 따라 유엔환경계획(UNEP)은 위성 데이터, 수온, 염도, 수질 등 환경 정보를 AI로 분석하여 손상 지역을 파악하고 복원 우선순위를 도출하는 전략을 시행했다. AI의 분석 결과를 바탕으로 산호 이식, 보호구역 확대, 서식지 최적화 등이 집중적으로 추진되었으며, 모니터링 결과 산호초의 생존율이 증가하는 긍정적 효과도 나타났다.

AI는 산림 보호에서도 중요한 역할을 하고 있다. 브라질 아마존 열대우림은 세계 최대의 탄소 흡수원이지만, 불법 벌채와 산불로 매년 수천 헥타르가 사라지고 있다. 이에 유엔식량농업기구(FAO)는 AI 기반 실시간 모니터링 시스템을 도입하여 위성 영상, 드론 데이터, 기후 및 토양 정보를 분석하고, 불법 벌채 지역을 즉시 감지해 대응할 수 있도록 하였다. 복원 우선순위를 설정한 뒤, 자생식물 식재, 토양 복원, 생물다양성 증진 등 생태계 회복 프로젝트도 병행되었다.

[그림 3-10] 산지에서 활용되고 있는 드론을 이용한 병충해 방제 기술

기술은 생태복원 분야에서 인간의 한계를 보완하는 강력한 도구로 자리 잡고 있다. 우리는 이제 복원을 계획하고 실행하며, 그 결과를 평가하는 전 과정에 인공지능

(AI), 원격탐사, 데이터 모델링 등 첨단 기술을 폭넓게 활용하고 있다. 이를 통해 자연을 정밀하게 이해하고, 보다 효과적으로 보호할 수 있는 기반이 마련되고 있다.

특히 AI와 데이터 모델링은 생태복원의 접근 방식을 근본적으로 바꾸고 있다. 이들 기술은 과학적이고 정밀한 복원 계획 수립을 가능하게 하며, 복원의 효율성과 지속가능성을 크게 향상시키고 있다.

하지만 기술만으로 모든 문제를 해결할 수는 없다. 생태복원은 여전히 인간의 의지, 지역사회의 참여와 협력이 요구되는 복합적 과제이다. 기술은 수단에 불과하며, 그것을 어떻게 활용할지는 전적으로 우리의 책임이다. 기후변화 같은 전 지구적 위기에 대응하려면 기술의 잠재력을 열린 마음으로 수용하되, 자연과의 균형을 고려한 책임 있는 활용이 전제되어야 한다.

내 손안의 식물 탐정!
: 스마트폰으로 외래종도 구별하고, 농작물 고향도 알아보자

최근 생태복원 분야는 AI 기술과 영상자료의 결합으로 크게 달라지고 있다. 과거에는 식물 식별이나 외래종 분석이 전문가의 몫이었지만, 이제는 스마트폰 하나로 누구나 자연을 관찰하고 기록할 수 있다. 이를 가능케 한 대표적인 도구가 바로 AI 기반 식물 인식 앱이다.

'Pl@ntNet'과 'iNaturalist'는 사용자가 찍은 식물 사진을 업로드하면 자동으로 종을 식별하고, 외래종 여부까지 분석해 준다. 시민들이 올린 사진은 AI 학습 자료가 되어 외래종의 조기 발견과 확산 모니터링에 기여한다. 미국 국립공원관리청은 iNaturalist를 시민참여형 생물다양성 관리 도구로 활용하고 있으며, 유럽환경청도 정책 수립에 응용하고 있다. 한 장의 사진이 생태계 변화의 단서가 되고, 과학적 의사결정의 출발점이 되는 셈이다.

이러한 기술은 농업에서도 주목받고 있다. 드론, 위성영상, 스마트폰을 통해 농작물의 잎 모양과 색, 생육 상태를 분석하면 품종과 재배지까지 파악이 가능하다. 쌀, 포도, 올리브 등 지역성이 중요한 작물의 경우, 품질 보증 수단이자 지리적 표시(GI) 제도 보호에도 쓰인다. 일부 국가는 영상 분석으로 품종 혼입 여부를 판별하는 시스템을 도입해 식품 신뢰도를 높이고 있다.

AI 기반 식별 기술은 생태복원의 정밀도를 높이는 동시에 시민의 참여를 유도한다. 낯선 식물을 앱으로 확인하는 행동 하나가 외래종 확산 방지의 출발점이 될 수 있다. 이제 스마트폰은 단순한 기기를 넘어 생태계와 소통하는 창이 되었다.

11.2 첨단기술을 활용한 생태계 측정 및 평가

생태계의 건강 상태를 정확히 측정하고 평가하는 것은 성공적인 생태복원의 필수적인 과정이다. 드론, 위성, LiDAR, 원격 센서, 환경 DNA(eDNA) 등 첨단기술의 발전은 생태계 데이터를 더 정밀하게 수집하고 분석하며 복원의 효과를 과학적으로 평가하는 데 중요한 역할을 하고 있다.

○ 드론과 위성 기술 : 하늘에서 본 생태계

드론과 위성 기술은 생태계 모니터링과 복원 전략 수립에서 중요한 역할을 하고 있다. 특히, 드론은 접근이 어려운 지역의 생태계를 고해상도로 촬영하고 데이터를 수집하는 데 효과적이며, 산림, 하천, 강변 생태계의 변화를 정밀하게 모니터링하는 데 널리 활용되고 있다.

드론을 이용한 생태 모니터링은 다양한 방식으로 이루어진다. 고해상도 항공 촬영을 통해 정밀한 산림 및 생태계 지도를 제작할 수 있으며, 적외선 및 다중스펙트럼 카메라를 활용하여 식생의 건강도와 생물종 분포를 분석할 수 있다. 또한, 라이다(LiDAR)[37] 센서는 나무의 높이와 생태 구조를 분석하여 수목을 분류하고 생물다양성을 평가하는 데 도움을 주며, 열 감지 센서는 야생동물의 이동 경로나 서식지를 모니터링하는 데 활용된다.

최근 산림 관리 및 복원 분야에서는 드론과 인공지능(AI) 기술의 융합이 활발하게 이루어지고 있다. 연구기관에서는 드론을 활용해 대규모 산림의 밀도, 식생 분포, 건강 상태 등을 고해상도로 촬영하고, 이를 AI 알고리즘으로 분석하여 효율적인 산림 관리

37) 라이다(LIDAR)는 빛 탐지 거리 및 측정(LIght Detection And Ranging) 또는 레이저 시각화 탐지 및 거리 측정(Laser Imaging, Detection And Ranging)의 줄임말로서, 레이더(RADAR)의 전자파 대신 초당 수백만 개에 달하는 레이저 펄스를 발사, 반사된 빛을 분석해 이미지화하는 기술이다.

및 복원 전략을 수립하고 있다.

특히 드론 영상과 AI 분석을 결합한 시스템은 소나무재선충병과 같은 산림 병해충 피해 지역을 자동으로 탐지하고 조기에 경고할 수 있도록 개발되고 있다. 이러한 시스템은 병해충의 빠른 확산을 막고, 피해를 최소화하는 데 기여하고 있다.

드론과 사물인터넷(IoT) 기술을 결합한 시스템도 주목받고 있다. IoT 센서를 통해 수집된 환경 데이터를 드론이 실시간으로 전달하거나 분석에 활용함으로써, 병해충 발생 가능성을 사전에 감지하고 예방 조치를 취할 수 있는 체계가 구축되고 있다. 이러한 접근은 산림 병해충의 확산을 방지하고, 예방 중심의 산림 보호 체계를 강화하는 데 도움이 되고 있다.

한편, 위성 데이터는 광범위한 지역의 환경 변화를 추적하는 데 필수적인 도구로 자리매김하고 있다. 예를 들어, NASA의 랜드샛(Landsat) 프로그램은 전 세계 산림 변화와 도시 개발로 인한 서식지 파괴를 모니터링하며, 이를 통해 복원 우선 지역을 식별하는 데 활용되고 있다.

또한 구글(Google)과 세계자원연구소(World Resources Institute, WRI)가 공동으로 개발한 Global Forest Watch는 위성 데이터와 AI 기술을 결합하여 전 세계 산림 벌채 상황을 실시간으로 모니터링하는 시스템으로, 불법 벌채 감시와 복원 계획 수립에 있어 중요한 역할을 하고 있다.

이러한 기술의 활용은 산림 보호와 생태복원 전략 수립에 있어 정밀한 데이터 기반의 의사결정을 가능하게 하며, 기후변화 대응과 지속 가능한 산림 관리에 기여하고 있다. 앞으로도 위성 데이터와 AI 기술을 결합한 모니터링 시스템이 발전함에 따라, 더욱 효과적이고 신속한 생태복원 전략이 마련될 것으로 기대된다.

○ 센서와 환경 DNA(eDNA) : 생태계의 세부적 진단

▷ 원격 센서를 통한 실시간 환경 데이터 수집

원격 센서는 생태계의 건강 상태를 실시간으로 모니터링하는 데 중요한 역할을 한다. 이러한 센서는 기온, 습도, 토양 상태, 수질 등 다양한 환경 데이터를 자동으로 수집하여 생태계 변화에 신속하게 대응할 수 있도록 돕는다. 특히, 기후변화, 갯벌 복원, 야생동물 보호 등 다양한 분야에서 원격 센서 기술이 적극적으로 활용되고 있다.

독일의 Dryad Networks는 산불 초기 감지를 위해 AI 기반의 IoT 센서를 도입하여 산림 복원 지역의 화재 위험을 예방하는 데 기여하고 있다. 이 센서는 미세한 온도 및 가스 변화를 감지하여 산불 발생 초기 단계에서 경보를 발령하고, 신속한 대응을 가능하게 한다. 이는 산림 복원 지역에서 화재로 인한 피해를 최소화하는 데 중요한 역할을 한다.

갯벌 복원 프로젝트에서는 원격 센서를 활용해 수질 상태와 퇴적물 변화를 실시간으로 분석하고 있다. 이를 통해 복원된 갯벌의 생태 건강도를 평가하고, 장기적인 복원 효과를 체계적으로 측정할 수 있다. 갯벌 생태계는 다양한 해양 생물의 서식지로서 중요한 기능을 수행하지만, 오염과 퇴적물 증가로 인해 지속적인 관리가 필요하다. 원격 센서는 이러한 환경 변화를 정밀하게 모니터링함으로써, 보다 과학적이고 효과적인 복원 전략 수립에 기여하고 있다.

최근에는 AI 기반 음향 모니터링 기술이 야생동물 보호와 생물다양성 연구에 적극적으로 활용되고 있다. 미국 코넬대학교 연구팀은 AI를 활용한 사운드 모니터링을 통해 열대우림과 해양에서 멸종위기종의 소리를 분석하고, 서식지 변화를 실시간으로 추적하는 연구를 진행하고 있다. 예를 들어, 해양에서는 음향 센서를 이용해 고래의 이동 경로를 분석함으로써 선박 충돌 사고를 예방하는 데 활용되고 있다.

부산 달맞이공원에 나타난 붉은여우 : 400km를 이동한 야생의 귀환

2022년 5월, 부산 해운대구 달맞이공원에서 이례적인 야생동물이 발견됐다. 바로 붉은여우(Vulpes vulpes)였다. 놀라운 점은 이 여우가 무려 400km 떨어진 소백산에서 방사된 복원 개체였다는 사실이다.

정선에서 발견된 붉은 여우
(사진 제공 : 김학성)

이 여우는 2021년 3월 소백산 여우 복원센터에서 태어난 수컷으로, 같은 해 12월 야생 적응 훈련을 마치고 방사되었다. 붉은여우는 과거 한반도 전역에 서식했지만, 1960년대 이후 급감하여 환경부는 2009년부터 복원 사업을 추진해 왔다.

소백산에서 방사된 여우가 부산 도심 인근까지 내려온 것은 예상을 뛰어넘는 이동이다. 연구진은 여우가 생태축을 따라 새로운 서식지를 탐색하며 이동했을 가능성이 크다고 본다. 달맞이공원은 도심과 녹지가 연결된 곳으로, 여우가 일정 기간 먹이를 구하며 머물 수 있는 환경을 제공한 것으로 분석된다.

이 여우는 약 7개월간 부산 일대를 돌아다니며 주민들에게 여러 차례 목격되었지만, 2022년 말 이후 사라졌다. 이후 2023년 3월, 강원도 정선에서 폐사한 채 발견되며, 다시 장거리 이동을 시도했음을 보여주었다.

이 사례는 복원된 야생동물이 넓은 영역을 탐색하며 도심에서도 적응 가능성이 있음을 보여준다. 단순한 방사로 끝나는 것이 아니라, 야생동물의 이동성, 생태축의 유지, 서식지 연결성 등을 고려한 장기적 관리가 복원의 핵심임을 시사한다.

우리나라에서도 AI 기반 음향 분석을 통해 철새의 이동 경로를 추적하고 있으며, 기후변화로 인해 영향을 받는 조류 종을 모니터링하는 연구를 수행하고 있다. 또한, 국립공원 지역에서는 AI 음향 분석 기술을 활용하여 멸종위기종인 수달과 삵의 서식지를 모니터링하고 있다. 이러한 기술들은 기존의 육안 조사 방식보다 더 정밀한 데이터를 제공하며, 인간의 개입 없이도 장기간 동안 생태 변화를 감지할 수 있도록 한다.

이처럼 원격 센서와 AI 기술을 활용한 실시간 환경 모니터링은 생태복원과 생물다양성 보호에 있어 필수적인 요소가 되고 있다. 기술이 발전함에 따라, 보다 정밀한 데이터 분석과 자동화된 환경 감시가 가능해지고 있으며, 이는 보다 효과적인 복원 계획 수립과 지속적인 생태계 관리에 기여할 것이다.

▷ IoT 센서를 활용한 환경 변화 감지

IoT(사물인터넷) 센서는 온도, 습도, 수질, 공기질 등 다양한 환경 요소를 실시간으로 감지하고 자동으로 데이터를 수집하는 기술이다. "화분에 물은 언제 줘야 할까?", "산불 위험을 미리 알 수 있을까?" 같은 일상적 질문들이 이제 기술을 통해 답을 찾을 수 있는 시대가 되었다.

이러한 IoT 기술은 생태복원과 기후변화 대응에서 핵심 도구로 떠오르고 있다. 센서로 수집된 정밀한 데이터는 생태계 변화의 조기 감지와 과학 기반 복원 전략 수립에 활용되고 있다.

국내외 연구기관들은 산림에 IoT 센서를 설치해 온도, 습도, 탄소 농도 등을 실시간 모니터링하며, 기후변화가 산림 생태계에 미치는 영향을 정량적으로 분석하고 있다. 특히 센서 데이터를 AI와 결합하면 산불 발생 가능성을 조기에 탐지하고 위험 지역을 선별하여 신속한 대응이 가능하다.

IoT 기반 모니터링은 산림에 국한되지 않는다. 도시, 습지, 해양 등 다양한 생태계에서도 활용되고 있다. 해양에서는 연안 수질 관리와 생물다양성 보전을 위한 실시간

데이터 확보 기술이, 도심에서는 미세먼지, 기온, 녹지 상태를 파악하는 스마트시티용 센서 기술이 개발되고 있다. IoT 센서는 생태계의 미세한 변화를 정밀하게 측정·분석함으로써, 환경복원의 효과를 객관적으로 평가하고 장기적 회복 전략을 최적화하는 데 중요한 역할을 한다.

▷ 환경 DNA(eDNA) 분석

생태계를 평가하고 보전하기 위해서는 어떤 생물종이 특정 환경에서 살아가고 있는지를 정확히 파악하는 것이 중요하다. 그러나 기존의 생물 조사 방식은 시간이 오래 걸리고, 넓은 지역을 조사하는 데 한계가 있으며, 특정 종을 발견하기 어렵다는 문제점이 있었다.

최근에는 환경 DNA(eDNA, environmental DNA) 분석 기술이 이러한 문제를 해결하는 새로운 방법으로 주목받고 있다. 환경 DNA 분석은 물, 토양, 공기 등에서 유출된 미세한 DNA 조각을 채취하여 특정 생물종의 존재 여부를 분석하는 기법으로, 비침습적[38]이고 빠르게 생물다양성을 평가할 수 있다는 장점이 있다.

환경 DNA 분석 기술이란 물, 토양, 공기 등의 환경 샘플에서 유전 물질을 추출하여 지역 생물다양성을 분석하는 혁신적인 기법이다. 모든 생물체는 생활하면서 털, 피부 세포, 점액, 배설물 등의 형태로 DNA를 환경에 방출하며, 이를 활용해 해당 지역에 어떤 생물종이 존재하는지 파악한다.

분석 과정은 여러 단계로 이루어진다. 먼저 물, 흙, 공기 등에서 샘플을 채취한다. 그런 다음, 샘플에서 DNA를 추출하고 필요한 부분을 증폭시킨다. 이후, 첨단 유전자 분석 기술로 DNA 정보를 확인한 뒤, 데이터베이스와 비교하여 어떤 생물종이 있는지 알아낸다.

---

38) 비침습적이란 생물을 직접 포획하지 않고 물과 같은 환경 시료를 채집하여 생물종을 검출하는 방법을 뜻한다.

[그림 3-11] 물에서 추출한 DNA 정보를 이용한 생물종 분석 과정

이 기술은 기존 생물 조사 방식보다 생태계에 미치는 영향을 줄이면서도, 짧은 시간 안에 다양한 생물을 빠르고 효율적으로 탐지할 수 있다는 장점을 지닌다. 특히 멸종위기종 모니터링, 외래종 감시, 해양 및 담수 생태계 연구 등에서 활발히 활용되며, 생물다양성 보전과 생태계 건강성 평가에 중요한 도구로 자리 잡고 있다.

eDNA 기술은 수생태계의 생물다양성 모니터링과 보존에 혁신적인 방법으로 주목받고 있다. 이 기술은 물, 흙 등의 환경 시료에서 생물의 DNA를 추출 · 분석함으로써 해당 지역에 서식하는 생물종을 효율적이고 정확하게 파악할 수 있게 한다.

일본 연구팀은 후지산 주변 하천에서 eDNA 메타바코딩 기법을 활용해 어류 군집 구조를 분석했다. 이 기법은 환경에 존재하는 DNA를 기반으로 생물종을 빠르게 식별하는 방법으로, 전통적인 어류 조사 방식과 비교해 어류 다양성 평가에 효과적인 것으로 확인되었다. 강과 호수에서 채취한 eDNA 시료를 분석해 연어의 서식 여부와 이동 경로를 추적하는 연구도 진행되었다. 기존에는 포획이나 카메라 설치가 필요했으나, eDNA 분석을 통해 보다 신속하고 정밀한 조사가 가능해졌다.

국내에서도 eDNA 기술이 수생태계 연구에 활발히 도입되고 있다. 하천수 시료를 이용한 메타바코딩 기법으로 어류 군집을 분석하고 있으며, 기존 조사법의 한계를 보완해 모니터링의 효율성과 정확성을 높이고 있다. 또한 수달(Lutra lutra)의 서식 여부를 파악하기 위한 연구도 수행되었으며, 하천과 습지의 물 시료 분석을 통해 수달 존재를 비침습적으로 확인하는 성과를 거두었다. 최근에는 바닷물 온도 상승으로 고위도 지역에서도 상어 출현이 잦아짐에 따라, 바닷물 속 eDNA를 분석해 상어 출몰을 예측하고 경고하는 시스템에 대한 연구도 진행되고 있다.

이처럼 eDNA 기술은 수생태계 생물다양성 보전의 강력한 수단으로 자리매김하고 있으며, 전통적인 조사 방식과 병행해 보다 정확하고 효율적인 생태 모니터링이 가능해지고 있다.

○ LiDAR와 3D 모델링

생태계를 정밀하게 측정하고 분석하는 것은 환경 보전과 복원의 핵심 과정이다. 기존에는 현장 조사와 2D 지도 기반 분석에 의존했지만, 최근 LiDAR와 3D 모델링 기술이 결합되면서 생태계를 보다 정밀하고 입체적으로 분석할 수 있는 방법이 도입되고 있다.

LiDAR(라이다) 기술은 산지의 지형 변화, 산림 구조, 수역의 깊이 등을 3차원(3D) 데이터로 시각화하는 데 활용된다. 이를 통해 식생의 층위 구조와 토양 표면을 정밀하게 파악할 수 있으며, 복원 지역의 변화 과정을 추적하는 데 효과적이다.

미국 캘리포니아에서는 LiDAR를 활용하여 산불 피해 지역의 나무 밀도와 층위 구조를 분석하고, 복원 후 숲의 회복 과정을 추적하는 연구가 진행되고 있다. 또한, NASA의 GEDI(Global Ecosystem Dynamics Investigation) 프로젝트는 국제우주정거장(ISS)에 탑재된 LiDAR 센서를 통해 열대우림의 탄소 흡수량과 산림 손실을 추적하고 있다.

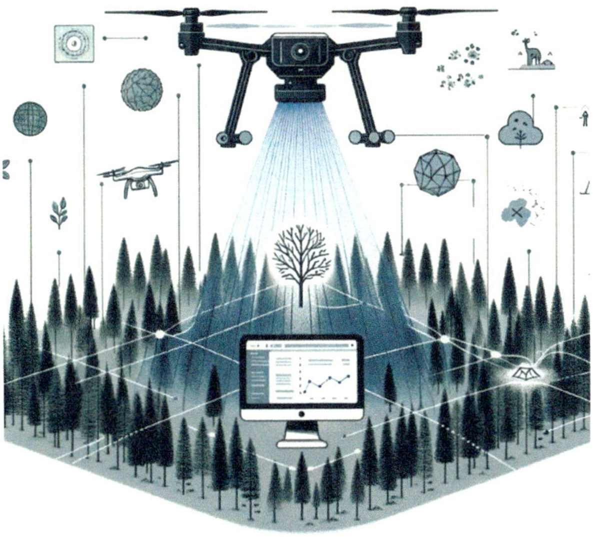

[그림 3-12] 라이다와 AI 기술을 이용한 산림 정보 구축 개념도

우리나라도 LiDAR 기술이 산림 복원 연구에 적극 도입되고 있는데, 항공 LiDAR를 활용해 산림의 구조를 정밀 분석하고, 산림 복원의 효과를 평가하는 연구가 진행되고 있다. 이를 통해 산림 내 층위 구조와 생물다양성의 상관관계를 분석하고, 복원 전략 수립에 필요한 과학적 데이터를 확보하고 있다.

복원 지역의 생태 변화를 3차원(3D) 모델로 시각화하면, 변화의 양상과 영향을 보다 명확하고 체계적으로 이해할 수 있다. 싱가포르는 도시 생태복원 정책의 일환으로 LiDAR 데이터를 3D 모델로 변환해 녹지 조성의 공간적 분포와 효과를 분석하고 있으며, 뉴욕시는 도심 내 녹지 공간을 3D로 모델링하여 기후변화가 도시에 미치는 영향을 평가하는 연구를 수행하였다. 이러한 시각화 기반 분석은 도시 내 기온 저감 효과를 극대화하고, 녹지 확대 전략을 수립하는 데 과학적 근거를 제공하고 있다.

LiDAR 기술은 생태계 변화를 시각적으로 전달하는 수단으로도 활용도가 높다. 복원 지역의 구조적 변화를 대중과 정책 결정자에게 직관적으로 설명할 수 있어, 공감대 형성과 정책 수립에 실질적인 도움을 준다.

11.3 생태복원에 적합한 미래 기술 : 가능성과 한계

산이나 강, 그리고 바다처럼 복잡하고 역동적인 자연환경에서 생태복원을 한다는 것은 언제나 도전적인 작업이다. 그런데 여기에 로봇 기술이 투입된다면 어떨까? 드론이 씨앗을 심고, 수중 로봇이 산호초를 복원하며, 자율주행 로봇이 나무를 심는 풍경이 그려질 수 있다.

하지만 이런 미래가 과연 얼마나 현실적일까?

○ 로봇 기술이 열어가는 새로운 가능성

어려운 지역에서 복원 작업을 수행하거나, 반복적이고 시간이 많이 소요되는 작업을 자동화하는 데 있어 로봇은 효율성과 정밀성을 높이는 데 기여할 수 있다. 최근 다양한 로봇 기술이 생태복원 프로젝트에 도입되면서, 산림 복원, 해양 생태계 보호, 기후변화 대응과 같은 영역에서 새로운 가능성을 열어가고 있다.

▷ 씨앗 뿌리는 드론 : 황폐해진 땅을 다시 숲으로

드론을 활용한 생태복원 기술이 빠르게 발전하면서, 씨앗을 뿌리는 것 외에도 묘목을 직접 투하하는 방식도 도입되고 있다. 기존의 수작업 방식보다 훨씬 빠르고 효율적인 복원이 가능하며, 특히 접근이 어려운 지역에서도 효과적으로 적용될 수 있다는 장점을 가지고 있다.

영국의 B사는 하루 40,000개 이상의 씨앗을 공중에서 발사할 수 있는 드론 기술을 개발하였다. 이 기술은 기존의 인력 기반 식재보다 약 10배 빠른 속도로 복원을 진행할 수 있으며, 공중에서 정밀하게 씨앗을 투하하여 균일하고 효율적인 복원을 실현하는 것이다. 유엔환경계획(UNEP)에 따르면, 이 기술은 사막화가 진행 중인 지역이나 산불 피해 지역에서 빠른 생태계 회복을 돕는 데 효과적이라고 기대하고 있다.

우리나라에서도 AI 기반 드론을 활용한 산림 복원 연구를 진행하고 있다. 국립산림과학원은 위성 영상을 활용한 산림자원 변화 탐지 및 산림 재난 모니터링 등 위성 자료와 드론을 결합한 기술을 개발하고 있으며, 이를 통해 산림 관리 및 복원 과정의 효율성을 높이고 있다. 또한, 기후 조건과 토양 상태를 분석하여 최적의 종자를 선택하고 자동으로 파종하는 시스템을 구축하고 있으며, 이를 통해 산림 복원의 성공률을 높이는 연구가 지속적으로 진행되고 있다.

최근에는 씨앗뿐만 아니라 묘목을 직접 투하하는 방식도 개발되고 있다. 미국의 D사는 드론을 이용해 묘목을 대량으로 심는 기술을 개발하여 산불로 손실된 산림의 빠른 복원을 지원하고 있다. 이 기술은 묘목을 공중에서 직접 투하하여 땅에 착륙한 후 즉시 뿌리를 내릴 수 있도록 설계되었으며, 기존의 수작업 식재 방식보다 비용이 절감되고 생존율이 높은 것으로 평가된다. 특히, 접근이 어려운 산림 지역이나 기후변화로 인해 식재가 어려운 지역에서도 효과적으로 적용될 수 있다.

이처럼 첨단 기술을 활용한 씨앗 및 묘목 투하 드론은 생태계 복원의 효율성과 효과를 극대화하는 데 기여하고 있으며, 향후 기후변화 대응과 지속 가능한 환경 조성

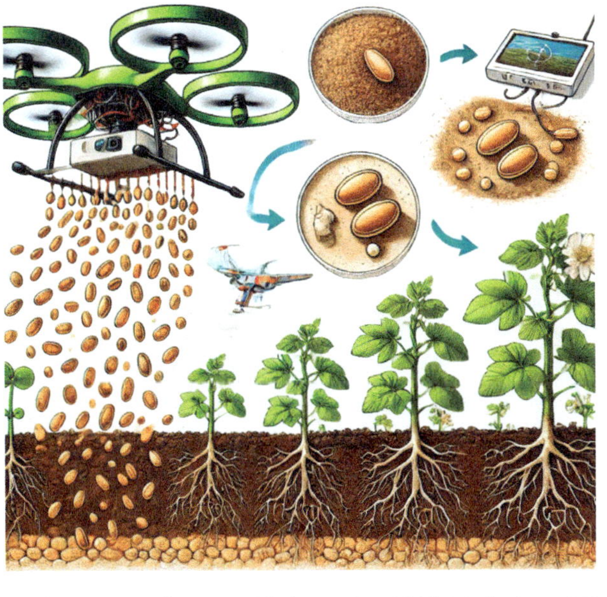

[그림 3-13] 생태복원에 드론을 이용한 종자 파종 방법

에 중요한 역할을 할 것으로 기대된다.

▷ 수중 로봇 : 산호초를 살리는 작은 동반자

해양 생태계 복원을 위해 AI 기반의 수중 로봇 기술이 빠르게 발전하고 있다. 기존의 산호초 복원 방식은 잠수부들이 직접 손으로 산호를 심거나 손상된 산호를 복원하는 방식이었으나, 이는 많은 시간과 비용이 소요되는 한계가 있었다. 이러한 문제를 해결하기 위해 AI 기술을 활용한 자율 수중 로봇이 도입되고 있으며, 보다 효율적이고 광범위한 생태복원이 가능해지고 있다.

미국의 해양과학자들은 CoralBot이라는 AI 기반 수중 로봇을 개발하였다. 이 로봇은 머신 비전, 컴퓨팅, 해양생물학, 해저 로봇 기술을 결합하여 손상된 산호초를 지능적으로 탐색하고 자동으로 건강한 산호를 심는 역할을 수행한다. 또한, 로봇이 실시간으로 데이터를 분석하여 최적의 복원 지점을 찾아가며, 수작업 방식보다 훨씬 높은 효율로 산호초 복원이 가능하다. 이러한 기술은 해양 오염과 기후변화로 인해 위기에 처한 산호초 생태계를 보다 넓은 범위에서 효과적으로 복원하는 데 기여하고 있다.

[그림 3-14] 로봇이 수중에서 산호초를 복원하는 상상도

한편, 산호초뿐만 아니라 해초 복원을 위해 자율 로봇을 활용하는 사례도 증가하고 있다. 율리시스 에코시스템 엔지니어링(Ulysses Ecosystem Engineering)은 자율 로봇을 활용하여 해초 씨앗을 해저에 심는 기술을 개발하였다. 이 기술은 기존의 수작업 방식보다 100배 빠른 속도로 해양 생태계를 복원할 수 있으며, 해초 군락지의 복원 속도를 크게 향상시키는 효과를 보이고 있다(Unicorn Factory).

이처럼 AI와 로봇 기술의 발전은 해양 생태계 복원에 혁신적인 변화를 가져오고 있으며, 효율성과 효과성을 높이는 데 중요한 역할을 하고 있다. 향후 이러한 기술이 더욱 발전함에 따라, 기후변화와 환경오염으로부터 해양 생태계를 보호하는 데 더욱 효과적인 해결책이 될 것으로 기대된다.

▷ 자율주행 로봇 : 경사면에서도 나무를 심다

최근 자율주행 로봇을 활용한 나무 심기 기술이 개발되며, 기존 인력 중심의 복원 방식보다 빠르고 정밀한 산림 복원이 가능해지고 있다. 특히 사람이 접근하기 어려운 급경사지나 오지, 기후변화로 접근이 제한된 지역에서도 안정적으로 작동해, 복원 대상지의 공간적 한계를 극복할 수 있는 대안으로 주목받고 있다.

스웨덴의 로봇 개발업체와 페루 산림보호단체가 협력한 아마존 열대우림 복원 프로젝트는 대표적인 사례다. 이 자율주행 로봇은 몇 시간 만에 600개의 씨앗을 심을 수 있으며, 축구장 두 배 면적을 복원할 수 있는 수준이다. 태양열을 동력으로 사용하는 친환경 설계는 물론, 지역 주민과 협력 운영되도록 구성되어 일자리 창출과 공동체 참여를 유도하고 있다.

영국 서리대학교 연구신은 천산갑의 움직임에서 착안한 '플랜톨린(Plantolin)'이라는 로봇을 개발하였다. 이 로봇은 발톱 구조로 땅을 파고 씨앗을 일정 깊이로 심을 수 있어, 급경사나 척박한 토양에서도 우수한 성능을 보인다. 기후변화 대응과 탄소 흡수를 위한 조림 활동에서의 활용이 기대된다.

한편, 스웨덴 린셰핑대학교 연구팀은 산림과 농업에 전자 기술을 접목한 '식물 전자공학(Plant Electronics)'을 연구 중이다. 나무 조직에 전기 신호를 전달하거나, 식물이 전자 소자처럼 작동하도록 하는 기술을 개발하고 있으며, 식물 기반 회로 및 환경 반응형 센서로의 응용이 기대된다.

이처럼 자율주행 로봇과 첨단 기술의 접목은 생태복원의 공간적·시간적 제약을 극복하는 전환점이 되고 있다. 수십 명의 인력이 수일간 해야 했던 작업을 로봇이 몇 시간 만에 수행하며, 인간 접근이 어려운 지역에서도 복원이 가능해졌다.

씨앗이나 묘목을 정밀 투하하는 드론, 해양 생태계를 복원하는 AI 수중 로봇, 자율 데이터 수집 및 복원 작업 수행 로봇 등은 이미 다양한 생태계에서 활용 중이다. 이 기술들은 단순히 '빠르게'가 아니라, '정확하고 지속가능하게' 생태계를 회복하는 데 기여하고 있다.

앞으로 로봇과 인공지능은 복원 계획 수립부터 생물종 재도입, 서식지 설계까지 생태복원의 전 과정에 통합되어 작동하게 될 것이다.

○ 자연환경이라는 도전과 로봇 기술의 한계

로봇 기술은 생태복원 분야에서 혁신적인 도구로 활용되고 있지만, 자연환경에서 항상 효과적으로 작동할 것이라고 보장할 수는 없다. 자연환경은 산업 현장이나 도시 환경과 달리 정형화되지 않은 복잡한 공간이며, 예측하기 어려운 요소가 많기 때문이다. 산과 강, 바다와 같은 자연환경의 불규칙성은 로봇 기술이 직면하는 가장 큰 도전 과제 중 하나이다.

최근 보스턴 다이내믹스(Boston Dynamics)의 4족 보행 로봇 'Spot'이 야생동물 보호와 서식지 모니터링에 활용되고 있다. 이 로봇은 고해상도 카메라와 센서를 통해 동물의 이동 경로와 서식지 변화를 실시간으로 추적할 수 있으며, 사람이 접근하기 어려운 지역에서도 정밀한 감시가 가능하다. 아프리카의 야생동물 보호구역에서는 밀렵

감시에도 활용되고 있다. 그러나 최대 작동 시간이 약 90분에 불과하고, 방진·방수 기능에도 불구하고 극한 기후나 험지에서 성능 저하 가능성이 있어 장시간 운용에는 한계가 있다.

이러한 첨단 로봇 기술을 생태복원에 적용할 때는 기술적 한계를 충분히 인식하고, 적용 가능한 환경과 작업 조건을 면밀히 고려해야 한다. 전문가의 경험과 로봇 기술을 결합해 복원 전략을 설계하는 것이 효과적인 활용의 핵심이다. 특히, 산악 지형은 바위, 나무뿌리, 급경사 등 다양한 장애물로 인해 로봇의 이동성을 제약하며, 예상치 못한 고장이나 기계적 오류가 발생할 수 있다. 일부 로봇은 강화된 서스펜션 시스템이나 AI 기반 자율주행 알고리즘을 탑재해 최적 경로를 탐색하도록 설계되었지만, 자연의 복잡성과 변화 앞에서는 여전히 제약이 따른다.

수중 환경 또한 예외는 아니다. 산호초 복원 로봇인 CoralBot은 자동으로 손상된 산호를 식별하고 복원 작업을 수행하지만, 유속 변화나 해양 퇴적물의 움직임으로 인해 정확한 위치에 산호를 배치하기 어렵고, 조류, 수온, 염도 등 다양한 요인이 작동 안정성에 영향을 미칠 수 있다.

또한, 로봇 기술은 높은 초기 비용과 유지관리 부담이 뒤따른다. 험지에서 고장난 로봇을 수리하거나 부품을 교체하려면 인력이 현장에 직접 접근해야 하며, 이는 시간과 비용 증가로 이어진다. 특히 개발도상국이나 보호구역처럼 예산이 제한된 지역에서는 기술 도입과 지속적인 운영이 현실적으로 어렵다. 이러한 문제를 해결하기 위해서는 보다 경제적이고 접근성 높은 로봇 기술의 개발이 필요하다.

자연환경은 본질적으로 복잡하고 변화무쌍하기 때문에, 로봇 기술의 적용에는 한계가 존재한다. 그럼에도 불구하고 AI와 로봇 기술은 점점 더 자연과 조화를 이루는 방향으로 진화하고 있으며, 향후에는 환경에 적응 가능한 설계와 비용 효율성을 갖춘 기술적 혁신이 이루어질 것으로 기대된다. 성공적인 생태복원을 위해서는 로봇이 자연환경의 특성을 반영해 설계되고, 인간의 경험과 융합된 맞춤형 접근이 이뤄져야 한다.

닭이냐, 달걀이냐 : 생태복원의 해묵은 논쟁

도심 외곽의 한 하천 복원 현장. 콘크리트로 덮였던 직강화 하천은 굽이진 물길과 둔덕, 풀밭이 생겨나며 자연형으로 바뀌었다. 그러나 진짜 고민은 그 다음이었다.

"무엇을 먼저 복원할 것인가?"

회의실에서는 의견이 엇갈린다.

"풀과 나무가 자라야 곤충이 오고, 그다음이 새와 동물이죠."

"서식할 동물이 없으면 식물도 정체됩니다."

"우선은 수질입니다. 물이 없으면 다 소용없어요."

이 논쟁은 단순한 순서 싸움이 아니다. 생태계는 복잡한 관계망으로, 어느 하나만 회복된다고 전체가 되살아나지 않는다. 흔히 "닭이 먼저냐, 달걀이 먼저냐"는 비유가 등장하는 이유다.

현장에서는 나무를 심어도 땅이 척박하고, 곤충은 먹이가 없어 오지 않는다. 동물을 방사해도 먹이와 공간이 부족하면 떠난다. 반대로 환경만 조성했지만 동물이 오지 않는 '비어 있는 복원지'도 있다.

이럴 때 중요한 건 순서가 아니라 관계의 회복이다. 어느 전문가의 말처럼, "복원이란 순서를 따지는 게 아니라, 관계를 되살리는 작업"이다.

그래서 요즘은 '통합적 복원'이 주목받는다. 토양 개선과 식생 조성을 함께 진행하고, 곤충과 양서류 등 작은 동물부터 유도하며, 지역 주민도 복원에 함께 참여시키는 방식이다. 마치 닭과 달걀을 동시에 보살피는 일과 같다.

결국 생태복원에서 중요한 질문은 "닭이냐, 달걀이냐"가 아니다.

진짜 물어야 할 것은,

"우리는 그들이 돌아올 집을 제대로 준비하고 있는가?" 이다.

○ 기술과 인간의 협력 : 해결책은 무엇인가?

생태복원에서 로봇과 인공지능(AI) 같은 첨단 기술은 점점 더 중요한 역할을 하고 있다. 반복적이고 시간이 많이 소요되는 작업을 자동화하고, 접근이 어려운 지역에서도 정밀한 복원 작업을 수행할 수 있는 점은 기술의 강점이다. 그러나 기술만으로는 생태복원의 모든 문제를 해결할 수 없다. 자연은 복잡하고 예측 불가능한 요소가 많기 때문에, 기계적 접근만으로는 온전한 복원이 어렵다.

따라서 기술과 인간이 각자의 강점을 살려 협력하는 방식이 필요하다. 로봇과 AI는 방대한 데이터를 바탕으로 정밀한 작업을 수행하고 생태계 변화를 실시간으로 추적할 수 있다. 반면, 인간은 생태적 통찰과 경험, 그리고 창의적 판단을 바탕으로 복원의 방향을 설정하고 최종 결정을 내리는 중요한 역할을 맡는다. 자율주행 로봇이 나무를 심을 수는 있지만, 어떤 종을 어디에 심어야 하는지는 여전히 전문가의 판단에 달려 있다.

기술의 효율성을 극대화하려면 지역 주민의 참여도 필수적이다. 아무리 정교한 로봇이 있어도, 복원된 생태계를 지속적으로 보호하고 관리할 주체는 결국 지역사회이기 때문이다. 장기적인 복원 과정에서는 로봇이 반복적이고 육체적인 작업을 담당하고, 주민은 생태적 감시자이자 관리자로서 중심적인 역할을 수행할 수 있다. 이는 복원 효과를 높이는 동시에 지역사회 구성원의 책임 의식을 강화하는 긍정적 효과를 낳는다.

기술이 자연환경에서 실질적으로 작동하기 위해서는 환경 조건에 적응할 수 있는 정교한 설계가 필요하다. 예컨대, 경사면에서도 이동이 가능한 4족 보행 로봇, 진흙이나 자갈 지형에서 작동하는 이동형 드론, 염분에 강한 소재의 수중 로봇 등이 개발되고 있다. 이러한 기술은 다양한 생태계 조건에 맞춰 보다 넓고 정밀한 복원을 가능하게 한다.

AI와 데이터 모델링은 생태복원의 설계와 예측을 위한 혁신적인 도구로 자리잡고 있다. 예를 들어, 생태학적 회랑(Ecological Corridor)을 모델링하여 단절된 서식지를 연결하는 최적 경로를 제시하고, eDNA 분석과 결합해 생물다양성을 정밀하게 모니터링할 수 있다. 하지만 이러한 기술이 실제 환경에서 성공적으로 작동하려면 생태학자의 해석과 현장 경험이 반드시 뒷받침되어야 한다. 자연의 복잡성과 지역적 특수성은 인간의 통찰 없이는 제대로 이해하기 어렵기 때문이다.

기술은 생태복원의 정밀도와 효율성을 높이는 데 크게 기여하지만, 여전히 넘어야 할 과제도 많다. 고비용과 기술 접근성 문제는 저소득 국가나 지역의 기술 도입을 어렵게 만들며, 기술이 생태계에 미치는 영향에 대한 신중한 평가도 필요하다. 로봇과 AI는 인간을 대체하는 존재가 아니라, 보완하는 도구로 작동할 때 진정한 가치를 발휘할 수 있다.

결국 생태복원은 인간과 기술, 자연이 함께 만들어가는 과정이다. AI와 로봇은 복원을 정밀하고 효과적으로 만드는 도구이며, 증강현실(AR)은 복원의 필요성을 대중에게 직관적으로 전달하고, 빅데이터는 과학적 의사결정을 뒷받침하는 기반이 된다. 그러나 이러한 기술이 진정한 복원의 수단이 되려면 인간의 지혜, 전문가의 경험, 지역사회의 참여가 반드시 동반되어야 한다.

[그림 3-15] 인간과 미래기술의 협력

12장. ESG와 생태복원의 통합적 접근

기후위기와 환경문제가 심화되는 오늘날, 기업과 정부는 지속가능성을 실현하기 위한 새로운 기준을 요구받고 있다. 이러한 흐름 속에서 ESG는 환경 보호, 사회적 책임, 투명한 경영을 아우르는 핵심 개념으로 자리 잡았다. 특히 생태복원은 ESG 전략의 중요한 축으로, 기업과 정부가 협력하여 생태계를 복원할 경우 탄소중립 실현, 생물다양성 보호, 경제적 가치 창출이라는 세 가지 목표를 동시에 달성할 수 있다.

전 세계적으로 ESG를 기반으로 한 생태복원 성공 사례들은 지속가능한 미래를 위한 실천 방안을 제시하며, 한국 또한 이러한 글로벌 흐름 속에서 중요한 역할을 수행하고 있다. ESG를 통한 생태복원은 단순한 환경 보호를 넘어, 지속가능한 경제 모델을 구축하고 미래 세대를 위한 책임 있는 경영을 실현하는 강력한 도구가 될 것이다.

12.1 자연을 살리는 새로운 기준 : ESG와 생태복원의 이야기

21세기 들어 기업, 정부, 투자자들은 지속가능한 경영과 정책 실현을 기본 과제로 받아들이고 있다. 기후변화, 생물다양성 감소, 자원 고갈 등 환경 문제가 심화되면서, 경제 활동은 수익 창출을 넘어 환경과 사회에 미치는 영향을 고려해야 하는 시대가 되었다. 이러한 변화 속에서 등장한 개념이 바로 ESG(Environmental, Social, Governance)다.

ESG는 기업이 단순히 이익을 내는 것에 그치지 않고, 환경(E)을 보호하고, 사회(S)에 기여하며, 투명하고 윤리적인 지배구조(G)를 실천해야 한다는 원칙을 담고 있다. 과거에는 재무 성과가 기업 평가의 중심이었다면, 이제는 ESG가 기업의 장기적 가치와 지속가능성 판단 기준으로 자리잡고 있다.

특히 ESG의 환경(E) 요소에서는 생태복원의 중요성이 점점 커지고 있다. 기후변화 대응과 탄소중립 실현을 위해 기업과 기관들은 생태계를 보호하고 복원하는 노력을 강화하고 있으며, 이는 단순한 환경 보호를 넘어 기업의 지속가능한 성장과 리스크 관리에도 중요한 역할을 하고 있다.

[그림 3-16] ESG(Environmental, Social, Governance)의 개념

○ ESG가 글로벌 경제와 정책에서 차지하는 역할

과거 기업의 목표는 이윤 창출에 집중되어 있었다. 그러나 기후변화와 환경 · 사회 문제의 심화로, 이제는 수익성과 지속가능성을 함께 고려해야 하는 시대다. 이에 따라 ESG는 글로벌 경영과 투자에서 핵심 기준으로 자리잡았으며, 정부와 투자자들도 이를 필수 요소로 요구하고 있다.

▷ ESG 중심의 글로벌 투자 트렌드 변화

세계 굴지의 자산운용사인 블랙록(BlackRock)과 피델리티(Fidelity) 등의 투자 기관들은 지속가능성을 고려한 투자를 확대하고 있으며, ESG 관련 기업에 대한 투자 비율을 지속적으로 증가시키고 있다. 2023년 기준, 글로벌 ESG 펀드 규모는 40조 달러를 넘어섰으며, 이는 전체 자산운용 규모의 30% 이상을 차지하고 있다(BlackRock).

기업들은 이러한 변화에 대응하기 위해 ESG 평가 지표를 강화하고 있으며, 생태복원과 기후변화 대응 전략을 경영에 적극 반영하고 있다. 특히 탄소중립(Net Zero)을 목표로 하는 기업들은 생태복원을 ESG 전략의 중요한 부분으로 포함하며 지속가능한 사업 모델을 구축하고 있다.

▷ 환경복원 관련 시장의 성장

기후변화, 생물다양성 감소, 환경오염 등 전 세계적으로 심화되는 문제들을 해결하기 위해 각국 정부와 기업, 시민사회가 힘을 모으고 있다. 이러한 흐름 속에서 환경복원 시장은 빠르게 성장하고 있으며, 앞으로도 지속적인 확상이 예상된다.

2023년에 발표된 여러 보고서에 따르면, 전 세계 환경복원 서비스 시장 규모는 2023년 약 1,408억 달러로 추정되며, 2030년에는 2,421억 달러에 이를 것으로 전망된다. 이는 연평균 8%의 성장률을 기록하는 수치다(GIIR). 또 다른 보고서는 2023년 시장 규모를 1,152억 달러로 추산하며, 2024년부터 2030년까지 연평균 7.2%의 성장을 예측하고 있다(Grand View Research).

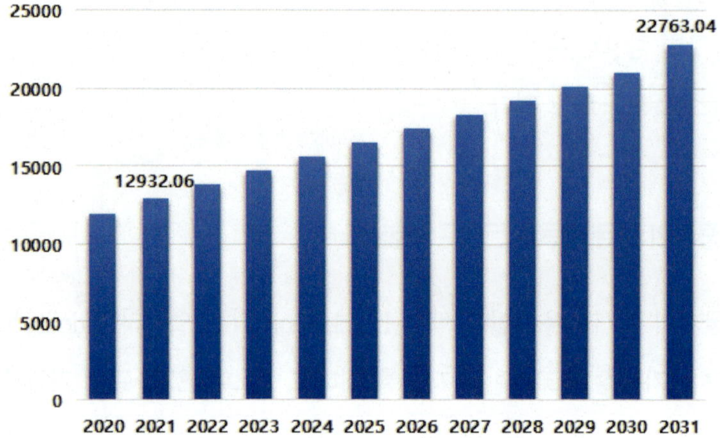

[그림 3-17] 환경복원 서비스 분야의 시장규모 전망[39]
(https://www.businessresearchinsights.com 자료를 토대로 재작성)

이러한 성장은 단순한 환경 보호를 넘어 ESG 경영과 밀접하게 연결된다. 최근 기업과 정부는 탄소중립과 생물다양성 보존을 위한 전략으로 환경복원을 핵심에 두고 있다.

과거에는 주로 정부가 주도했지만, 이제는 ESG 실천 기업들이 복원 사업에 적극 참여하며 시장을 확대하고 있다. 환경복원은 기업 책임의 기준이자 지속 가능한 비즈니스의 핵심 요소가 되었으며, 시민 참여와 기술 혁신이 더해지며 복원은 더욱 체계적으로 이루어지고 있다.

39) 보고서에 의하면 전 세계 생태복원 시장 규모는 2021년에 129억달러(USD) 였으며, 2031년에는 229억달러에 달할 것으로 예상되며, 예측 기간 동안 연평균 성장률은 5.82%로 예상된다.

▷ ESG 관련 국제 규제 강화와 기업의 대응 변화

유럽연합(EU)은 2024년부터 지속가능성 공시 기준(CSRD, Corporate Sustainability Reporting Directive)을 강화해 모든 대기업에 ESG 정보 공개를 의무화하고 있다. 미국 SEC도 기후 리스크 공시를 확대했으며, 일본과 한국 역시 공시 기준을 강화 중이다.

이에 따라 기업들은 생태복원과 지속가능 경영을 ESG 전략에 포함해 규제 대응력을 높이고 있다. ESG 실천은 선택이 아닌 필수가 되었으며, 이를 적극 반영한 기업이 글로벌 경쟁력을 확보할 것으로 보인다.

○ 환경(E) 요소에서 생태복원의 중요성

ESG의 환경(E) 요소는 탄소중립, 생물다양성 보전, 기후 대응을 포함하며, 최근에는 자연기반해법을 통한 생태계 복원이 핵심 전략으로 부각되고 있다. 단순한 보전을 넘어, 훼손된 생태계를 적극적으로 회복하는 것이 ESG 실천의 중요한 지표가 되고 있다. 이 변화는 금융 및 투자 시장에도 영향을 미치고 있으며, 국제 투자자들은 생태복원과 생물다양성 회복에 기여하는 기업에 높은 평가를 부여하고 있다.

특히 자연양도(Nature Positive) 개념은 ESG 환경 전략의 새로운 방향으로, 자연 손실을 멈추고 순증(Net Gain)을 지향하는 접근이다. 유엔 생물다양성협약(CBD), IUCN, WWF 등은 2030년까지 손실 제로, 2050년까지 회복 달성을 목표로 제시하고 있다. 이는 생물다양성, 기후 대응, 생태복원을 통합하는 새로운 글로벌 프레임으로 자리 잡고 있다.

▷ 탄소중립 실현을 위한 생태복원

탄소중립을 실현하기 위해 기업들은 온실가스 감축 외에도 자연 기반의 탄소 흡수 전략을 강화하고 있다. 이는 숲 조성, 갯벌 복원, 해양 생태계 보호 등 탄소 흡수원을 확대하는 방식으로, 특히 맹그로브, 염습지, 해초 군락 등 블루카본 생태계는 높은 탄소 흡수력으로 주목받는다.

또한 재생 농업[40]은 토양 건강과 생태계 회복을 통해 탄소를 저장하고 배출을 줄이는 지속 가능한 농업 방식으로 각광받고 있다. 기업들은 이런 자연과 조화된 토지 이용을 통해 ESG 경영과 탄소중립 목표를 동시에 달성하고자 한다.

▷ 생물다양성 보호와 ESG의 연계성

세계경제포럼(WEF)은 생물다양성 손실을 21세기 가장 심각한 글로벌 위험요소 중 하나로 지적한다. 농업, 식품, 화장품, 의약품, 관광 산업 등은 모두 생물자원에 의존하며, 건강한 생태계가 지속적인 산업 활동의 기반이 된다.

이러한 인식 속에서 기업들은 생물다양성 보호를 ESG 전략에 적극 반영하고 있다. 산림 벌채를 줄이고 나무를 심거나, 토양 유실을 방지하고 화학 비료 사용을 줄이는 농법, 전통적 농업 방식 회복 등이 그 예다. 또한 플라스틱 오염 저감, 어업 규제 강화, 해양 보호구역 확대 등 다양한 방식으로 생태계 보전 노력이 확대되고 있다.

국제적으로 생물다양성 관련 규제가 강화되면서, 기업들은 ESG 보고서에 구체적인 보전 활동을 명시해야 한다. 생물다양성을 고려하지 않는 기업은 투자자와 소비자의 신뢰를 잃을 수 있으며, 반대로 적극적인 기업은 지속 가능성과 브랜드 가치 측면에서 긍정적인 평가를 받는다.

○ 기업과 기관이 ESG 경영을 통해 생태복원을 실천하는 사례

기업들은 기후변화 대응, 지역사회 기여, 기업 거버넌스 강화를 위해 다양한 방식

40) 재생 농업(Regenerative Agriculture)은 단순히 환경 피해를 줄이는 것을 넘어, 토양 건강을 개선하고 생태계를 회복시키는 농업 방식을 의미한다.

으로 생태복원을 추진하고 있으며, 이는 장기적인 기업 가치 상승과 브랜드 신뢰도를 높이는 중요한 요소로 작용하고 있다.

ESG 경영에서 생태복원은 특히 환경(E), 사회(S), 거버넌스(G) 요소와 깊이 연관되어 있다. 환경(E) 요소에서는 기후위기 대응과 탄소중립 실현을 위한 전략으로, 사회(S) 요소에서는 지역사회 발전과 일자리 창출의 기회로, 거버넌스(G) 요소에서는 기업의 지속가능성 평가 기준으로 작용하며 기업 경영 전반에 영향을 미친다.

이제 ESG 요소별로 생태복원이 어떻게 기업 활동에 통합되고 있는지를 구체적인 사례를 통해 살펴보자.

▷ 환경(E) 요소 : 생태복원은 기후위기 대응의 핵심이다.

ESG의 핵심 축인 환경(E)은 기업이 환경 보호와 지속가능성을 고려해야 함을 의미하며, 생태복원은 기후위기 대응의 중요한 해법으로 떠오르고 있다. 탄소 배출 증가와 생태계 파괴가 심각해지는 상황에서, 자연을 회복하는 적극적 전략으로 주목받고 있다.

애플은 2030년까지 공급망 전체의 탄소중립을 목표로 남미, 아프리카, 아시아에서 산림 복원 프로젝트를 추진하며 ESG 원칙을 적용하고 있다. 이는 탄소 저감과 생물다양성 보존에 기여하는 자연기반해법이다.

브라질에서는 다국적 기업들이 아마존 열대우림 복원에 참여하며 탄소배출권을 확보하고 브랜드 가치도 함께 높이고 있다. 이는 환경 보호와 수익 창출이 동시에 가능한 ESG 경영의 사례다.

독일과 네덜란드 등 유럽 국가들도 습지와 산림 복원을 통해 홍수 방지와 수질 개선을 이루고 있으며, 기후 적응력을 높이는 생태복원의 대표 사례로 주목받고 있다.

[그림 3-18] ESG 분야에 대한 기업들의 투자 확대

▷ 사회(S) 요소 : 생태복원은 지역사회를 위한 투자이다.

ESG의 사회(S) 요소는 기업과 지역사회 간의 관계를 의미한다. 생태복원은 단순한 환경 보호를 넘어 지역경제 활성화, 녹색 일자리 창출, 생태관광 등의 사회적 가치를 창출할 수 있다.

유니레버(Unilever)는 팜유 생산으로 인한 열대우림 훼손을 줄이기 위해 지속가능한 농업과 재생 농업 기법을 도입해 토양을 복원하고, 지역 농민들에게 교육을 제공하며 지역경제에 기여하고 있다.

케냐의 '그린벨트(Green Belt)' 운동은 ESG 원칙을 적용한 대표적인 사례로, 지역 주민들이 나무를 심고 이를 통해 생계와 경제적 자립을 확보하도록 지원한 프로젝트다. 이 운동에서는 5천만 그루 이상의 나무를 심었으며, 특히 여성들의 경제적 자립을 촉진하는 데 기여했다. 이는 환경 보호와 사회적 가치 창출이 결합된 성공적인 생태복원 사례로 평가받고 있다.

또한, 뉴욕과 시카고 같은 도시에서는 기업과 지방정부가 협력해 도시 공원과 녹지를 조성하고 있으며, 이는 기후변화 적응과 열섬 현상 완화, 대기질 개선 등 다양한 사회적 효과를 가져오고 있다.

▷ 거버넌스(G) 요소 : ESG 평가 기준이 생태복원에 미치는 영향을 미친다.

ESG의 거버넌스(G)는 기업의 의사결정 구조, 투명성, 윤리적 경영을 의미한다. 최근에는 생태복원 활동이 ESG 평가 항목에 포함되면서, 기업의 환경 기여도가 지속가능성 평가의 중요한 기준이 되고 있다. 이는 투자자와 소비자에게도 긍정적 신호로 작용한다.

대표적인 사례로 마이크로소프트(Microsoft)의 '탄소 네거티브(Carbon Negative)' 선언을 들 수 있다. 마이크로소프트는 2030년까지 모든 탄소 배출을 상쇄하고, 2050년까지 회사 설립 이후 배출한 모든 탄소를 제거하겠다는 목표를 세웠다. 이를 위해 대규모 숲 복원과 자연기반해법을 활용한 탄소 흡수 프로젝트에 투자하고 있으며, 탄소 배출 감축뿐만 아니라 생태계 회복에도 적극적으로 기여하고 있다.

또한 책임투자원칙(PRI)[41]은 ESG 요소를 투자 의사결정에 반영하도록 하는 국제 가이드라인으로, 2006년 유엔 주도로 제정되었다. 이 원칙에 가입한 글로벌 기업과 펀드는 생태복원 투자 확대를 통해 지속가능한 경영을 실천하고 있으며, 이는 기업의 가치와 투자 매력도를 높이는 요인으로 작용하고 있다.

---

41) 책임투자원칙(PRI, Principles for Responsible Investment)은 환경(E), 사회(S), 지배구조(G), 즉 ESG 요소를 투자 의사결정 과정에 반영하는 것을 원칙으로 하는 국제적 가이드라인이다. 이는 2006년 유엔과 금융기관들이 공동으로 개발하여 발표하였으며, 지속가능한 투자와 책임 있는 기업 경영을 촉진하기 위해 만들어졌다.

그린벨트, 허락된 개발! 금지된 복원!

"여긴 아파트 들어선대."

"근데··· 복원은 안 된다네?"

익숙하면서도 이상한 대화. 하지만 실제 도시에서 벌어지는 일이다.

그린벨트(개발제한구역)는 도시 확산을 막고 자연을 지키기 위해 만들어졌지만, 최근 하나둘씩 해제되고 있다. 주택 공급, 산업단지, 도로망 구축 등 '공익'이라는 이름 아래 개발은 허용된다.

그런데 이상한 일은,

"자연을 지키는 개발은 되고, 자연을 살리는 복원은 안 된다"는 점이다.

이미 훼손된 땅에 나무를 심고, 물길을 잇고 싶어도 복잡한 인허가와 규제가 가로막는다. "도로는 되고, 나무는 안 된다"는 역설적인 현실. 실제로 복원이 개발보다 어렵다는 말은 전문가들 사이에서 자주 들린다.

그린벨트는 자연을 보호하지만, 정작 회복은 미뤄지고 있다. 우리가 지키려는 게 자연인지, 아니면 규제 자체인지 되묻게 된다.

도시 외곽의 그린벨트는 사실상 마지막 녹지이자 복원의 기회다.

"개발은 허용되면서, 회복은 왜 금지되는가?"

이제 질문을 바꿔야 한다.

'어떻게 지킬까'가 아니라, '어떻게 되살릴까.'

12.2 ESG 기반 생태복원 프로젝트 설계와 운영

ESG 경영은 이제 기업과 공공기관의 필수 전략으로 자리 잡았으며, 많은 기업들이 생태복원 활동에 참여해 ESG 목표를 달성하고 투자 가치와 브랜드 신뢰도를 높이고 있다. 하지만 효과적인 운영을 위해서는 단순한 참여를 넘어, 설계(Design), 실행(Implementation), 성과 측정 및 보고(Monitoring & Reporting)까지 전략적 접근이 필요하다. 과거에는 생태복원이 CSR[42)] 활동으로 여겨졌지만, 지금은 기업의 핵심 사업으로 떠오르고 있으며, 이를 ESG 경영과 연계하려면 보다 과학적이고 정량적인 방식이 요구된다. 이를 통해 기업은 지속가능성과 책임경영을 실현할 수 있다.

○ ESG 경영에서 생태복원의 가치

생태복원은 단순한 환경 보호를 넘어, 기후변화 대응, 생물다양성 보전, 지속가능한 투자, 지역사회 협력 등 ESG 요소와 긴밀히 연결되며 기업의 경쟁력을 높이는 수단으로 떠오르고 있다.

많은 기업이 탄소중립(Net Zero) 달성을 위해 산림 복원, 해양 블루카본, 습지 복원 등 자연기반해법을 도입하고 있다. 이는 탄소 흡수 · 저장뿐 아니라, 기업의 환경 영향을 줄이는 지속가능한 경영 방식으로 자리 잡고 있다. 생태복원은 탄소배출권 확보나 상쇄(Carbon Offset) 전략과도 연계되어 환경 규제 대응과 친환경 이미지 제고에 기여한다.

ESG 투자 흐름에서도 생태복원의 중요성이 커지고 있다. 친환경 펀드와 기관 투자자들은 생태복원 실적을 기업 지속가능성의 주요 지표로 삼고 있으며, 금융기관들

42) CSR은 'Corporate Social Responsibility'의 줄임말로, 기업의 사회적 책임이라고 할 수 있다. 기업이 이윤 추구를 넘어, 사회와 환경에 긍정적인 영향을 미치기 위해 수행하는 자발적인 활동과 책임을 의미한다. 대표적인 예로 지역사회 기부 및 봉사 활동, 환경보호 캠페인 등이 있다.

도 ESG 전략에 이를 반영하고 있다. 이에 따라 복원을 적극 추진하는 기업은 투자자 신뢰를 얻고 성장 기반을 강화할 수 있다.

또한, 생태복원은 지역사회와의 협력을 실현하는 수단이기도 하다. 기업은 주민, NGO, 정부기관과 협력해 복원 프로젝트를 추진하며 지역경제 활성화와 사회적 책임(CSR) 실현, 브랜드 신뢰도 향상에 기여하고 있다.

결과적으로 생태복원은 탄소중립 달성, 투자 유치, 지역사회 상생을 아우르는 ESG 실천의 핵심 전략으로 평가받고 있다.

[그림 3-19] ESG 분야에서 탄소배출권과 관련한 개념도[43)]

43) 탄소배출권은 할당량(allowance) 및 크레딧(credit)을 포괄하는 개념으로, 할당량은 국가 또는 지역 내에서 정한 온실가스 배출총량(cap)만큼 발전이나 생산 설비 등 주요 온실가스 배출원(emission source)에 지급된 온실가스 배출 권리를 의미하며, 크레딧은 외부 온실가스 저감 프로젝트에 대하여 기준 전망치(BAU, Business-As-Usual) 대비 온실가스 배출량을 줄였다는 증서로서 해당 프로젝트에 지급되는 배출권을 의미한다.

○ ESG 기반 생태복원 프로젝트 설계 및 실행

ESG 기반 생태복원은 단순한 환경 보호를 넘어 생태계의 기능 회복과 장기적 유지, 그리고 기업의 지속가능한 경영과 직결된다. 이를 위해 기업은 정량적 데이터를 활용한 전략 수립, 기후변화 대응, 지역사회 협력, 장기 모니터링 등 다양한 요소를 통합적으로 고려해야 한다.

복원의 첫 단계는 위성 영상, 인공지능(AI), 원격 탐사 기술 등을 활용해 생태계 변화와 훼손 지역을 실시간으로 분석하고 우선순위를 정하는 것이다. 이후 생물다양성과 생태계 서비스 평가를 통해 적합한 복원 방식과 자생 생물종을 선정하고, 현지 생태계에 맞는 복원 전략을 실행한다. 특히 산림, 맹그로브, 갯벌, 해초 군락 등 블루카본 생태계 복원을 통해 탄소 흡수와 기후 적응 효과를 높일 수 있으며, 토양 탄소 격리와 같은 방법도 병행되어야 한다.

복원 이후에는 드론, IoT 센서, AI 기반 분석 기술을 활용해 장기적인 생태계 변화를 모니터링하고, 그 데이터를 바탕으로 복원 전략을 지속적으로 개선해야 한다. 이와 함께 지역사회와의 협력은 생태복원의 지속 가능성을 높이는 핵심 요소다. 기업은 지역 주민들이 복원 과정에 직접 참여할 수 있는 기회를 제공하고, 생태관광, 녹색 일자리 등과 연계해 지역 경제 활성화를 도모해야 한다. 예를 들어, 복원된 지역에서 생태 가이드나 해설사 등 새로운 직업이 창출될 수 있으며, 지역의 문화 및 역사와 복원을 연계하면 환경 보호와 지역 정체성 보존을 동시에 실현할 수 있다.

또한 NGO, 연구기관, 정부와의 협력은 과학적 복원 설계와 정책적 지원 확보에 필수적이다. 환경단체와 협력하면 복원 효과를 극대화할 수 있으며, 정부 기관과 연계하면 사업의 공익성을 확보하고 행정적 · 재정적 지원을 받을 수 있다. 나아가 국제 생태복원 이니셔티브에 참여함으로써 기업은 ESG 성과를 국제적으로 인증받고 글로벌 투자자들로부터 긍정적인 평가를 받을 수 있다.

결국 ESG 기반 생태복원은 과학, 기술, 지역사회, 협력기관이 유기적으로 연결되어야 성공할 수 있다. 이를 통해 기업은 환경 보호와 더불어 사회적 책임을 실현하고, 지속가능한 성장 기반을 강화할 수 있다.

○ ESG 기반 생태복원 프로젝트의 성과 측정 및 보고

ESG 기반 생태복원 프로젝트를 성공적으로 운영하려면 성과를 지속적으로 측정하고 이를 투명하게 공개해야 한다. 이는 기업이 환경과 사회에 실질적인 책임을 다하고 있음을 보여주는 객관적 근거가 되며, 투자자와 이해관계자에게 신뢰를 구축하는 핵심 수단이 된다. 생태복원의 효과를 평가하기 위해서는 탄소저감량, 생물다양성 증가, 사회적 기여, 경제적 효과 등 구체적이고 측정 가능한 지표를 설정해야 하며, 이는 복원 목표와 직접 연계되어야 한다. 수집된 데이터는 전략 개선과 ESG 경영의 정량적 증거로 활용할 수 있다..

기업들은 생태복원 프로젝트의 성과를 이해관계자에게 투명하게 공개하고 신뢰를 구축하기 위해 국제적으로 통용되는 ESG 보고 기준을 적용해야 한다. 이러한 보고서는 단순한 정보 공유를 넘어, 기업의 환경적 · 사회적 영향을 체계적으로 평가하고 이를 전략적으로 활용하는 중요한 도구가 된다.

대표적인 기준으로는 GRI(Global Reporting Initiative), TCFD(Task Force on Climate-related Financial Disclosures), SASB(Sustainability Accounting Standards Board)가 있다. 이러한 기준을 적용하면 생태복원 활동의 성과와 전략적 가치를 국제적으로 인정받을 수 있으며, ESG 경영의 투명성과 신뢰도를 높일 수 있다.

최근에는 위성 이미지, 원격 센서, AI 분석을 통해 복원 현황을 실시간으로 모니터링하고 있으며, 일부 기업은 블록체인 기술을 활용해 탄소 상쇄 성과를 보다 투명하게 기록하고 있다. 이처럼 기술 기반의 성과 관리 체계는 ESG 경영의 신뢰성과 실효성을 높이는 데 효과적이다.

외부 ESG 평가 기관과의 협력을 통해 생태복원 성과를 객관적으로 검증받는 과정도 필수적이다. 이는 단순한 내부 보고를 넘어서 기업의 지속가능성이 외부에서 신뢰받을 수 있도록 하고, ESG 투자 시장에서도 경쟁력을 확보하는 데 기여한다. ESG는 국제적으로 공신력 있는 기준을 기반으로 객관적으로 검증되어야 하며, 기업은 이를 위해 명확한 지표 설정, 정기적 보고, 외부 검증을 병행해야 한다. 생태복원은 일회성 활동이 아닌 장기적 전략이며, ESG 경영과 연계될 때 지속 가능성과 기업 신뢰도를 동시에 높일 수 있다.

12.3 ESG 생태복원의 글로벌 성공 사례

기후변화 대응과 지속가능한 발전이 국제사회의 주요 과제로 부상하면서, ESG 경영은 전 세계 기업과 정부가 실천해야 할 공통 기준이 되었다. 그중 생태복원은 단순한 환경 보호를 넘어 기후변화 완화, 생물다양성 보전, 지속가능한 성장과 직접 연결되며, 각국의 ESG 정책과 기업 전략에서 핵심적 역할을 하고 있다.

미국, 유럽, 일본 등 선진국은 ESG 원칙을 반영한 생태복원 정책을 적극 추진하고 있으며, 이를 통해 기업의 지속가능성을 높이고 사회적 가치를 창출하고 있다. 다만 국가별 ESG 접근 방식은 법적 규제, 경제 구조, 사회적 요구에 따라 차이가 있다. 미국은 기업 자율성과 시장 중심의 ESG 투자에 초점을 두며, 탄소배출권 거래와 기업 주도 복원 프로젝트가 활발하다. 유럽연합은 강력한 법제와 공시 의무를 통해 ESG 실천을 유도하며, 정부와 민간이 협력해 생태복원 정책을 추진한다. 일본은 CSR과 환경 경영을 결합한 ESG 전략을 통해 산업 전반에 지속가능한 생산 방식을 도입하고 있다.

이처럼 각국의 전략은 다르지만, ESG 생태복원은 글로벌 흐름 속에서 공통의 과제로 자리 잡았으며, 한국 역시 이에 부응해 국제 협력과 국내 정책 강화를 통해 의미 있는 역할을 할 수 있다.

○ ESG 생태복원의 글로벌 성공 사례

▷ 미국의 ESG 생태복원 프로젝트

미국의 ESG 정책은 시장 중심의 접근 방식을 기반으로 하며, 연방 차원에서는 강력한 규제가 없는 대신, 기업과 투자자가 자율적으로 ESG 기준을 적용하고 있다. 증권거래위원회(SEC)는 2022년 기후 공시 규정(Climate Disclosure Rule)을 제안하여 상장 기업들이 탄소배출량과 기후 리스크를 공개하도록 요구하였으나, 최근 일부 조항이 완화되었다. 환경보호청(EPA)은 기업의 환경 영향을 규제하며, 기후변화 대응 및 탄소중립 목표를 지원하는 프로그램을 운영한다.

IRA(인플레이션 감축법, Inflation Reduction Act, 2022)는 재생에너지, 친환경 기술, 탄소 감축 프로젝트에 대한 대규모 세금 혜택을 제공한다. 또한, 기후 관련 금융 리스크 평가(FSOC)를 통해 금융기관이 ESG 리스크를 고려하도록 권고하고 있다(FSOC). 미국 내 주별로 ESG 정책은 차이가 있으며, 캘리포니아와 뉴욕은 강력한 ESG 공시 의무를 시행하고 있지만, 일부 보수 성향의 주에서는 ESG 투자 제한 법안을 추진 중이다(NY State Comptroller).

미국에서는 SASB(지속가능성 회계 기준 위원회), TCFD(기후 관련 재무 공시 태스크포스), GRI(글로벌 보고 이니셔티브) 등의 국세 ESG 표준이 기업 공시에 활용된다(SASB). 연기금과 대형 자산운용사는 ESG 투자를 적극적으로 확대하고 있으며, 탄소배출권 거래 시장도 점차 성장하고 있다(BlackRock). 최근 미국 기업들은 ESG 성과를 장기적인 재무성과와 연계하여 경영 전략을 수립하고 있으며, 지속가능한 공급망 관리와 기후 리스크 대응을 중요한 요소로 고려하고 있다(TCFD).

* 마이크로소프트(Microsoft)의 '탄소 네거티브(Carbon Negative)' 전략

마이크로소프트는 2030년까지 탄소 배출을 완전히 상쇄하고, 2050년까지 설립 이후 배출한 모든 탄소를 제거하겠다는 '탄소 네거티브' 전략을 추진 중이다. 이 전략은 생태복원과 기후변화 대응을 자연기반해법 중심으로 실현하려는 접근이며, 미국 내 산림 복원을 통해 탄소 흡수력을 높이고 있다.

재생 농업 기법을 도입해 토양 탄소 저장 능력을 강화하고 있으며, 위성 · AI 기술을 활용한 실시간 산림 모니터링을 통해 복원 성과를 분석하고 전략을 지속 개선하고 있다. 마이크로소프트는 ESG 보고서를 통해 이러한 활동을 투명하게 공개하며, 환경보호와 지속가능한 경영을 동시에 실현하고 있다.

* 스타벅스(Starbucks)의 '커피 농장 복원 프로그램'

스타벅스는 커피 생산 과정에서의 환경 부담을 줄이고 기후변화에 대응하기 위해 남미와 아프리카에서 커피 농장 복원 프로젝트를 운영하고 있다. 재생 농업, 자생 수종 식재, 미생물 기반 토양 개선, 수자원 보전 기술 등을 활용해 생태계를 복원하고 탄소 저장 능력을 높이고 있으며, 친환경 농법 확산에도 집중하고 있다.

지역 농민과의 협력을 통해 이러한 복원 전략을 확산시키고 있으며, 탄소중립 커피 공급망 구축을 통해 환경적 책임과 경제적 지속가능성을 함께 추구하고 있다.

[그림 3-20] 나무 아래 그늘에서 아라비카 품종의 커피를 재배하는 라오스의 한 농장

※ 위 사진은 스타벅스와 관계 없음

커피농장 : 자연 파괴와 생태복원의 경계에서

하루를 시작하는 가장 흔한 주문 한 마디,

"아메리카노 한 잔 주세요."

우리에게 너무도 익숙한 이 한 잔의 커피. 향긋한 냄새와 따뜻한 온기가 하루의 리듬을 깨우는 데에 꼭 필요한 존재처럼 느껴진다. 그런데 이 작고 평범한 음료가 숲 하나를 사라지게 할 수도 있다는 사실, 혹시 알고 있는가?

전 세계적으로 커피 소비량은 해마다 꾸준히 증가하고 있다. 단순한 기호를 넘어 '일상 중독'이 되어버린 커피는 이제 전 지구적 산업의 중심에 서 있다. 그 수요를 충족시키기 위해 남미의 열대우림, 아프리카의 고산지대, 아시아의 생물다양성이 풍부한 숲들이 하나둘씩 농지로 바뀌고 있다.

특히, 아시아와 아프리카의 신규 커피 생산국에서는 새로운 농장을 만들기 위해 울창한 숲을 베어내고, 생명의 뿌리가 뻗어 있던 흙을 갈아엎는 일이 빈번하게 벌어지고 있다. 실제로 2015년부터 2020년 사이에 매년 약 1,000만 헥타르의 산림이 사라졌으며, 그 주요 원인 중 하나가 농업 확장 때문인 것으로 알려져 있다.

푸르던 숲은 어느 순간 붉은 황토와 커피나무의 단조로운 행렬로 바뀌고, 그곳에서 살아가던 동물과 식물은 점점 설 자리를 잃는다. 물은 천천히 마르고, 토양은 힘을 잃고, 생태계의 균형은 무너진다. 커피가 풍요로울수록, 숲은 점점 침묵에 빠진다.

이렇게 보면, 우리가 매일 마시는 커피는 어쩌면 '작은 사치'가 아닌 '조용한 파괴'일지도 모른다. 하지만 변화도 분명히 일어나고 있다.

지금 이 순간에도 몇몇 커피 농장들은 과거의 방식을 버리고, 자연을 해치는 대신 함께 살아가는 방향을 선택하고 있다. 그 대표적인 사례가 바로 '그늘 재배(shade-grown)' 방식이다. 이는 커피 나무를 높은 수종의 그늘 아래에 심어, 기존 숲의 수직 구조와 생태적 다양성을 최대한 유지하는 방법이다.

다만 이 방식은 본래 커피 품종의 생리적 특성에 맞춰 전통적으로 사용되던 재배법이었다. 특히 아라비카 품종은 고산지대와 서늘한 기후, 간접적인 햇빛을 선호하기 때문에 예전부터 자연스럽게 그늘 아래에서 재배되었다. 그러나 산업화 이후 많은 수확을 위해 산림을 제거하고 커피를 재배하는 햇볕 재배(sun-grown) 방식이 확산되면서, 숲의 파괴와 생물다양성 감소 문제가 심화되었다.

실제로 연구에 따르면, 그늘 재배 커피 농장은 기존 열대림에 서식하던 조류의 서식지를 최대 90% 이상 보전할 수 있다고 한다. 또한 이 방식은 토양 침식을 줄이고, 수질을 보호하며, 탄소 저장량을 늘리는 등 다각적인 생태적 혜택을 제공한다.

이러한 농장에는 국제적으로 인정받는 'Bird Friendly(조류 친화 인증)', 'Rainforest Alliance(열대우림 동맹)', 'Fair Trade(공정무역)' 등의 인증이 부여된다. 이는 단순히 커피의 품질을 보장하는 수준을 넘어, 소비자가 생태적 책임에 동참할 수 있도록 도와주는 기준이 된다.

2021년 기준으로 전 세계 커피 시장의 약 15~20%는 이런 인증을 받은 지속 가능한 커피로 구성되어 있었다. 아직은 소수에 불과하지만, 변화의 흐름은 분명 시작되었고, 점차 확산되고 있다.

커피는 분명 양면성을 가진 존재다. 생태계를 파괴하는 도구가 될 수도 있고, 복원의 씨앗이 될 수도 있다. 그 경계는 농부의 선택, 기업의 결정, 그리고 결국 우리 소비자의 선택에 따라 바뀐다.

무심코 마신 커피 한 잔, 그 뒤에 감춰진 이야기.

당신의 커피는 숲을 사라지게 하는가, 아니면 되살리고 있는가?

* 뉴욕시 '밀레니엄 파크 생태복원 프로젝트'

뉴욕시는 기후변화 대응과 도시 환경 개선을 위해 '밀레니엄 파크 생태복원 프로젝트'를 추진하고 있다. 도심 내 하천과 습지를 복원해 자연의 기후 조절 기능을 회복하고, 녹지 면적 확대를 통해 홍수와 폭염에 대한 도시의 대응력을 높이고자 한다. 방치된 공간은 녹지로 전환되어 생물다양성이 증가하고 있으며, 주민 참여형 도시 숲 조성 프로그램을 통해 지역사회와의 협력도 강화되고 있다.

이 프로젝트는 ESG 투자와 연계되어 지속가능한 도시 개발 전략으로 평가받으며, 시민의 삶의 질 개선에도 기여하고 있다. 뉴욕시는 과학적 데이터와 모니터링을 기반으로 복원 효과를 점검하며, 이를 글로벌 지속가능 도시 개발의 대표 사례로 발전시키고 있다.

▷ 유럽의 ESG 생태복원 프로젝트

유럽연합(EU)은 강력한 법적 규제와 ESG 공시 의무를 통해 기업의 지속가능성을 평가하며, ESG 기준을 법률로 정착시킨 대표적인 지역이다. 기업 지속가능성 공시 지침(CSRD, Corporate Sustainability Reporting Directive)은 2024년부터 시행되었으며, 모든 대기업이 ESG 관련 정보를 투명하게 공개하도록 의무화하고 있다(European Commission). 또한, 지속가능 금융 공시 규제(SFDR, Sustainable Finance Disclosure Regulation)를 통해 금융 기관들이 투자 상품의 ESG 영향을 공시하도록 규정하고 있다(ESMA).

EU는 녹색 분류 체계(EU Taxonomy)를 마련하여 기업과 투자자들이 지속가능한 경제 활동을 구별할 수 있도록 기준을 제시하며, 탄소국경조정제도(CBAM, Carbon Border Adjustment Mechanism)를 2026년부터 시행하여 탄소 배출이 높은 수입품에 추가 관세를 부과할 예정이다(EU Commission). 또한, 독일과 프랑스는 각각 기업 공급망 실사법(Supply Chain Due Diligence Act) 및 에너지 및 기후법(Energy and Climate Law)을 도입하여 ESG 공시 및 기업의 환경·사회적 책임을 강화하고 있다(BMUV, 2023; French Government).

유럽 주요 기업들은 ESG 전략을 적극 도입하고 있으며, 금융 기관들은 지속가능 금융을 확대하여 친환경 기업 및 프로젝트에 대한 투자를 늘리고 있다(EIB). ESG 기준을 충족하는 기업은 유럽 내 투자 유치가 용이해지고, 글로벌 시장에서 경쟁력을 확보할 수 있다(WBCSD).

최근에는 탄소배출권 크레딧과 유사한 개념으로 Nature Credit[44](또는 Biodiversity Credit)의 개념에 대한 논의도 진행되고 있다.

* EU '자연기반해법(NbS) 이니셔티브'

유럽연합(EU)은 기후변화 대응과 생물다양성 보호를 위한 핵심 전략으로 자연기반해법(NbS)을 추진하고 있다. 이는 자연의 복원력과 생태계 서비스를 활용해 지속가능한 도시 개발, 생태계 보호, 탄소중립 실현을 도모하는 방식이다.

EU 회원국들은 홍수 방지, 수질 개선, 탄소 흡수를 목표로 다양한 생태복원 프로젝트를 진행 중이다. 독일은 라인강의 자연 흐름을 복원해 생물 서식지를 확장하고 홍수 위험을 줄였으며, 네덜란드는 루어강(Roer) 복원을 통해 도시 하천의 수질과 생물다양성을 회복하고 주민 인식을 높였다.

EU는 탄소배출권 거래제(ETS)와 연계해 NbS 기반 탄소 상쇄 모델도 운영 중이

---

44) 네이처 크레딧(Nature Credit)은 생물다양성 보전이나 생태계 복원 활동에 참여하거나 자금을 지원한 대가로 발행되는 거래 가능한 인증 수단이다. 이는 탄소 크레딧에서 발전한 개념으로, 자연 상태의 순증(Nature Positive)을 촉진하는 데 목적이 있다. 복원 활동의 정량적 효과에 기반해 발행되며, ESG 이행과 민간 투자 유치 수단으로 주목받고 있다. 유럽연합(EU)과 국제기구는 이를 자연 자본 시장의 핵심 요소로 보고 있으며, 현재 국제 표준화 논의가 진행 중이다. 다만, 생물다양성의 측정 어려움, 장기효과 보장 등 해결 과제도 함께 논의되고 있다.

다. 기업들은 이러한 프로젝트를 ESG 전략과 연계하여 탄소 감축 실적으로 인정받고, 배출권 시장에서 인센티브를 얻는다. 이는 생태복원이 환경 보호를 넘어 경제적 가치를 창출하는 모델로 진화하고 있음을 보여준다.

EU의 자연기반해법은 자연 중심의 기후 전략이자 글로벌 복원 정책의 기준을 제시하는 선도 사례로 평가받고 있다.

* 프랑스 '해양 생태계 복원 프로젝트'

프랑스는 탄소중립 달성과 해양 생태계 보호를 위해 해양 복원 프로젝트를 적극 추진하고 있으며, 블루카본(Blue Carbon) 기능 강화에 중점을 두고 있다. 블루카본은 맹그로브, 해초숲, 염습지 등이 대기 중 이산화탄소를 흡수·저장하는 기능을 의미하며, 중요한 탄소 저장 수단으로 주목받는다.

프랑스 정부는 연안 생태계 복원을 통해 기후변화 대응과 생물다양성 보전, 연안 회복력 강화를 동시에 추진하고 있다. 대표 사례인 해초숲 복원은 해초의 높은 탄소 격리 능력을 활용해 유럽 전역의 감소한 해초 생태계를 되살리고, 블루카본 저장력을 높이는 데 목적이 있다.

또한 기업 및 글로벌 투자 기관과 협력해 해양 생태계 기반 ESG 투자 모델을 운영하며, 지속가능한 해양 관리 정책도 함께 추진하고 있다.

프랑스의 전략은 탄소중립, 생물다양성, 경제적 가치까지 포괄하는 자연기반 기후 해법으로, 국제 사회에서 해양 복원의 선도 사례로 평가받고 있다.

* 스웨덴의 '재생 농업 및 탄소중립 산림 프로젝트'

스웨덴은 지속가능한 농업과 산림 관리를 ESG 경영의 핵심 전략으로 추진하며, 기후변화 대응을 위한 재생 농업과 탄소중립 산림 프로젝트를 적극적으로 전개하고 있다. 기후위기로 인한 토양 황폐화와 탄소 배출 문제에 대응해 농업과 산림을 탄소 저장고로 활용하는 전략이 부상하고 있다.

산림 부문에서는 혼합 조림과 자연회복 기법을 도입해 생태계 기능을 회복하고, 탄소 흡수력을 높이는 지속가능한 관리 방식으로 전환하고 있다. 단일 수종 조림을 지양하고 다양한 수종을 혼합하는 복합 조림 기법도 적용된다.

농업 부문에서는 토양 건강 회복과 탄소 저장을 병행하는 재생 농업을 확산 중이다. 작물 순환, 유기물 증가, 화학 비료 절감을 통해 농업 부문의 탄소 배출을 줄이고 있다.

스웨덴은 이러한 정책을 통해 탄소중립을 달성하고 있으며, 환경 보호와 경제적 가치 창출을 결합한 ESG 모델을 구축하고 있다.

▷ 일본의 ESG 생태복원 프로젝트

일본의 ESG 정책은 기업의 사회적 책임(CSR)과 환경 경영을 결합한 지속가능한 성장 전략을 기반으로 하며, 정부 주도의 강력한 규제보다는 기업 자율성을 중시하는 접근 방식을 취하고 있다.

금융청(FSA)은 2022년 개정된 기업 지배구조 코드를 통해 상장 기업들이 ESG 정보 공시를 확대하도록 유도하고 있으며, 특히 기후 관련 재무 공시(TCFD) 권고안을 따르도록 요구하고 있다(FSA). 또한, 도쿄증권거래소(TSE) 역시 ESG 성과를 고려한 기업 평가 시스템을 도입하여 지속가능한 경영을 강화하는 방향으로 상장 요건을 조정하고 있다(TSE).

일본은 탄소중립 목표를 달성하기 위해 산업과 금융 부문에서 친환경 전략을 강화하고 있다. 환경성(MOE)은 일본 녹색 분류 체계(Japan Green Taxonomy)를 도입하여 지속가능한 경제 활동의 기준을 마련하고 있으며, 2050 탄소중립 목표에 맞춰 신재생에너지 및 탄소저감 기술 개발에 대한 지원을 확대하고 있다(MOE, METI). 또한, 일본의 기후변화 대응법은 기업의 환경 책임을 강화하는 방향으로 개정되었으며, 대기업들은 탄소 배출 감축 및 생물다양성 보호를 ESG 전략에 포함해야 한다(MOFA).

일본의 대형 금융기관들은 ESG 채권 및 지속가능 금융을 확대하고 있으며, 국제 ESG 투자 흐름에 맞춰 친환경 기업 및 프로젝트에 대한 금융 지원을 강화하고 있다(JFSA). 일본 기업들은 기존의 환경 경영 방식(Eco-Management)을 ESG 경영과 결합하여 지속가능한 공급망 구축, 재생 가능 에너지 도입, 친환경 제품 개발 등을 추진하고 있으며, 정부와 기업이 협력하여 ESG 평가 기준을 충족하는 기업의 국제 경쟁력을 강화하고 있다(WBCSD).

단풍나무 씨앗의 날개와 레오나르도 다빈치의 헬리콥터

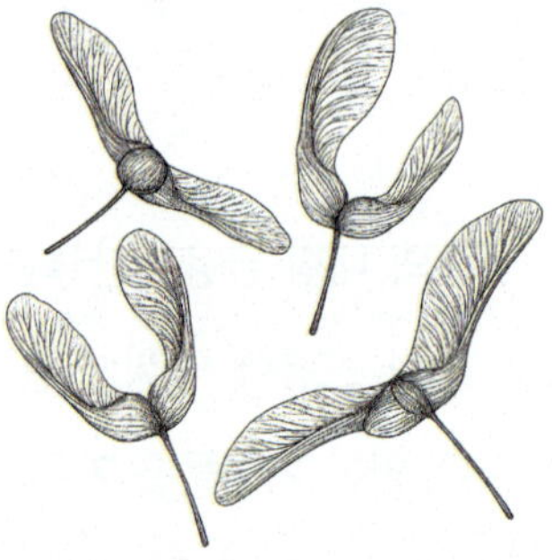

단풍나무 씨앗은 떨어질 때 독특한 방식으로 회전하며 내려온다. 작은 날개를 단 채 빙글빙글 돌며 천천히 지면에 닿는 이 모습은 장난감처럼 보이지만, 그 안에는 정교한 공기역학과 생존 전략이 숨어 있다.

씨앗 한쪽에만 날개가 달린 이 비대칭 구조 덕분에 회전 낙하가 가능하고, 바람을 타고 멀리까지 퍼질 수 있다. 이로써 단풍나무는 더 넓은 영역에 번식할 기회를 얻는다.

흥미롭게도 이 자연의 원리는 르네상스의 천재 레오나르도 다빈치에게도 영감을 주었다. 그의 초기 헬리콥터 설계에는 나선형 날개가 등장하는데, 단풍나무 씨앗의 회전과 비슷한 구조다. 비록 실현되진 않았지만, 자연이 인간 기술에 영감을 준 대표적 사례다.

이처럼 날개 달린 씨앗은 단지 식물 번식에 그치지 않는다. 새로운 땅에 뿌리를 내리고 숲을 넓혀가며, 생태계 확산과 복원의 주역이 된다. 생태복원 현장에서도 바람에 의해 씨앗을 퍼뜨리는 식물의 출현은 자연 스스로 회복되고 있다는 긍정적인 신호다.

수백만 년 전부터 식물은 하늘을 날았고, 그 작은 날갯짓은 지금도 새로운 생명을 퍼뜨리는 자연의 전략으로 이어지고 있다.

✻ 도요타(Toyota)의 '생태공장(Green Factory) 프로젝트'

도요타는 ESG 경영의 일환으로 생태공장 프로젝트를 운영하며, 생산 과정의 환경 영향을 줄이고 탄소중립 실현에 집중하고 있다. 이 프로젝트는 친환경 설비 구축과 생태복원 병행을 핵심으로 하며, 에너지 효율 향상, 폐기물 감축, 녹지 공간 조성, 자연형 배수 시스템 도입 등을 통해 공장과 자연의 조화를 추구한다.

태양광 발전, 폐수 재활용, CO_2 포집 · 재활용 등 재생에너지와 자원 순환 기술을 활용해 온실가스를 줄이고 있으며, 공장 주변에 숲과 습지를 복원해 생태계와의 공존 모델을 구축하고 있다. 도요타는 또한 공급망 차원에서도 협력업체들의 친환경 생산 전환을 지원하며, 지속적인 탄소 감축 목표를 설정하고 있다. 이를 통해 친환경 제조업의 선두주자로 자리매김하고 있다.

✻ 일본 '벚나무 재생 프로젝트'

일본은 기후변화와 도시화로 인한 벚나무 서식지 감소에 대응해 '벚나무 재생 프로젝트(Sakura Revival)'를 추진하고 있다. 벚나무는 일본의 생태 · 문화적 상징이지만, 최근 기온 상승과 토양 오염으로 고사율 증가와 개화 시기 불규칙 현상이 심화되고 있다.

정부, 시민단체, 기업이 협력해 공원과 강변을 중심으로 벚나무 군락 복원과 도시 녹지를 확대하고 있으며, 토양 복원과 수자원 관리를 통해 생육 환경 개선에도 나서고 있다.

또한, 일부 품종이 기존 서식지에서 생존하기 어려워짐에 따라, 기후변화에 강한 품종 개발과 종 다양성 보존을 통한 지속 가능한 서식 전략도 함께 추진 중이다. 이 프로젝트는 생태 복원과 기후 적응을 동시에 지향하는 대표 사례로 평가된다.

[그림 3-21] 과천 서울랜드 순환도로의 벚꽃길

○ 한국의 ESG 전략과 생태복원의 역할과 기회

한국은 기후변화 대응과 지속가능한 경제 발전을 위한 핵심 전략으로 ESG(환경 · 사회 · 지배구조) 경영을 적극적으로 추진하고 있으며, 특히 생태복원과 ESG의 연계를 강화하는 방향으로 발전하고 있다. ESG 경영은 단순한 기업의 사회적 책임을 넘어 장기적인 경쟁력을 확보하는 중요한 요소로 자리 잡고 있으며, 생태복원은 이를 실현하는 실질적인 방안 중 하나로 주목받고 있다(K-ESG Alliance). 정부는 ESG 관련 법제도를 정비하고, 기업들은 탄소중립과 생물다양성 보호를 목표로 생태복원을 포함한 ESG 전략을 확대하고 있다.

▷ 정부의 ESG 정책과 생태복원 연계

한국 정부는 ESG 경영의 확산과 정착을 위해 "K-ESG 가이드라인"을 발표하고, 기업들이 국제 기준에 부합하는 ESG 평가 체계를 자율적으로 도입할 수 있도록 지원하고 있다. 산업통상자원부가 2021년에 발표한 이 가이드라인은 국내외 주요 평가 지표를 분석해 환경(Environment), 사회(Social), 지배구조(Governance)의 61개 핵심 항목을 제시하며, 기업의 ESG 역량 강화를 위한 실질적인 참고 기준으로 자리 잡고 있다.

정부는 또한 ESG 공시 의무화 로드맵을 마련하여, 2025년부터 자산 2조 원 이상 대기업의 ESG 정보 공시를 의무화하고, 2030년까지 모든 코스피 상장사로 확대하는 방안을 추진 중이다.

특히, 2021년 제정된 「탄소중립 · 녹색성장 기본법」은 ESG 경영과 생태복원 활동 간의 연계를 강화하는 계기가 되었다. 이 법은 생태복원을 탄소흡수원 확대 전략의 핵심 수단으로 명시하고 있으며, 산림과 해양 생태계를 복원함으로써 탄소중립 달성에 기여하는 자연기반해법을 중심 전략으로 채택하고 있다.

이러한 정책적 흐름에 따라 기업들은 ESG 경영 전략의 일환으로 생태복원 활동에 적극 참여하고 있다. 생물다양성 보전, 탄소 흡수원 확대, 지속가능한 자원 순환 등을 목표로 하는 다양한 프로젝트가 민간과 공공의 협력을 통해 추진되고 있으며, 이는 기업의 지속가능성은 물론 국가의 기후 대응 역량 강화에도 기여하고 있다.

결국, 한국의 ESG 정책은 정보 공시, 생태복원, 탄소중립, 투자 유도가 상호 연계된 통합 전략으로 발전하고 있으며, 이는 향후 국내외 ESG 생태계에서 지속가능한 경쟁력을 확보하는 기반이 될 것이다.

당신은 나비 한 마리를 위해 꽃을 심어본 적 있나요?

어느 날, 집 앞마당에 작고 소박한 꽃 한 송이를 심었다고 상상해보자.

그건 그저 예쁘게 보이기를 바라며 심은 꽃일 수도 있고, 아이와 함께한 소중한 추억을 남기려는 마음이었을지도 모른다. 하지만 그 꽃 위로 나비 한 마리가 날아와 앉는 순간, 그 행위는 전혀 다른 의미를 갖게 된다.

붉은점모시나비 서식지 복원 사례
(사진 제공 : 김학성)

나비에게는 그 꽃이 먹을 수 있는 유일한 식사일 수 있다. 그리고 나비는 꽃가루를 다른 식물에게 옮기며, 생태계 내 수분 활동의 작은 일꾼이 된다. 이렇게 나비가 한 송이에서 또 다른 꽃으로 날아가며 연결한 생명의 고리는 멀리 떨어진 숲과 논, 그리고 우리가 먹는 식탁 위의 음식까지 닿을 수 있다.

세상의 모든 것은 서로 이어져 있다.

작고 사소해 보이는 선택 하나가 예상치 못한 방식으로 퍼져나가 누군가의 삶과 생태계를 바꾸는 큰 울림이 될 수 있다. 이것이 바로 자연 속에 숨어 있는 나비효과(Butterfly Effect)라고 볼 수 있다(정확하게 표현하면 나비효과는 이 내용과 직접적인 연관은 없음).

우리가 마당에 꽃을 심는 일도 마찬가지다.

그곳에 찾아온 나비 한 마리가 꽃가루를 옮기고, 그 꽃가루는 또 다른 열매를 맺게 한다. 그 열매는 새와 곤충의 먹이가 되고, 그들을 먹는 또 다른 생명들이 살아간다.

이 생태계의 순환은 다시 인간의 삶과도 연결된다.

실제로 최근 수십 년간 서식지 파괴와 농약, 기후변화로 인해 나비와 벌 같은 수분 곤충들이 급격히 줄고 있다. 길가의 꽃 한 송이가 사라졌다고 큰일이 나는 것처럼 보이지 않지만, 그 꽃을 잃은 곤충은 결국 살아갈 곳을 잃는다.

그리고 그렇게 사라진 곤충은, 우리가 먹는 과일과 곡물의 수확량에까지 영향을 미친다. 자연의 균형이 무너지면 결국 우리의 삶도 흔들리게 된다.

우리는 거창한 생태복원사업에 참여하지 않아도 된다. 집 화단에 나무를 심고, 길가 풀숲을 함부로 밟지 않고, 꿀벌이 좋아하는 꽃을 가꾸는 것.

이런 작고 조용한 행동 하나가 나비처럼 퍼져나가 더 큰 회복을 이끌 수 있다.

우리가 심은 꽃 한 송이에서 시작된 변화가, 어디선가 또 다른 생명을 살리고, 또 다른 행동을 이끌어낸다면….

그것이 바로 우리가 자연과 다시 연결되는 방식 아닐까?

그리고 무엇보다 중요한 건, 생각만 하지 말고, 지금 당장 작은 실천을 시작하는 일이다.

오늘 당신이 심은 그 꽃 한 송이,

그 위에 앉은 나비의 날갯짓이 지구 어딘가의 생명을 살릴지도 모른다.

▷ 기업들의 ESG 경영과 생태복원 전략

국내 주요 기업들은 정부의 ESG 정책 기조에 발맞춰 생태복원을 경영의 핵심 요소로 포함하며 지속가능한 전략을 강화하고 있다.

예를 들어, 삼성전자는 2050년 탄소중립을 목표로 산림 복원과 생물다양성 보호 프로젝트를 추진하며, SK그룹은 2040년 넷 제로(Net Zero)를 위해 해양 생태계 보호와 갯벌 복원을 진행 중이다. 현대자동차는 전기차 · 수소차 개발과 함께 생산 공장 인근에 생태공원을 조성해 지역 생태계 복원에 기여하고 있다.

이처럼 기업들은 생태복원을 단순한 사회공헌 활동을 넘어, 지속가능한 비즈니스 모델과 연계된 핵심 전략으로 인식하고 복원사업을 본격적으로 추진하고 있다.

SK임업과 삼성물산은 국내외에서 산림 복원 프로젝트를 수행하여 탄소흡수원 확대에 기여하고 있으며, 포스코와 현대제철은 해양 생태계 보호를 위한 인공 어초 설치 사업을 운영하고 있다. 이러한 활동은 단순한 환경 보호를 넘어, 기업의 지속가능성 확보와 브랜드 가치 제고에 긍정적인 효과를 주고 있다.

이러한 활동은 환경 보호를 넘어 기업의 지속가능성과 브랜드 가치를 높이는 효과를 주고 있으며, 생태복원은 ESG 경영의 도구로 점차 확고히 자리 잡고 있다.

▷ 금융권의 ESG 투자 확대

금융권도 ESG 경영과 생태복원의 연계를 강화하고 있다. 주요 금융기관들은 ESG 채권 발행을 확대하고, 대규모 친환경 투자 계획을 통해 생태복원과 지속가능 경영을 지원하고 있다.

KB금융, 신한금융, 하나금융 등은 생태복원 프로젝트에 직접 자금을 투입하고, 친환경 산업 전환을 위한 ESG 대출 상품을 확대하며 기업의 지속가능성을 뒷받침하고 있다. 이러한 금융지원은 생물다양성 보전, 탄소 흡수원 확보, 지역 환경 개선 등의 복원 활동을 가능하게 하는 기반이 된다.

또한, 한국수출입은행과 한국산업은행은 해양 생태계 복원을 위한 블루카본 프로젝트에 투자하고 있으며, 기업의 복원 활동을 ESG 평가 기준에 반영하는 방안도 검토 중이다. 금융기관이 자금 공급자를 넘어 지속가능한 생태계 구축의 전략적 파트너로 역할을 확대하고 있는 것이다.

금융권의 이 같은 움직임은 ESG 경영 확산의 촉매제가 되고 있으며, 생태복원이 기업의 성과와 직결되는 핵심 요소임을 보여준다.

앞으로 한국의 ESG 전략은 보다 구체적인 목표와 실행 계획을 기반으로 더욱 정교하게 발전할 것으로 예상된다. 대기업뿐만 아니라 중견 · 중소기업까지 ESG 경영을 확산하고, 탄소중립을 위한 기술 혁신을 가속화하며, 자연기반해법과 ESG 전략을 연계하여 생태복원을 강화하는 방향으로 나아갈 필요가 있다.

또한, ESG 공시 의무화를 통해 기업의 투명성을 제고하고, 글로벌 기준에 부합하는 지속가능한 공급망을 구축하는 것이 중요한 과제로 남아 있다. 이는 국제적으로 강화되는 ESG 규제에 대응하는 동시에, 기업의 장기적인 성장과 경쟁력을 확보하는 방법이 될 것이다.

결국, 한국의 ESG 전략은 기후변화 대응, 생태복원, 지속가능한 투자 등 다양한 요소를 포괄하며, 정부와 기업, 금융권이 협력하여 지속가능한 미래를 구축하는 데 초점을 맞추고 있다. ESG 경영과 생태복원의 연계를 통해, 한국은 탄소중립 목표를 실현하고, 글로벌 ESG 경영 흐름에서 경쟁력을 확보하며, 지속가능한 경제 성장을 도모할 수 있을 것으로 기대된다.

에필로그

에필로그

자연과 공존하는 미래

✚ 에필로그 : 자연과 함께 살아가는 길

우리는 오랜 시간 동안 생태복원을 위해 노력해 왔다. 처음에는 그것이 비교적 단순한 문제처럼 보였다. 흙을 덮고, 나무를 심고, 서식지를 보호하면 자연은 스스로 회복될 것이라 믿었다. 그러나 시간이 흐를수록, 우리는 생태복원이 결코 쉬운 일이 아니라는 것을 깨닫게 되었다. 자연은 단순한 시스템이 아니며, 인간이 예상하는 방식으로 회복되지 않는다. 자연을 복원하는 과정에서 우리는 자연이 지닌 복잡성과 신비함을 마주하게 되었고, 그 앞에서 더욱 겸손해질 수밖에 없었다.

"자연은 인위적으로 움직이지 않으면서도 모든 것을 이룬다."
노자(老子)

자연은 인간이 통제할 수 있는 대상이 아니다. 우리는 자연을 이해한다고 생각했지만, 실제로는 그 속에서 끊임없이 배우고 적응해야 한다. 생태복원은 단순한 기술적 접근이 아니라, 자연이 지닌 복잡한 상호작용을 존중하며 그 흐름에 맞추어 나아가는 과정이다. 나무를 심는 것만으로 숲이 복원되지 않으며, 토양을 보충한다고 해서 생태계가 원래대로 돌아오는 것은 아니다. 자연의 질서는 인간이 설정한 논리로 설명할 수 없는 방식으로 작동하며, 우리는 이를 받아들이고 그 속에서 길을 찾아야 한다.

✚ 자연과 인간의 공존을 위한 배움의 과정

생태복원은 단순한 환경 회복이 아니라, 우리가 자연과 어떻게 조화롭게 살아갈 것인가를 고민하는 과정이다. 생태계를 되살리는 일은 과거의 실수를 바로잡는 것이 아니라, 미래를 위한 새로운 길을 여는 것이다. 우리는 생태복원을 통해 인간과 자연이 상호작용하는 방식을 다시 정의하고, 보다 지속가능한 삶의 방식을 모색해야 한다.

"우리는 자연을 지배할 수 없다.
다만 자연에 복종함으로써 지배할 수 있을 뿐이다."
프랜시스 베이컨(Francis Bacon)

이 과정에서 가장 중요한 것은 겸손과 존중이다. 자연은 인간의 생각대로 움직이지 않는다. 우리가 아무리 정교한 계획을 세우고 최첨단 기술을 동원하더라도, 자연이 응답하는 방식은 언제나 예상을 벗어날 수 있다. 때로는 기대했던 결과가 나타나지 않거나, 오히려 의도치 않은 방향으로 흘러갈 수도 있다. 그렇기에 생태복원은 끊임없는 실험과 조정, 그리고 자연으로부터 배우는 과정이 되어야 한다.

실제로 과거 일부 생태복원 프로젝트에서는 인간의 선의로 시작된 개입이 생태계를 더욱 불안정하게 만드는 결과를 낳기도 했다. 예를 들어, 습지 복원 과정에서 수위 조절을 위해 설치한 인공 제방이 오히려 물의 흐름을 왜곡시켜 특정 생물종의 서식지를 훼손하거나, 인근 지역의 침수 피해를 유발한 사례도 있었다. 이는 자연을 단순한 대상이 아닌, 복잡한 상호작용의 집합체로 이해해야 함을 일깨워준다.

따라서 생태복원은 자연을 '되돌리는' 것이 아니라, 자연 스스로 회복하도록 도와주는 것이다. 인간이 주도하는 것이 아니라, 자연과 함께 호흡하며 새로운 공존의 방식을 모색하는 긴 여정이어야 한다.

✚ 미래를 위한 지속가능한 변화

생태복원의 길은 단순하지 않다. 때로는 예상보다 더디고, 시행착오를 거듭하며, 가시적인 성과가 보이지 않을 수도 있다. 하지만 그럼에도 불구하고, 우리는 이 길을 멈출 수 없다. 지속가능한 미래를 위해, 생태복원은 반드시 이루어져야 할 과제이며, 우리 모두가 함께 나아가야 할 방향이기 때문이다.

"자연은 아무것도 헛되이 하지 않는다."

아리스토텔레스(Aristotle)

이제 우리는 단순히 자연을 '복원'하는 차원을 넘어, 자연과의 관계를 재정립해야 한다. 인간이 자연을 조작하고 지배하려는 사고방식을 버리고, 자연의 질서를 존중하며 함께 살아가는 방법을 찾아야 한다. 이는 단순한 환경보호 운동이 아니라, 우리의 삶의 방식 자체를 바꾸는 일이다. 기업들은 지속가능한 ESG 경영을 통해 생태복원을 기업의 핵심 전략으로 삼고 있으며, 정부는 기후변화 대응과 생물다양성 보호를 위한 정책적 노력을 강화하고 있다. 하지만 이러한 변화가 진정한 지속가능성을 가지려면, 시민 사회의 참여와 실천이 반드시 필요하다.

✚ 생태복원과 첨단과학의 만남

우리는 인공지능(AI), 빅데이터, 유전자 기술 등 첨단 과학기술이 중심이 되는 미래 사회를 맞이하고 있다. 이러한 기술들은 생태복원의 효율성을 높이고, 훨씬 더 정밀하고 체계적인 복원 전략을 수립하는 데 기여하고 있다. 예를 들어, AI는 생물 서식지의 변화와 교란 요인을 예측할 수 있으며, 드론과 위성 센서는 접근이 어려운 지역의 생태 상태를 실시간으로 수집 · 분석한다. 유전자 분석 기술은 멸종 위기에 처한 종의 유전적 다양성과 복원 가능성을 과학적으로 뒷받침함으로써, 복원 활동의 타당성을 높이고 있다.

그리고 지금 이 글을 쓰는 이 순간에도, 지구 반대편 어딘가에서는 우리가 아직 알지 못하는 새로운 기술과 접근 방식이 개발되고 있을지도 모른다. 그만큼 생태복원의 방법은 끊임없이 진화하고 있으며, 과학기술은 이 변화의 중요한 동력 중 하나가 되고 있다.

"진정한 지혜란 자연에서 벗어나지 않고,
우리의 행동을 자연의 법칙과 본보기에 따라하는 것이다"
세네카(Seneca)

그러나 아무리 기술이 고도화되더라도, 생태복원은 여전히 자연과의 물리적 접촉과 오랜 시간의 기다림이 필요한 과정이다. 기술은 유용한 도구일 뿐이며, 회복의 본질은 자연의 고유한 시간에 맞추어 신중하게 개입하고 인내하는 태도에 달려 있다. 생태계는 인간의 속도로 회복되지 않는다. 기술에 의존하되, 자연에 대한 경청과 겸손한 관찰은 결코 소홀히 해서는 안 된다.

AI는 최적의 조림 패턴을 설계할 수 있지만, 나무 한 그루가 숲이 되기까지는 수십 년의 시간이 필요하다. 위성 기술이 습지의 변화를 실시간으로 감지할 수 있을지라도, 한 번 무너진 생태계가 본래의 기능과 복잡성을 회복하는 데는 수세기 이상의 시간이 걸릴 수도 있다.

결국, 과학기술은 생태복원의 속도와 정확성을 높여줄 수 있을지는 몰라도, 자연의 회복 자체를 인위적으로 앞당길 수는 없다. 진정한 복원은 기술과 인간의 노력, 그리고 자연의 복잡성을 존중하는 태도가 조화를 이루는 방향으로 나아갈 때 비로소 완성될 수 있다.

✚ 우리가 남겨야 할 메시지 : 책임과 실천

우리는 다음 세대에게 생태복원의 중요성을 단순히 말로만 전달할 수 없다. 그들은 우리가 실천하고 행동하는 모습을 통해 자연과 인간이 어떻게 공존할 수 있는지를 배워야 한다. 생태복원은 단순한 환경 보호 활동이 아니라, 자연과 인간이 지속가능한 방식으로 함께 살아가는 방법을 배우는 과정이다.

"미래는 오늘 우리가 무엇을 하는가에 달려 있다."
마하트마 간디(Mahatma Gandhi)

그렇기에 우리는 이제 자연을 이해하는 것을 넘어, 자연과 함께 살아가는 태도를 가져야 한다. 인간의 힘으로 자연을 완벽하게 조정할 수 있다는 착각을 버리고, 자연의 복잡성을 인정하고 존중하는 방식으로 접근해야 한다. 지속가능한 사회는 우리가 자연을 복원하는 방식이 바뀌지 않는 한 이루어질 수 없다.

✚ 모두가 함께 만들어가는 지속 가능한 미래

생태복원은 단기적인 목표가 아니다. 한 세대의 노력만으로 완성될 수도 없다. 단 한 번의 프로젝트로 모든 것을 되돌릴 수 없으며, 지속적인 관심과 실천 없이는 복원의 진정한 성과를 기대하기 어렵다. 자연은 인간의 시간보다 더디게 반응하지만, 바로 그 느린 변화를 기다리고 지켜보는 것이야말로 오늘날 우리가 맡아야 할 중요한 역할이다.

우리는 지금 심는 한 그루의 나무가 울창한 숲이 되는 모습을 보지 못할 수도 있다. 그러나 그 작은 시작이 미래를 위한 귀중한 초석이 된다는 사실만큼은 분명하다. 복원은 당장 눈앞의 결과가 아니라, 먼 미래를 향한 세대 간 신뢰의 약속이다.

동양의 전통 철학에 뿌리를 둔 삼재사상(三才思想)은 "하늘(天), 땅(地), 사람(人)"이 서로 의존하며 조화를 이뤄야 세상이 온전히 작동한다고 보았다. 하늘은 기후와 자연 질서를, 땅은 생명과 자원의 터전을, 사람은 이 모든 것을 존중하며 살아가는 존재를 의미한다. 오늘날 우리가 직면한 생태 위기는 이 세 요소 간의 균형이 무너진 결과이며, 생태복원은 이 끊어진 조화의 고리를 다시 잇는 철학적 실천이다.

생태복원은 한 사람이나 한 국가의 힘만으로는 이루어질 수 없다. 모두의 작은 실천이 모여야 비로소 큰 변화가 가능하다. 그리고 그 변화는 우리의 삶의 태도와 가치관이 바뀔 때 비로소 현실로 이어진다.

우리는 단지 자연을 복원하는 것이 아니다. 하늘과 땅 사이에서 인간이 어떻게 살아가야 하는지를 새롭게 배우는 것이다. 생태복원은 과거로의 회귀가 아니라, 자연과 함께 살아가기 위한 새로운 질서를 세우는 과정이다.

"하늘, 땅, 사람" 이 세 가지가 다시 조화를 이룰 때, 우리는 비로소 지속 가능한 미래를 마주할 수 있다. 우리의 인내와 실천, 그리고 지금 이 순간의 선택이, 그 미래를 가능케 하는 씨앗이 되기를 바란다.

참고자료

참고자료

1장 생태복원이란 무엇인가!

- Brady, N. C., & Weil, R. R. (2016). The Nature and Properties of Soils (15th *ed.*). Pearson.
- Certini, G. (2005). Effects of fire on properties of forest soils : A review. Oecologia, 143(1), 1 - 10.
  https://doi.org/10.1007/s00442-004-1788-8
- Curran, B. R., Murray, I., O'Shea, M., & Gulsrud, N. M.(2021). Beekeeping in, of or for the city? A socioecological perspective on urban apiculture. People and Nature, 3(6), 1236 - 1247.
  https://besjournals.onlinelibrary.wiley.com/doi/full/10.1002/pan3.10206
- Cirella, G. T., Bresciani, C., & Chiarelli, D. D.(2025). Citizens' perceptions and willingness to pay for urban beekeeping : A case study in northern Italy. Urban Ecosystems, 28(1), 145 - 158.
  https://link.springer.com/article/10.1007/s11252-025-01681-y
- Chapin, F. S., Matson, P. A., & Vitousek, P. M. (2011). Principles of Terrestrial Ecosystem Ecology (2nd *ed.*). Springer.
- Condie, K. C. (2011). Earth as an Evolving Planetary System (2nd *ed.*). Academic Press.
- Cirella, G. T., Bresciani, C., & Chiarelli, D. D. (2025). Citizens' perceptions and willingness to pay for urban beekeeping : A case study in northern Italy. Urban Ecosystems, 28(1), 145 - 158.
  https://link.springer.com/article/10.1007/s11252-025-01681-y

- Curran, B. R., Murray, L., O'Shea, M., & Gulsrud, N. M. (2021). Beekeeping in, of or for the city? A socioecological perspective on urban apiculture. People and Nature, 3(6), 1236 - 1247. https://besjournals.onlinelibrary.wiley.com/doi/full/10.1002/pan3.10206

- European Commission. (2024). Nature Restoration Law : Restoring Europe's nature for people, climate and planet. European Commission. https://environment.ec.europa.eu/topics/nature-and-biodiversity/nature-restoration-law_en

- Falkowski, P. G., Fenchel, T., & Delong, E. F. (2008). The microbial engines that drive Earth's biogeochemical cycles. Science, 320(5879), 1034 - 1039. https://doi.org/10.1126/science.1153213

- Fischer, W. W., Hemp, J., & Valentine, J. S. (2016). How did life survive Earth's great oxygenation? Current Opinion in Chemical Biology, 31, 166 - 178. https://doi.org/10.1016/j.cbpa.2016.03.013

- Foster, D. & Aber, J. (2004). Forest in Time : The Environmental Consequences of 1,000 Years of Change in New England. Yale University Press.

- Holling, C. S. (1973). Resilience and stability of ecological systems. Annual Review of Ecology a nd Systematics, 4, 1 - 23. https://doi.org/10.1146/annurev.es.04.110173.000245

- IIntergovernmental Panel on Climate Change (IPCC). (2023). Climate Change 2023 : Synthesis Report. Contribution of Working Groups I, II and III to the Sixth Assessment Report of the Intergovernmental Panel on Climate Change. IPCC. https://www.ipcc.ch/report/sixth-assessment-report-cycle

- Intergovernmental Panel on Climate Change (IPCC). (2023). Climate Change 2023 : Synthesis Report. IPCC. https://www.ipcc.ch/report/ar6/syr/

- Intergovernmental Science-Policy Platform on Biodiversity and Ecosystem Services (IPBES). (2019). Global Assessment Report on Biodiversity and Ecosystem Services. IPBES. https://ipbes.net/global-assessment

- Jonas, H. (1979). The Imperative of Responsibility : In Search of an Ethics for the Technological Age. University of Chicago Press.
- Keeley, J. E., Pausas, J. G., Rundel, P. W., Bond, W. J., & Bradstock, R. A. (2011). Fire as an evolutionary pressure shaping plant traits. Trends in Plant Science, 16(8), 406 - 411. https://doi.org/10.1016/j.tplants.2011.04.002
- Knoll, A. H. (2003). Life on a Young Planet : The First Three Billion Years of Evolution on Earth. Princeton University Press.
- Lazcano, A. (2010). Historical development of origins research. Cold Spring Harbor Perspectives in Biology, 2(11), a002089. https://cshperspectives.cshlp.org/content/2/11/a002089
- Leopold, A. (1949). A Sand County Almanac. Oxford University Press.
- Margulis, L., & Sagan, D. (1995). What is Life? University of California Press.
- Merchant, C. (1980). The Death of Nature : Women, Ecology, and the Scientific Revolution. Harper & Row.
- Millennium Ecosystem Assessment (MEA). (2005). Ecosystems and Human Well-being : Synthesis. Island Press. https://www.millenniumassessment.org/en/Synthesis.html
- Millennium Ecosystem Assessment. (2005). Ecosystems and Human Well-being : Synthesis. Island Press. https://www.millenniumassessment.org/documents/document.356.aspx.pdf
- NASA. (2021). Thawing permafrost could leach microbes, chemicals into environment. NASA Climate Change. https://climate.nasa.gov/news/3153/thawing-permafrost-could-leach-microbes-chemicals-into-environment

- National Geographic.(2023). Dubai's ecological footprint : Can the desert boomtown become a model for sustainable cities?
https://www.nationalgeographic.com/environment/article/dubai-ecological-footprint-sustainable-urban-city

- Natuurmonumenten.(2023). Marker Wadden : a new piece of nature in the Markermeer.
https://www.natuurmonumenten.nl/projecten/marker-wadden

- Næss, A. (1989). Ecology, Community and Lifestyle : Outline of an Ecosophy. Cambridge University Press.Odum, E. P.(2001). Fundamentals of Ecology. Brooks/Cole.

- Odum, E. P. (2001). Fundamentals of Ecology. Brooks/Cole.

- Prigogine, I.(1997). The End of Certainty : Time, Chaos, and the New Laws of Nature. The Free Press.

- Saving Wildcats. (2023). Reinforcing the Scottish wildcat population.
https://savingwildcats.org.uk

- Scheffer, M., Carpenter, S., Foley, J. A., Folke, C., & Walker, B. (2001). Catastrophic shifts in ecosystems. Nature, 413(6856), 591 - 596.
https://doi.org/10.1038/35098000

- Society for Ecological Restoration (SER). (2022). International Principles and Standards for the Practice of Ecological Restoration.
https://www.ser.org/page/SERStandards

- United Nations Environment Programme (UNEP). (2021). Becoming #GenerationRestoration : Ecosystem Restoration for People, Nature, and Climate.
https://www.unep.org

- United Nations Environment Programme (UNEP). (2022). The State of the World's Mangroves 2022.
https://www.unep.org

- United States Department of the Interior. (2021). Conserving and restoring America the beautiful.
  https://www.doi.gov/sites/default/files/report-conserving-and-restoring-america-the-beautiful-2021.pdf

2장 자연과 인간, 새로운 관계를 시작하다

- Certini, G. (2005). Effects of fire on properties of forest soils : A review. Oecologia, 143(1), 1 - 10.
  https://doi.org/10.1007/s00442-004-1788-8

- European Commission. (2019). The European Green Deal. European Commission.
  https://eur-lex.europa.eu/legal-content/EN/TXT/?uri=CELEX%3A52019DC0640

- FAO. (2018). Why bees matter : The importance of bees and other pollinators for food and agriculture.
  https://www.fao.org/3/I9527EN/i9527en.pdf

- FAO. (2019). The State of the World's Biodiversity for Food and Agriculture. Food and Agriculture Organization of the United Nations.
  http://www.fao.org/3/CA3129EN/CA3129EN.pdf

- FAO. (2020). Global Forest Resources Assessment 2020 - Key findings. https://www.fao.org/forest-resources-assessment/2020/en/

- Global Coral Reef Monitoring Network (GCRMN). (2021). Status of Coral Reefs of the World : 2020. GCRMN.
  https://gcrmn.net/2020-report

- Intergovernmental Panel on Climate Change (IPCC). (2023). Climate Change 2023 : Synthesis Report. IPCC.
  https://www.ipcc.ch/report/sixth-assessment-report-cycle

- IPBES. (2019). Global Assessment Report on Biodiversity and Ecosystem Services. IPBES.
  https://ipbes.net/global-assessment

- Intergovernmental Science-Policy Platform on Biodiversity and Ecosystem Services(IPBES). (2016). The Assessment Report on Pollinators, Pollination and Food Production.
  https://www.ipbes.net/assessment-reports/pollinators

- IUCN. (2020). Coral reefs and climate change : Issues Brief.
  https://www.iucn.org/resources/issues-brief/coral-reefs-and-climate-change

- Keeley, J. E., Pausas, J. G., Rundel, P. W., Bond, W. J., & Bradstock, R. A. (2011). Fire as an evolutionary pressure shaping plant traits. Trends in Plant Science, 16(8), 406 - 411.
  https://doi.org/10.1016/j.tplants.2011.04.002

- Legendre, M. *et al.* (2014). Thirty-thousand-year-old distant relative of giant icosahedral DNA viruses with a pandoravirus morphology. Proceedings of the National Academy of Sciences, 111(11), 4274 – 4279.
  https://doi.org/10.1073/pnas.1320670111

- Los Angeles County Economic Development Corporation (LAEDC). (2025). 2025 LA Wildfires Impact Assessment.
  https://laedc.org/wpcms/wp-content/uploads/2025/02/LAEDC-2025-LA-Wildfires-Study.pdf

- Micklin, P. (2007). The Aral Sea Disaster. Annual Review of Earth and Planetary Sciences, 35, 47 - 72.
  https://doi.org/10.1146/annurev.earth.35.031306.140120

- Natural Resources Canada. (2023). WildFireSat Remote Sensing Capacity for Use in Fire Management. Natural Resources Canada.
  https://natural-resources.canada.ca/forest-forestry/forest-programs/wildfiresat-remote-sensing-capacity-fire-management-program

- NASA. (2021). Thawing permafrost could leach microbes, chemicals into environment. NASA Climate Change.
  https://climate.nasa.gov/news/3153/thawing-permafrost-could-leach-microbes-chemicals-into-environment

- Northwest Power and Conservation Council. (n.d.). Columbia River History : Dams and Their Impacts on Fish.
  https://www.nwcouncil.org/reports/columbia-river-history/damsimpacts
- Ocean Cleanup Project. (2021). AI Applications for Reducing Marine Plastic Pollution.
  https://theoceancleanup.com
- Reuters. (2024, July 24). Floods, flights cancelled as Typhoon Gaemi dumps heavy rain on Manila.
  https://www.reuters.com/markets/asia/
  typhoon-gaemi-forces-philippines-halt-work-market-trading-2024-07-24
- U.S. Army Corps of Engineers. (2010). Louisiana Coastal Area (LCA), Louisiana : Medium Diversion at White Ditch, Plaquemines Parish, Louisiana. Final Integrated Feasibility Study and Supplemental Environmental Impact Statement (Vol. VI).
  https://www.mvn.usace.army.mil/Portals/56/docs/environmental/LCA/Near-Term%20Projects/Projects/Vol%20VI%20Main-Report-White%20Ditch%20LCA-Dec%2007-2010-k.pdf
- U.S. Geological Survey (USGS). (2017). Louisiana's Rate of Coastal Wetland Loss Continues to Slow.
  https://www.usgs.gov/news/national-news-release/
  usgs-louisianas-rate-coastal-wetland-loss-continues-slow
- UCLA Anderson Forecast. (2025). Economic Impact of the Los Angeles Wildfires. UCLA Anderson School of Management.
  https://www.anderson.ucla.edu/about/centers/ucla-anderson-forecast/
  economic-impact-los-angeles-wildfires
- United Nations Convention on Biological Diversity (UNCBD). (2022). Kunming-Montreal Global Biodiversity Framework.
  https://www.cbd.int/gbf

- United Nations Convention to Combat Desertification (UNCCD). (2020). The Great Green Wall Implementation Status and Way Ahead to 2030. UNCCD. https://www.unccd.int/resources/publications/great-green-wall-implementation-status-and-way-ahead-2030

- United Nations Environment Programme (UNEP) & International Livestock Research Institute (ILRI). (2020). Preventing the next pandemic : Zoonotic diseases and how to break the chain of transmission. UNEP. https://wedocs.unep.org/xmlui/handle/20.500.11822/32316

- United Nations Environment Programme (UNEP). (2021). Becoming #GenerationRestoration : Ecosystem Restoration for People, Nature and Climate. UNEP. https://www.decadeonrestoration.org/publications/becoming-generationrestoration-ecosystem-restoration-people-nature-and-climate

- World Health Organization (WHO). (2021). WHO-convened Global Study of Origins of SARS-CoV-2 : China Part. WHO. https://www.who.int/publications/i/item/who-convened-global-study-of-origins-of-sars-cov-2-china-part

- World Weather Attribution. (2025). Climate change increased the likelihood of wildfire disaster in highly exposed Los Angeles area. World Weather Attribution. https://www.worldweatherattribution.org/climate-change-increased-the-likelihood-of-wildfire-disaster-in-highly-exposed-los-angeles-area/

- 가드닝 뉴스. (2022). 순천만, 세계 5대 연안습지 선정과 월드그린시티어워즈 수상. 가드닝 뉴스. https://www.gardening.news/news/articleView.html?idxno=22980

- 서울특별시. (2023). 서울시 환경백서

- 순천시. (2023). 순천만의 어제와 오늘. 순천만습지 공식 웹사이트. https://scbay.suncheon.go.kr/wetland/story

3장 자연이 주는 혜택, 생태계 서비스란

- Amazon. (2023). Amazon Sustainability Report : Climate Pledge Progress. Amazon Sustainability.
  https://sustainability.aboutamazon.com

- AP News. (2023). US Everglades restoration project helps clean water and reduce flood risk.
  https://apnews.com/article/f59f0a48e58d2fd3d23169c8b8e54e50

- Atlantic Forest Restoration Pact. (2024). Atlantic Forest Restoration Pact Official Website. Pacto pela Restauração da Mata Atlântica.
  https://www.pactomataatlantica.org.br/en

- European Commission. (2013). Green Infrastructure - Enhancing Europe's Natural Capital. European Commission.
  https://environment.ec.europa.eu/topics/nature-and-biodiversity/green-infrastructure_en

- European Commission. (2023). EU Emissions Trading System (EU ETS). European Commission.
  https://climate.ec.europa.eu/eu-action/eu-emissions-trading-system-eu-ets_en

- European Commission. (2023). European Green City Accord : Progress and Achievements 2020 - 2023. European Commission.
  https://environment.ec.europa.eu/publications/european-green-city-accords-report-progress -and-achievements-2020-2023_en

- FAO. (2021). The State of the World's Land and Water Resources for Food and Agriculture 2021 - Systems at breaking point (SOLAW 2021). Food and Agriculture Organization of the United Nations.
  https://www.fao.org/3/cb9910en/cb9910en.pdf

- FAO. (2022). Global Soil Partnership : The Status of the World's Soil Resources - Main Report. Food and Agriculture Organization of the United Nations.
  https://www.fao.org/3/i5199e/i5199e.pdf

- FAO. (2022). The State of World Fisheries and Aquaculture 2022 : Towards Blue Transformation. Food and Agriculture Organization of the United Nations. https://www.fao.org/3/cc0461en/cc0461en.pdf
- Frontiers in Environmental Science. (2020). Forest Recovery and Restoration in Costa Rica : Decades of Effort Show Measurable Results. https://www.frontiersin.org/articles/10.3389/fenvs.2020.580724/full
- Gorongosa National Park. (2024). African wild dogs : Return of a vanished predator. [Gorongosa National Park]. https://gorongosa.org
- Hardin, G. (1968). The Tragedy of the Commons. Science, 162(3859), 1243 - 1248. https://doi.org/10.1126/science.162.3859.1243
- Intergovernmental Panel on Climate Change (IPCC). (2021). Climate Change 2021 : The Physical Science Basis. Contribution of Working Group I to the Sixth Assessment Report of the Intergovernmental Panel on Climate Change. Cambridge University Press. https://www.ipcc.ch/report/ar6/wg1/
- IPCC. (2022). Climate Change 2022 : Impacts, Adaptation and Vulnerability. Contribution of Working Group II to the Sixth Assessment Report of the Intergovernmental Panel on Climate Change. Cambridge University Press. https://www.ipcc.ch/report/ar6/wg2
- International Energy Agency (IEA). (2023). World Energy Outlook 2023. International Energy Agency. https://www.iea.org/reports/world-energy-outlook-2023
- International Union for Conservation of Nature (IUCN). (2020). Global Standard for Nature-based Solutions : A User-Friendly Framework for the Verification, Design and Scaling Up of NbS. IUCN. https://portals.iucn.org/library/sites/library/files/documents/2020-020-En.pdf

- Li, Y., *et al.* (2024). Green spaces provide substantial but unequal urban cooling globally. Nature Communications, 15, 51355.
https://www.nature.com/articles/s41467-024-51355-0

- National Park Service. (n.d.). Comprehensive Everglades Restoration Plan (CERP).
https://www.nps.gov/ever/learn/nature/cerp.htm

- Neotropic Foundation. (2021). Costa Rica : Conservation Economy and Its Benefits.
https://neotropicfoundation.org/costa-rica-conservation-economy-benefits

- Ostrom, E. (1990). Governing the Commons : The Evolution of Institutions for Collective Action. Cambridge University Press.
https://doi.org/10.1017/CBO9780511807763

- Park, B. J., Tsunetsugu, Y., Kasetani, T., Kagawa, T., & Miyazaki, Y. (2010). The physiological effects of Shinrin-yoku (forest bathing) : Evidence from field experiments in 24 forests across Japan. Environmental Health and Preventive Medicine, 15(1), 18 - 26.
https://doi.org/10.1007/s12199-009-0086-9

- Pershing, A. J., Christensen, L. B., Record, N. R., Sherwood, G. D., &Stetson, P. B.(2010). The impact of whaling on the ocean carbon cycle : why bigger was better. PLOS ONE, 5(8), e12444.
https://doi.org/10.1371/journal.pone.0012444

- Pringle, R. M. (2017). Upgrading protected areas to conserve wild biodiversity. Nature, 546(7656), 91 - 99.
https://doi.org/10.1038/nature22902

- UNESCO World Heritage Centre. (2023). State of conservation of Doñana National Park. UNESCO World Heritage Centre.
https://whc.unesco.org/en/soc/489

- UNESCO. (2018). River Restoration : A Strategic Approach to Planning and Management. United Nations Educational, Scientific and Cultural Organization.
https://unesdoc.unesco.org/ark : /48223/pf0000245644

- United Nations Environment Programme (UNEP) & International Livestock Research Institute (ILRI). (2020). Preventing the Next Pandemic : Zoonotic diseases and how to break the chain of transmission.
https://www.unep.org/resources/report/preventing-future-zoonotic-disease-outbreaks-protecting-environment-animals-and

- UNEP. (2020). Out of the Blue : The Value of Seagrasses to the Environment and to People. United Nations Environment Programme.
https://www.unep.org/resources/report/out-blue-value-seagrasses-environment-and-people

- UNEP. (2021). Becoming #GenerationRestoration : Ecosystem Restoration for People, Nature and Climate. United Nations Environment Programme.
https://www.unep.org/resources/ecosystem-restoration-people-nature-climate

- UNEP. (2023). Decades of Mangrove Forest Change : What Does It Mean for Nature, People and the Climate? United Nations Environment Programme.
https://www.unep.org/resources/report/decades-mangrove-forest-change-what-does-it-mean-nature-people-and-climate

- World Health Organization (WHO) & World Bank. (2020). A World in Disorder : Global Preparedness Monitoring Board Annual Report 2020. Global Preparedness Monitoring Board.
https://apps.who.int/iris/bitstream/handle/10665/351720/9789240014121-eng.pdf

- Zhu, J., *et al.* (2023). A large carbon sink induced by the implementation of the largest afforestation program on Earth. Ecological Processes, 12(44).
https://ecologicalprocesses.springeropen.com/articles/10.1186/s13717-023-00455-8

4장 지속 가능한 자연 회복의 길

- Barbier, E. B., Hacker, S. D., Kennedy, C., Koch, E. W., Stier, A. C., & Silliman, B. R. (2011). The value of estuarine and coastal ecosystem services. Ecological Monographs, 81(2), 169 - 193.
https://doi.org/10.1890/10-1510.1

- Beiler, K. J., Durall, D. M., Simard, S. W., Maxwell, S. A., & Kretzer, A. M. (2010). Architecture of the wood-wide web : Rhizopogon spp. genets link multiple Douglas-fir cohorts. New Phytologist, 185(2), 543 - 553.
https://doi.org/10.1111/j.1469-8137.2009.03069.x

- Bratman, G. N., Hamilton, J. P., Hahn, K. S., Daily, G. C., & Gross, J. J. (2015). Nature experience reduces rumination and subgenual prefrontal cortex activation. Proceedings of the National Academy of Sciences, 112(28), 8567 - 8572.
https://doi.org/10.1073/pnas.1510459112

- Cook-Patton, S. C., *et al.* (2020). Mapping carbon accumulation potential from global natural forest regrowth. Nature, 585(7826), 545 - 550.
https://www.nature.com/articles/s41586-020-2686-x

- Costanza, R., d'Arge, R., de Groot, R., Farber, S., Grasso, M., Hannon, B., ... & Belt, M. (1997). The value of the world's ecosystem services and natural capital. Nature, 387(6630), 253-260.
https://www.nature.com/articles/387253a0

- Daily, G. C., Polasky, S., Goldstein, J., Kareiva, P. M., Mooney, H. A., Pejchar, L., Ricketts, T. H., Salzman, J., & Shallenberger, R. (2009). Ecosystem services in decision making : time to deliver. Frontiers in Ecology and the Environment, 7(1), 21 - 28.
https://doi.org/10.1890/080025

- Duarte, C. M., Losada, I. J., Hendriks, I. E., Mazarrasa, I., & Marbà, N. (2013). The role of coastal plant communities for climate change mitigation and adaptation. Nature Climate Change, 3(11), 961 - 968.
https://doi.org/10.1038/nclimate1970

- European Commission. (2021). Fit for 55 : Delivering the EU's 2030 Climate Target on the Way to Climate Neutrality. European Commission.
https://ec.europa.eu/info/sites/default/files/communication_fit_for_55_en.pdf

- FAO. (2016). Pollinators vital to our food supply under threat. Food and Agriculture Organization of the United Nations.
https://www.fao.org/newsroom/detail/pollinators-vital-to-our-food-supply-under-threat

- FAO. (2019). Declining bee populations pose threat to global food security and nutrition. FAO.
https://www.fao.org/newsroom/detail/declining-bee-populations-pose-threat-to-global-food-security-and-nutrition/en

- Gössling, S., Hall, C. M., & Scott, D. (2015). Tourism and Water : Interactions, Impacts and Challenges. Channel View Publications.

- Griscom, B. W., Adams, J., Ellis, P. W., Houghton, R. A., Lomax, G., Miteva, D. A., Schlesinger, W. H., Shoch, D., Siikamäki, J. V., Smith, P., Woodbury, P., Zganjar, C., & Fargione, J. (2017). Natural climate solutions. Proceedings of the National Academy of Sciences, 114(44), 11645 - 11650.
https://doi.org/10.1073/pnas.1710465114

- Hoegh-Guldberg, O., Mumby, P. J., Hooten, A. J., Steneck, R. S., Greenfield, P., Gomez, E., Harvell, C. D., Sale, P. F., Edwards, A. J., Caldeira, K., & Knowlton, N. (2007). Coral reefs under rapid climate change and ocean acidification. Science, 318(5857), 1737 - 1742.
https://doi.org/10.1126/science.1152509

- Honey, M. (2008). Ecotourism and Sustainable Development : Who Owns Paradise? Island Press.

- Intergovernmental Panel on Climate Change (IPCC). (2021). Climate Change 2021 : The Physical Science Basis. IPCC.
https://www.ipcc.ch/report/ar6/wg1

- IPCC. (2022). Climate Change 2022 : Mitigation of Climate Change. Contribution of Working Group III to the Sixth Assessment Report of the Intergovernmental Panel on Climate Change. IPCC.
https://www.ipcc.ch/report/ar6/wg3
- IPCC. (2023). Climate Change 2023 : Synthesis Report. Contribution of Working Groups I, II and III to the Sixth Assessment Report of the Intergovernmental Panel on Climate Change. IPCC.
https://www.ipcc.ch/report/ar6/syr
- IPCC. (2023). Sixth Assessment Synthesis Report (AR6 SYR).
https://www.ipcc.ch/report/ar6/syr/downloads/report/IPCC_AR6_SYR_FullVolume.pdf
- Intergovernmental Science-Policy Platform on Biodiversity and Ecosystem Services (IPBES). (2019). Global Assessment Report on Biodiversity and Ecosystem Services. IPBES Secretariat.
https://www.ipbes.net/global-assessment
- International Union for Conservation of Nature (IUCN). (2016). Restoration of forest ecosystems and landscapes as contribution to the Aichi Biodiversity Targets. IUCN.
https://portals.iucn.org/library/sites/library/files/documents/2016-078.pdf
- Millennium Ecosystem Assessment (MEA). (2005). Ecosystems and Human Well-being : Synthesis. Island Press.
https://www.millenniumassessment.org/en/Synthesis.html
- Mitsch, W. J., & Gosselink, J. G. (2015). Wetlands (5th *ed.*). John Wiley & Sons.
- National Aeronautics and Space Administration (NASA). (2024).
Climate Change : How Do We Know? NASA Global Climate Change.
https://climate.nasa.gov/evidence
- National Science Foundation (NSF). (2011). Yellowstone Ecosystem Needs Wolves and Willows, Elk and... Beavers?
https://www.nsf.gov/news/yellowstone-ecosystem-needs-wolves-willows-elk

- Simard, S. W., Perry, D. A., Jones, M. D., Myrold, D. D., Durall, D. M., & Molina, R. (1997). Net transfer of carbon between ectomycorrhizal tree species in the field. Nature, 388(6642), 579 - 582. https://doi.org/10.1038/41557

- The Nature Conservancy. (2020). Natural Climate Solutions : Forest Regrowth. https://www.nature.org/en-us/what-we-do/our-insights/perspectives/climate-potential-natural-regrowth-forests

- United Nations Environment Programme (UNEP). (2021). How Chernobyl has become an unexpected haven for wildlife. United Nations Environment Programme. https://www.unep.org/news-and-stories/story/how-chernobyl-has-become-unexpected-haven-wildlife

- UNEP. (2022). Seven Lessons on Using Ecosystem Restoration for Climate Change Adaptation. UNEP. https://www.unep.org/resources/policy-and-strategy/seven-lessons-using-ecosystem-restoration-climate-change-adaptation

- U.S. Fish and Wildlife Service. (2022). The Beaver Restoration Guidebook. U.S. Fish and Wildlife Service. https://www.fws.gov/media/beaver-restoration-guidebook

- Westbrook, C. J., Hood, G. A., & Bedard-Haughn, A. (2024). The Ecology and Evolution of Beavers : Ecosystem Engineers That Ameliorate Climate Change. Annual Review of Ecology, Evolution, and Systematics, 55, 323 - 345. https://www.annualreviews.org/content/journals/10.1146/annurev-ecolsys-102722-122317

- World Economic Forum. (2020). The Future of Nature and Business. World Economic Forum. https://www3.weforum.org/docs/WEF_The_Future_Of_Nature_And_Business_2020.pdf

- World Wildlife Fund (WWF). (2022). Atlantic Forest declared UN World Restoration Flagship. WWF. https://www.worldwildlife.org/stories/atlantic-forest-declared-un-world-restoration-flagship

5장 생태복원을 성공으로 이끄는 계획

- Adger, W. N. (2000). Social and ecological resilience : Are they related? Progress in Human Geography, 24(3), 347 - 364. https://doi.org/10.1191/030913200701540465

- Anderson, P. M., Hobbs, R. J., & Norton, D. A. (2021). Novel ecosystems : Intervening in the new ecological world order. Conservation Biology, 35(3), 678 - 689. https://doi.org/10.1111/cobi.13645

- Attrill, M. J., Wright, J., & Edwards, M. (2007). Climate-related increases in jellyfish frequency suggest a more gelatinous future for the North Sea. Limnology and Oceanography, 52(1), 480-485. https : //doi.org/10.4319/lo.2007.52.1.0480

- El País. (2024, August 21). La economía y nuestros bosques pueden crecer al mismo tiempo : el ejemplo de Costa Rica. Retrieved from https://elpais.com/planeta-futuro/2024-08-21/la-economia-y-nuestros-bosques-pueden-crecer-al-mismo-tiempo-el-ejemplo-de-costa-rica.html

- European Commission. (2021). Biodiversity Strategy 2030 : Barrier Removal for River Restoration. European Commission. https://environment.ec.europa.eu/system/files/2021-12/Barrier%20removal%20for%20river%20restoration.pdf

- Gerner, N. V., Anzaldua, G., Beyer, S., Lago, M., Hinzmann, M., & Rouillard, J. (2018). Large-scale river restoration pays off : A case study of ecosystem service valuation for the Emscher restoration generation project. Ecosystem Services, 30, 31 - 47. https://www.sciencedirect.com/science/article/pii/S2212041617303753

- Holling, C. S. (1973). Resilience and stability of ecological systems. Annual Review of Ecology and Systematics, 4, 1-23. https://doi.org/10.1146/annurev.es.04.110173.000245

- Intergovernmental Panel on Climate Change (IPCC). (2019). Climate Change and Land : An IPCC Special Report on Climate Change, Desertification, Land Degradation, Sustainable Land Management, Food Security, and Greenhouse Gas Fluxes in Terrestrial Ecosystems. IPCC.
  https://www.ipcc.ch/srccl

- IPCC. (2023). Climate Change 2023 : Synthesis Report. Contribution of Working Groups I, II and III to the Sixth Assessment Report of the Intergovernmental Panel on Climate Change. IPCC.
  https://www.ipcc.ch/report/ar6/syr

- Intergovernmental Science-Policy Platform on Biodiversity and Ecosystem Services (IPBES). (2019). Global Assessment Report on Biodiversity and Ecosystem Services. IPBES Secretariat.
  https://www.ipbes.net/node/35274

- IPBES & IPCC. (2021). Biodiversity and Climate Change : Scientific Outcome of the IPBES-IPCC Co-Sponsored Workshop. IPBES and IPCC.
  https://files.ipbes.net/ipbes-web-prod-public-files/2021-06/2021_IPCC-IPBES_scientific_outcome_20210612.pdf

- IPBES. (2018). The IPBES assessment report on land degradation and restoration. IPBES Secretariat.
  https://www.ipbes.net/assessment-reports/ldr

- IPBES. (2019). Global Assessment Report on Biodiversity and Ecosystem Services. IPBES Secretariat.
  https://www.ipbes.net/node/35274

- Maron, M., Rhodes, J. R., & Gibbons, P. (2013). Calculating the benefit of conservation actions. Conservation Letters, 6(5), 359 - 367.
  https://doi.org/10.1111/conl.12007

- Purcell, J. E. (2012). Jellyfish and ctenophore blooms coincide with human proliferations and environmental perturbations. Annual Review of Marine Science, 4, 209-235.
  https://doi.org/10.1146/annurev-marine-120709-142751

- Satoyama Initiative. (n.d.). The concept of the Satoyama Initiative : A society in harmony with nature. United Nations University Institute for the Advanced Study of Sustainability (UNU-IAS).
  https://satoyamainitiative.org/concept/satoyama-initiative

- Suding, K. N. (2011). Toward an era of restoration in ecology : Successes, failures, and opportunities ahead. Annual Review of Ecology, Evolution, and Systematics, 42(1), 465 - 487.
  https://doi.org/10.1146/annurev-ecolsys-102710 - 145115

- United Nations Educational, Scientific and Cultural Organization (UNESCO). (2021). Education for sustainable development : A roadmap. United Nations Educational, Scientific and Cultural Organization.
  https://unesdoc.unesco.org/ark:/48223/pf0000374802

- UNESCO. (2021). Education for Sustainable Development : A Roadmap. UNESCO.
  https://unesdoc.unesco.org/ark:/48223/pf0000374802

- United Nations Development Programme (UNDP). (2023). Namibia Country Programme Document 2023 - 2027. UNDP.
  https://www.undp.org/sites/g/files/zskgke326/files/2024-05/Namibia%20CPD.pdf

- United Nations Environment Programme (UNEP). (2021). Becoming #GenerationRestoration : Ecosystem Restoration for People, Nature and Climate. UNEP.
  https://www.unep.org/resources/ecosystem-restoration-people-nature-climate

- UNEP. (2022). Annual Report 2022. UNEP.
  https://www.unep.org/resources/annual-report-2022

- UNEP. (2023). Decades of Mangrove Forest Change : What Does It Mean for Nature, People and Climate? UNEP.
https://www.unep.org/resources/report/decades-mangrove-forest-change-what-does-it-mean-nature-people-and-climate

- Walker, B., Holling, C. S., Carpenter, S. R., & Kinzig, A. (2004). Resilience, adaptability and transformability in social-ecological systems. Ecology and Society, 9(2), 5.
https://doi.org/10.5751/ES-00650-090205

- Wells, N. M., & Lekies, K. S. (2006). Nature and the life course : Pathways from childhood nature experiences to adult environmentalism. Children, Youth and Environments, 16(1), 1 - 24.
https://www.researchgate.net/publication/252512760

- World Bank. (2023). Guangdong Sustainable Soil Pollution Management Project (P181487). World Bank.
https://documents1.worldbank.org/curated/en/099061224062025614/pdf/P181487134e9ab0a1b61e100cb9a94cb33.pdf

- World Wildlife Fund (WWF). (2022). Atlantic Forest Declared UN World Restoration Flagship. WWF.
https://www.worldwildlife.org/stories/atlantic-forest-declared-un-world-restoration-flagship

- WWF. (2022). WWF gathers countries across Europe to support river and wetland restoration. WWF.
https://wwf.panda.org/wwf_news/?5749391%2FWWF-celebrates-gathers-countries-across-Europe-to-support-river-and-wetland-restoration

- Zedler, J. B., & Kercher, S. (2005). Wetland resources : Status, trends, ecosystem services, and restorability. Annual Review of Environment and Resources, 30, 39 - 74.
https://doi.org/10.1146/annurev.energy.30.050504.144248

6장 지역의 생물다양성을 지키는 힘

- Australian Government, Earth Systems and Climate Change Hub. (2021). The Australian Guide to Nature-Based Methods for Reducing Risk from Coastal Hazards. https://nespclimate.com.au/wp-content/uploads/2021/05/Nature-Based-Methods_Final_05052021.pdf

- Australian National Audit Office (ANAO). (2020). Restoring the balance in the Murray - Darling Basin. Australian Government. https://www.anao.gov.au/work/performance-audit/restoring-the-balance-the-murray-darling-basin

- Butler, R. A. (2007). 70% of new drugs come from mother nature. Mongabay. https://news.mongabay.com/2007/03/70-of-new-drugs-come-from-mother-nature

- Cardinale, B. J., Duffy, J. E., Gonzalez, A., Hooper, D. U., Perrings, C., Venail, P., Narwani, A., Mace, G. M., Tilman, D., Wardle, D. A., Kinzig, A. P., Daily, G. C., Loreau, M., Grace, J. B., Larigauderie, A., Srivastava, D. S., & Naeem, S. (2012). Biodiversity loss and its impact on humanity. Nature, 486(7401), 59-67. https://doi.org/10.1038/nature11148

- Convention on Biological Diversity. (2022). Kunming-Montreal Global Biodiversity Framework. https://www.cbd.int/gbf

- FAO, SCBD & SER. (2024). Delivering restoration outcomes for biodiversity and human well-being-Resource guide to Target 2 of the Kunming-Montreal Global Biodiversity Framework. https://doi.org/10.4060/cd2925en

- FAO. (2024). The State of World Fisheries and Aquaculture 2024 - Blue Transformation in action. https://doi.org/10.4060/cd0683en

- FAO. (2021). Review of forest and landscape restoration in Africa 2021. https://openknowledge.fao.org/server/api/core/bitstreams/e9662d8c-0dc1-444b-a7af-c18947c2a8ce/content

- Hwang, E. K., & Park, C. S. (2020). Seaweed cultivation and utilization of Korea. Algae, 35(2), 107 - 121. https://doi.org/10.4490/algae.2020.35.5.15

- Intergovernmental Oceanographic Commission (IOC) of UNESCO. (2022). Ocean Decade Progress Report 2021 - 2022. https://en.unesco.org/ocean-decade

- Intergovernmental Panel on Climate Change (IPCC). (2023). Climate Change 2023 : Synthesis Report. Contribution of Working Groups I, II and III to the Sixth Assessment Report of the Intergovernmental Panel on Climate Change. https://www.ipcc.ch/report/ar6/syr/

- Intergovernmental Science-Policy Platform on Biodiversity and Ecosystem Services (IPBES). (2019). Global assessment report on biodiversity and ecosystem services. https://www.ipbes.net/node/35274

- International Union for Conservation of Nature (IUCN). (2014). Guidelines for reintroductions and other conservation translocations. https://portals.iucn.org/library/efiles/documents/2013-009.pdf

- IUCN. (2023). Global Species Action Plan. https://portals.iucn.org/library/sites/library/files/documents/2023-029-En.pdf

- Mace, G. M., Norris, K., & Fitter, A. H. (2012). Biodiversity and ecosystem services : A multilayered relationship. Trends in Ecology & Evolution, 27(1), 19 - 26. https://doi.org/10.1016/j.tree.2011.08.006

- Millennium Ecosystem Assessment. (2005). Ecosystems and human well-being : Biodiversity synthesis. https://www.millenniumassessment.org/documents/document.354.aspx.pdf

- Poljak, I., Šatović, Z., Idžojtić, M., Ljubešić, N., & Lazarević, B. (2022). Morphological and chemical variation of wild sweet chestnut (Castanea sativa Mill.) populations from Italy and Bosnia and Herzegovina. Forests, 13(1), 55.
https://www.mdpi.com/1999-4907/13/1/55
- Ramsar Convention Secretariat. (2022). World Water Day 2022 : Making the Invisible Visible.
https://www.ramsar.org/fr/news/world-water-day-2022-making-invisible-visible
- Rewilding Europe. (2021). Spanish landscape-scale rewilding initiative joins European Rewilding Network.
https://rewildingeurope.com/news/spanish-landscape-scale-rewilding-initiative-joins-european-rewilding-network
- Simberloff, D., *et al.* (2013). Invasive species : What everyone needs to know. Oxford University Press.
- USDA. (2023). Kudzu : The invasive vine overtaking the South. United States Department of Agriculture.
https://www.usda.gov
- US Fish & Wildlife Service. (2023). Northern snakehead : A growing threat to U.S. freshwaters.
https://www.fws.gov
- US National Park Service. (2022). The impact of kudzu on native forests. National Park Service.
https://www.nps.gov
- Wang, M., He, Y., Zhou, J., & Ren, K. (2022). Evaluating the Effect of Chinese Environmental Regulation on Corporate Sustainability Performance : The Mediating Role of Green Technology Innovation. International Journal of Environmental Research and Public Health, 19(11), 6882.
https://www.mdpi.com/1660-4601/19/11/6882

- Wildlife Conservation Society (WCS). (2022). 2022 Impact Report. https://cdn.wcs.org/2022/10/03/79thlo8qoi_WCS_Impact_Report_2022_fnl_linked_WEB.pdf
- Wilson, E. O. (1992). The diversity of life. Harvard University Press.
- World Health Organization (WHO). (2023). Biodiversity. https://www.who.int/news-room/fact-sheets/detail/biodiversity
- World Wildlife Fund (WWF). (2021). Conservation Highlights of 2021. https://www.worldwildlife.org/stories/conservation-highlights-of-2021
- 국립공원공단. (2024). 국립공원 훼손지 복원 매뉴얼
- 국립수산과학원. (2023). 명태 자원 회복을 위한 연구 보고서. 국립수산과학원.
- 해양수산부. (2023). 우리나라 명태 자원 감소 원인과 복원 전략. 해양수산부.

7장 숲을 다시 살리기, 산림 훼손지 복원

- Chen, C., Park, T., Wang, X., Piao, S., Xu, B., Chaturvedi, R. K., … Myneni, R. B. (2019). China and India lead in greening of the world through land-use management. Nature Sustainability, 2(2), 122 - 129. https://doi.org/10.1038/s41893-019-0220-7
- Environment Agency of Iceland. (2012). National Inventory Report 2012 : Emissions of Greenhouse Gases in Iceland from 1990 to 2010. https://www.ust.is/library/Skrar/Atvinnulif/Loftslagsbreytingar/ICELAND%20NIR%202012.pdf
- European Space Agency (ESA). (2010). Eyjafjallajökull eruption 2010. https://www.esa.int

- Food and Agriculture Organization (FAO). (2021). Global Forest Resources Assessment 2020.
https://www.fao.org/documents/card/en/c/ca9825en

- FAO. (2020). The State of the World's Forests 2020 : Forests, biodiversity and people. Food and Agriculture Organization of the United Nations.
https://www.fao.org/state-of-forests/en

- FAO. (2021). Sustainable Land Management and Restoration of Productive Landscapes in Hydrographic Basins for the Implementation of Land Degradation Neutrality Goals.
https://openknowledge.fao.org/server/api/core/bitstreams/8870b924-590c-4102-98c3-eb4eae582a11/content

- Gauthier, S., Bergeron, Y., & Simon, J.-P. (1996). Effects of fire regime on the serotiny level of jack pine. Journal of Ecology, 84(4), 539 - 548.
https://doi.org/10.2307/2261476

- Griscom, B. W. *et al.* (2017). Natural climate solutions. Proceedings of the National Academy of Sciences, 114(44), 11645 - 11650.
https://doi.org/10.1073/pnas.1710465114

- Intergovernmental Panel on Climate Change (IPCC). (2019). Climate Change and Land : An IPCC Special Report on Climate Change, Desertification, Land Degradation, Sustainable Land Management, Food Security, and Greenhouse Gas Fluxes in Terrestrial Ecosystems.
https://www.ipcc.ch/site/assets/uploads/2019/11/SRCCL-Full-Report-Compiled-191128.pdf

- IPCC. (2019). The IPCC's Special Report on the Ocean and Cryosphere in a Changing Climate.
https://cdkn.org/sites/default/files/files/IPCC-Oceans-South-Asia_WEB-small.pdf

- IPCC. (2023). Sixth Assessment Report : Climate Change 2023.
https://www.ipcc.ch/assessment-report/ar6

- McDonald, T., Gann, G. D., Jonson, J., & Dixon, K. W. (2016). International standards for the practice of ecological restoration–including principles and key concepts. Society for Ecological Restoration.
  https://www.ser.org/page/SERStandards

- Rodríguez, C. M., Bullock, J. M., Ferrer-Castán, D., & Acosta, A. T. R. (2021). Reference ecosystems and benchmark targets for ecological restoration under climate change. Biological Conservation, 253, 108914.
  https://doi.org/10.1016/j.biocon.2020.108914

- Resources Institute (WRI). (2024). Forest Pulse : The Latest on the World's Forests.
  https://gfr.wri.org/latest-analysis-deforestation-trends

- Turner, M. G., Romme, W. H., & Tinker, D. B. (2003). Surprises and lessons from the 1988 Yellowstone fires. Frontiers in Ecology and the Environment, 1(7), 351 - 358.
  https : //doi.org/10.1890/1540-9295(2003)001[0351 : SALFTY]2.0.CO;2

- United Nations Environment Programme (UNEP). (2024). EState of Finance for Nature - Restoration Finance Report.
  https://www.unep.org/resources/report/state-finance-nature-restoration-finance-report

- Veldman, J. W., Overbeck, G. E., Negreiros, D., Mahy, G., Stradic, S. L., Fernandes, G. W., Durigan, G., Buisson, E., Putz, F. E., & Bond, W. J. (2015). "Where tree planting and forest expansion are bad for biodiversity and ecosystem services." BioScience, 65(10), 1011 - 1018.
  https://doi.org/10.1093/biosci/biv118

- World Bank. (2017). Amazon rainforest to recover 30,000 hectares by 2023.
  https://www.worldbank.org/en/news/press-release/2017/09/15/brazil-initiative-recovers-forest-lands-amazon

- World Wildlife Fund (WWF). (2022). Australia Bushfire Fund Final Report.
  https://www.worldwildlife.org/publications/australia-bushfire-fund-final-report

- WWF. (2022). Community Based Wildlife Management Lead-Tanzania. https://www.wwf.mg/?338690/Community-Based-Wildlife-Management-Lead---Tanzania
- WWF. (2022). Forest Fires and Climate Change : Causes, Effects and Management. https://nidm.gov.in/journal/PDF/Journal/NIDMJOURNAL_JulDec2022/NIDMJOURNAL_JulDec2022f.pdf
- WWF. (2023). Water for nature, water for life. https://www.wwf.de/fileadmin/user_upload/waterscarcityreport_wwf_092023.pdf
- WWF Japan. (2023). Mori-no Project Overview. https://morinoproject.com/english
- 국립생태원. (2019). 생태복원 실무 지침서.
- 김경훈, 성현찬, 최재용, 허영진. 2018. 훼손지 생태복원 -생태복원 실행을 위한 국제표준-.
- 산림청. (2020). 산림복원 기술교본.
- 산림청. (2020). 제1차 산림복원 기본계획(2021 ~ 2029).
- 산림청. (2021). 2050 탄소중립 달성을 위한 산림부분 추진 전략.
- 산림청. (2022). 산림복원 업무처리지침.

8장 도시 속 자연을 되돌리다

- Branas, C. C., South, E. C., Kondo, M. C., Hohl, B. C., Bourgois, P., Wiebe, D. J., & MacDonald, J. M. (2018). Citywide cluster randomized trial to restore blighted vacant land and its effects on violence, crime, and fear. Proceedings of the National Academy of Sciences, 115(12), 2946 - 2951. https://doi.org/10.1073/pnas.1718503115
- Christmas Island National Park. (2023). Red crab migration https://christmasislandnationalpark.gov.au/discover/highlights/red-crab-migration

- EPA. (2015). Eco-Health : Ecosystem Benefits of Greenspace for Health. https://www.epa.ie/publications/research/environment--health/Research_Report_328.pdf
- EPA. (2025). Stormwater Management Research. https://www.epa.gov/water-research/stormwater-management-research
- European Commission. (2024). Bridging continents : Exploring the state-of-play of Nature-based Solutions in the EU and LAC : Building a foundation for collaboration. https://www.ecologic.eu/sites/default/files/publication/2024/50173-bridging-continents.pdf
- Food and Agriculture Organization of the United Nations (FAO). (2022). Urban forestry and urban greening in drylands. https://openknowledge.fao.org/server/api/core/bitstreams/a7059984-56d4-461c-8b38-56e283690383/content
- Forest Service. (2014). Million TreesNYC : the integration of research and practice. https://research.fs.usda.gov/treesearch/45580
- Green City Times. (2025). Green City : Freiburg, Germany. https://www.greencitytimes.com/freiburg
- Hamed Z. *et al.* (2023). The Isar River : social pride as a driver of river restoration. River culture : life as a dance to the rhythm of the waters, pages 611 - 636, https://doi.org/10.54677/YXWJ9055
- Intergovernmental Panel on Climate Change (IPCC). (2019). Climate Change and Land : An IPCC Special Report on Climate Change, Desertification, Land Degradation, Sustainable Land Management, Food Security, and Greenhouse Gas Fluxes in Terrestrial Ecosystems. https://www.ipcc.ch/site/assets/uploads/2019/11/SRCCL-Full-Report-Compiled-191128.pdf

- Living Architecut=ure Monitor. (2025). In France, a New Law Supports Green Roofs on Buildings.
  https://livingarchitecturemonitor.com/articles/france-new-law-supporting-green-roofs-sp22

- Monteiro R., J. C. Ferreira and P. Antunes. (2022). Green Infrastructure Planning Principles : Identification of Priorities Using Analytic Hierarchy Process. Sustainability 2022, 14(9), 5170.
  https://doi.org/10.3390/su14095170

- Nowak, D. J., Crane, D. E., & Stevens, J. C. (2006). Air pollution removal by urban trees and shrubs in the United States. Urban Forestry & Urban Greening, 4(3 - 4), 115 - 123.
  https://doi.org/10.1016/j.ufug.2006.01.007

- Philadelpia qater Department. (2025) Green City, Clean Waters Program in Philadelphia.
  https://water.phila.gov/green-city

- Singapore Environment Council. (2025). Singapore Green Labelling Scheme
  https://www.sgls.sec.org.sg

- Singapore's National Water Agency. (2024). ABC Waters.
  https://www.pub.gov.sg/Resources/Publications/ABC-Waters

- Tokyo Metropolitan Government. (2023). Tokyo Sustainability Action 2023. Planning and Coordination Section, Office of the Governor for Policy Planning. Retrieved from https://gold.uclg.org/sites/default/files/uploaded/tokyo_2023.pdf

- Today Plus News. (2024). 대전 유성구, 두꺼비 생태통로 조성 사업 추진.
  https://www.todayplusnews.com/news/articleView.html?idxno=69207

- 환경부. (2019). 도심내 맞춤형 생태복원 모델개발 및 복원사업 성과분석 연구.

- 환경부. (2022). 도시생태축 복원사업 가이드라인.

- 환경부. (2023). 생태통로 설치 및 관리지침.

- 환경부 · 국토교통부 · 산림청. (2023). 한반도 생태축 보전 · 복원 추진계획.

9장 동물과 식물이 살아가는 집, 서식지 복원하기

- European Commission. (2020). EU Biodiversity Strategy for 2030 : Bringing nature back into our lives.
  https://environment.ec.europa.eu/strategy/biodiversity-strategy-2030_en

- European Environment Agency (EEA). (2022). Landscape fragmentation pressure in Europe.
  https://www.eea.europa.eu/en/analysis/indicators/landscape-fragmentation-pressure-in-europe

- Florida Wildlife Corridor Foundation. (2023). 2023 Impact Report : Connecting Lands and Wildlife in Florida.
  https://floridawildlifecorridor.org/2023-impact-report

- Food and Agriculture Organization of the United Nations (FAO). (2020). The State of the World's Forests 2020 : Forests, Biodiversity and People. Retrieved from https://www.fao.org/state-of-forests/en

- FAO. (2021). The State of the World's Land and Water Resources for Food and Agriculture 2021 : Systems at breaking point (SOLAW 2021).
  https://www.fao.org/land-water/solaw2021/en

- FAO. (2022). A focus on forest fires and pests and diseases : APFC/2023/5.
  https://openknowledge.fao.org/server/api/core/bitstreams/543bc940-f3fa-4d28-9187-37bf192b0d3c/content

- FAO. (2022). The State of the World's Forests 2022 : Forest Pathways for Green Recovery and Building Inclusive, Resilient and Sustainable Economies. Rome : FAO.
  https://doi.org/10.4060/cb9360en

- Forman, R. T. T. (1995). Land Mosaics : The Ecology of Landscapes and Regions. Cambridge University Press.

- Intergovernmental Panel on Climate Change (IPCC). (2023). Climate Change 2023 : Synthesis Report. Contribution of Working Groups I, II and III to the Sixth

Assessment Report of the Intergovernmental Panel on Climate Change [Core Writing Team, Lee, H., & Romero, J. (eds.)]. IPCC.
https://www.ipcc.ch/report/sixth-assessment-report-cycle

- Intergovernmental Science-Policy Platform on Biodiversity and Ecosystem Services (IPBES). (2019). Global Assessment Report on Biodiversity and Ecosystem Services. IPBES Secretariat, Bonn, Germany.
https://ipbes.net/global-assessment

- IPBES. (2023). Thematic Assessment Report on Invasive Alien Species and their Control. Roy, H. E., Pauchard, A., Stoett, P., & Renard Truong, T. (Eds.). IPBES Secretariat, Bonn, Germany.
https://doi.org/10.5281/zenodo.7430682

- International Commission for the Protection of the Rhine (ICPR). (2020). Rhine 2040 : Sustainably Managed and Climate-Resilient.
https://www.iksr.org/fileadmin/user_upload/DKDM/Dokumente/Broschueren/EN/bro_En_2040_long.pdf

- Japan Ministry of the Environment. (2021). Morino Project : Connecting Forests for Biodiversity Conservation. Retrieved from
https://morinoproject.com/english

- Kenya Wildlife Service. (2023). National Elephant Action Plan for Kenya 2023 - 2032.
https://maraelephantproject.org/wp-content/uploads/2023/08/National-Elephant-Action-Plan.pdf

- The Nature Conservancy. (2023). Restoring the Atlantic Forest : A Model for Large-Scale Reforestation.
https://www.nature.org/en-us/about-us/where-we-work/latin-america/brazil/stories-in-brazil/brazil-annual-report-2023

- U.S. Environmental Protection Agency (EPA). (2022). Ecological Connectivity.
https://cfpub.epa.gov/roe/indicator_pdf.cfm?i=80

- UN-Habitat. (2023). World Cities Report 2023 : Urban Expansion and Environmental Sustainability. UN-Habitat.
https://unhabitat.org/wcr

- United States Environmental Protection Agency (EPA). (2022). Urban Heat Islands and Impervious Surfaces : Impacts and Mitigation Strategies.
https://www.epa.gov/heatislands

- World Wide Fund for Nature (WWF). (2022). Living Planet Report 2022 : Building a Nature-Positive Society. WWF International.
https://wwfint.awsassets.panda.org/downloads/embargo_13_10_2022_lpr_2022_full_report_single_page_1.pdf

- WWF-Brazil. (2023). Atlantic Forest Restoration Pact : A Decade of Conservation Successes. WWF - Brazil.
https://www.worldwildlife.org/magazine/articles/restoring-brazil-s-atlantic-forest

10장 기후변화대응과 탄소중립을 향한 복원의 역할

- Canadian Interagency Forest Fire Centre (CIFFC). (2023). 2023 Canada Report : Wildland Fire Summary and Statistics. CIFFC.
https://ciffc.ca/sites/default/files/2024-03/03.07.24_CIFFC_2023CanadaReport%20(1).pdf

- Chesapeake Bay Program. (2022). 2022 Wetlands Outcome Action Plan. Chesapeake Bay Program.
https://www.chesapeakebay.net/files/documents/2022.12.08-2022-Wetlands-Action-Plan.pdf

- Duarte, C. M., Middelburg, J. J., & Caraco, N. (2005). Major role of marine vegetation on the oceanic carbon cycle. Biogeosciences, 2(1), 1 - 8.
https://doi.org/10.5194/bg-2-1-2005

- Food and Agriculture Organization of the United Nations (FAO). (2021). Climate-Smart

Agriculture : Case Studies 2021.
https://openknowledge.fao.org/server/api/core/bitstreams/1a3714ba-5e7e-407d-acf2-1faa4d07a160/content

- Fourqurean, J. W., Duarte, C. M., Kennedy, H., Marbà, N., Holmer, M., Mateo, M. A., Apostolaki, E. T., Kendrick, G. A., Krause-Jensen, D., McGlathery, K. J., & Serrano, O. (2012). "Seagrass ecosystems as a globally significant carbon stock." Nature Geoscience, 5(7), 505 - 509.
https://doi.org/10.1038/ngeo1477

- FAO. (2022). The State of the World's Forests 2022 : Forest Pathways for Green Recovery and Building Inclusive, Resilient and Sustainable Economies. FAO. Retrieved from https://www.fao.org/3/cb9360en/cb9360en.pdf

- German Environment Agency. (2024). Potential of Blue Carbon for global climate change mitigation.
https://www.researchgate.net

- Intergovernmental Panel on Climate Change (IPCC). (2022). Sixth Assessment Report (AR6) : Climate Change 2022. IPCC.
https://www.ipcc.ch/assessment-report/ar6

- IPCC. (2023). Climate Change 2023 : The Physical Science Basis. Contribution of Working Group I to the Sixth Assessment Report of the Intergovernmental Panel on Climate Change. IPCC.
https://www.ipcc.ch/report/ar6/wg1

- International Partnership for Blue Carbon. (2023). Coastal Blue Carbon Ecosystems in International Frameworks and Conventions. Overview Report. Second Edition. September 2023.
https://bluecarbonpartnership.org/wp-content/uploads/2023/10/IPBC_Overview-Report-on-Coastal-Blue-Carbon-Ecosystems-in-International-Frameworks-and-Conventions_2nd-edition_Sep2023.pdf

- Isha Foundation. (2024). Cauvery Calling - Reviving the River through Agroforestry.
https://isha.sadhguru.org/in/en/cauvery-calling

- Joosten, H., Tapio-Biström, M.-L., & Tol, S. (2012). Peatlands – guidance for climate change mitigation through conservation, rehabilitation and sustainable use. FAO and Wetlands International.
  https://www.fao.org/4/i3013e/i3013e.pdf

- Kyodo News. (2025). Tuvaluans facing forced relocation as rising seas threaten future. Kyodo News, February 2025.
  https://english.kyodonews.net/news/2025/02/07b4fc3983f9-feature-tuvaluans-facing-forced-relocation-as-rising-seas-threaten-future.html

- National Interagency Coordination Center. (2023). Wildland Fire Summary and Statistics Annual Report 2023.
  https://www.nifc.gov/sites/default/files/NICC/2-Predictive%20Services/Intelligence/Annual%20Reports/2023/annual_report_2023_0.pdf

- The Guardian. (2014). Kiribati buys land in Fiji as rising seas threaten existence. The Guardian, July 1, 2014.
  https://www.theguardian.com/environment/2014/jul/01/kiribati-climate-change-fiji-vanua-levu

- Trilateral Wadden Sea Cooperation. (2025). Report on the State of Conservation of the World Heritage property "The Wadden Sea (N1314)". Common Wadden Sea Secretariat, https://www.waddensea-worldheritage.org

- United Nations Environment Programme (UNEP). (2022). A green wall to promote peace and restore nature in Africa's Sahel region. UNEP.
  https://www.unep.org/news-and-stories/story/green-wall-promote-peace-and-restore-nature-africas-sahel-region

- UNEP. (2023). Harnessing Nature to Build Climate Resilience : Scaling Up the Use of Ecosystem-based Adaptation. UNEP.
  https://www.unep.org/resources/report/harnessing-nature-build-climate-resilience-scaling-use-ecosystem-based-adaptation

- UNEP. (2023). Mangrove Restoration for Coastal Resilience. UNEP. https://www.unep.org/news-and-stories/story/mangrove-restoration-gives-hope-indonesias-sinking-shores
- Wired. (2021). China's Great Green Wall is a massive feat—but not without problems. https://www.wired.com/story/ian-teh-chinas-great-green-wall
- World Resources Institute (WRI). (2023). Forest Pulse : The Latest on the World's Forests. WRI. https://gfr.wri.org/latest-analysis-deforestation-trends
- World Wildlife Fund (WWF). (2023). Forest Pathways Report 2023. https://www.wwf.org.uk/sites/default/files/2023-10/WWF-Forest-Pathways-Exec-Summary-2023.pdf
- WWF. (2022). 2022 Wildfire Recovery and Forest Resilience. https://sierranevada.ca.gov/wp-content/uploads/sites/326/2021/12/2022-Wildfire-Recovery-and-Forest-Resilience-GrantGuidelines.pdf
- WWF Philippines. (2023). Mangrove Ecosystem Restoration for Balabac, Palawan. https://www.wwf.org.ph/our_work/habitats/mangrove_ecosystem_balabac_palaw
- Xu, J., Morris, P.J., Liu, J., & Holden, J. (2018). PEATMAP : Refining estimates of global peatland distribution based on a meta-analysis. Catena, 160, 134-140. https://doi.org/10.1016/j.catena.2017.09.010
- 관계부처 합동. (2023). 탄소중립 · 녹색성장 국가전략 및 제1차 국가 기본계획 (중장기 온실가스 감축목표 포함)
- 대한민국. (2020). 대한민국 20250 탄소주입 전략
- 탄소중립녹색성장위원회 · 산림청. (2023). 산림의 탄소흡수능력 강화 컨퍼런스. https://www.2050cnc.go.kr/storage/board/base/2023/11/15/BOARD_ATTACH_1700011963720.pdf

11장 첨단기술과 데이터로 열어가는 생태복원의 미래

- AstraZeneca. (2023). Using AI to optimise AstraZeneca's reforestation programme across Africa. AstraZeneca Media Centre.
https://www.astrazeneca.com/media-centre/articles/2023/ai-to-optimise-astrazeneca-reforestation-africa-programme.html

- Boston Dynamics. (2023). Spot Specifications. Boston Dynamics Support.
https://support.bostondynamics.com/s/article/Spot-Specifications-49916

- Cornell Lab of Ornithology. (2025). Acoustic monitoring network for birds enhances forest management.
https://www.birds.cornell.edu/home/acoustic-monitoring-network-for-birds-enhances-forest-management

- Dryad Networks. (2024). Silvanet - Ultra-Early Wildfire Detection System. Dryad Official Website.
https://www.dryad.net/silvanet

- El País. (2024). Can AI "Made in Africa" Help Kenya Fight Combat Deforestation?
https://www.activesustainability.com/positive-society/ai-africa

- ESRI Singapore. (2024) Integrating 3D system of record for Singapore's sustainable future.
https://esrisingapore.com.sg/blog/integrating-3d-system-record-singapores-sustainable-future

- Food and Agriculture Organization of the United Nations (FAO). (2023). Accelerating Innovative Monitoring for Forests (AIM4Forests). FAO.
https://www.fao.org/in-action/aim4forests/en

- Forister, M. L., McCall, A. C., Sanders, N. J., Fordyce, J. A., Thorne, J. H., O'Brien, J., Waetjen, D., & Shapiro, A. M. (2010). Compounded effects of climate change and habitat alteration shift patterns of butterfly diversity. Proceedings of the National Academy of Sciences, 107(5), 2088 - 2092.

https://doi.org/10.1073/pnas.0909686107

- Fujii, K., *et al.* (2019). Environmental DNA metabarcoding for fish community analysis in backwater lakes : A comparison of capture methods. https://doi.org/10.1371/journal.pone.0210357
- Gross, D. A., & Lowther, P. E. (2020). Yellow-bellied Flycatcher (Empidonax flaviventris), version 1.0. In Birds of the World (A. F. Poole, *Ed.*). Cornell Lab of Ornithology. https://doi.org/10.2173/bow.yebfly.01
- Hansen, M. C., Potapov, P. V., Moore, R., Hancher, M., *et al.* (2013). High-resolution global maps of 21st-century forest cover change. Science, 342(6160), 850 - 853. https://doi.org/10.1126/science.1244693
- Hohenthal J., m. Rasanen and P. Minoia. (2018). Political ecology of asymmetric ecological knowledges : Diverging views on the eucalyptus-water nexus in the Taita Hills, Kenya. Journal of Political Ecology 25(1) : 1 - 19 http://doi:10.2458/v25i1.22005
- KEFRI · JICA. (2023). Dryland Forestry Research and Development in Kenya. https://www.kefri.org/cadep/assets/manuals/KEFRI-JICATICADBooklet.pdf
- NASA Earthdata. (2025). GEDI : Global Ecosystem Dynamics Investigation. https://www.earthdata.nasa.gov/data/projects/gedi
- New York City. (2022). Climate Resiliency Design Guidelines. https://www.nyc.gov/assets/sustainability/downloads/pdf/publications/CRDG-4-1-May-2022.pdf
- Siedler, P. D. (2022). Dynamic Collaborative Multi-Agent Reinforcement Learning Communication for Autonomous Drone Reforestation. arXiv. https://arxiv.org/abs/2211.15414
- Tech.edu. (2024). Ulysses is using robots to restore seagrass populations https://techcrunch.com/2024/11/07/ulysses-is-using-robots-to-restore-seagrass-populations

- UNEP. (2021). Coral Reef Restoration : A guide to coral restoration method. https://www.unep.org/resources/report/coral-reef-restoration-guide-coral-restoration-method

- United States Geological Survey (USGS). (2025). 2025 Post-Wildfire Lidar Data for Los Angeles, CA. USGS 3D Elevation Program. https://www.usgs.gov/3d-elevation-program/science/

- Vermont Center for Ecostudies. (2025). Yellow-bellied Flycatcher. State of the Mountain Birds Northeast 2025. https://mountainbirds.vtecostudies.org/birds/yellow-bellied-flycatcher/

- WWF. (2023). Artificial Intelligence and Conservation. https://www.worldwildlife.org/pages/artificial-intelligence-and-conservation

- SBS 뉴스. (2022). "해운대 달맞이고개 나타난 붉은여우···400㎞를 이동했다". https://news.sbs.co.kr

- 조선일보. (2022). "부산서 목격된 멸종위기 여우, 400km 떨어진 고향 소백산에 돌아오다 폐사". https://www.chosun.com

- 한겨레. (2022). "자연으로 돌아간 2살 여우... '산 따라 물 따라' 200km 여행했다". https://www.khan.co.kr

12장 ESG와 생태복원의 통합적 접근

- Apple Inc. (2023). Environmental Progress Report 2023. Apple. https://www.apple.com/environment/pdf/Apple_Environmental_Progress_Report_2023.pdf

- BlackRock. (2023). 2023 Sustainability Disclosure. BlackRock Inc. https://www.queensu.ca/investmentservices/sites/iswww/files/uploaded_files/Reports/ESG%202025/BlackRock

- Bundesministerium für wirtschaftliche Zusammenarbeit und Entwicklung (BMZ).

(2023). The German Act on Corporate Due Diligence Obligations in Supply Chains : Implications for businesses in partner countries and support from the German government. BMZ.
https://www.bmz.de/resource/blob/154774/lieferkettengesetz-faktenpapier-partnerlaender-eng-bf.pdf

- European Commission. (2022). Corporate Sustainability Reporting Directive (CSRD). European Union.
https://commission.europa.eu
- European Commission. (2023). Carbon Border Adjustment Mechanism (CBAM).
https://commission.europa.eu
- European Commission. (2023) Ensuring the future of our farmers and food Our vision for EU agriculture and food.
https://commission.europa.eu
- European Commission. (2024). Overview of EU funded projects on MPAs and Marine Ecosystems.
https://projects.research-and-innovation.ec.europa.eu
- European Environment Agency. (2023). Seagrass and Blue Carbon : European Perspectives. EEA.
https://www.eea.europa.eu
- European Investment Bank (EIB). (2023). Sustainable Finance and Green Investment.
https://www.eib.org
- European Securities and Markets Authority (ESMA). (2023). Sustainable Finance.
https://www.esma.europa.eu
- FAO. (2022). The State of the World's Forests 2022. Food and Agriculture Organization of the United Nations.
https://openknowledge.fao.org/items/4c8bd12f-d6b8-4755-a82f-1284c41bf012

- Federal Register. (2024). The Enhancement and Standardization of Climate-Related Disclosures for Investors.
  https://www.federalregister.gov/documents/2024/03/28/2024-05137/the-enhancement-and-standardization-of-climate-related-disclosures-for-investors
- Financial Services Agency of Japan (FSA). (2023). Sustainable Finance.
  https://www.fsa.go.jp
- Financial Stability Oversight Council (FSOC). (2022). The Financial Stability Oversight Council and Progress in Addressing Climate - Related Financial Risk.
  https://home.treasury.gov
- French Government. (2023). 2030 National Strategy for Protected Areas. Government of France.
  https://www.ecologie.gouv.fr/sites/default/files/documents/2030%20NATIONAL%20STRATEGY%20FOR%20PROTECTED%20AREAS.pdf
- French Government. (2023). France's climate action strategy.
  https://www.europarl.europa.eu
- Grand View Research (2023). Environmental Remediation Market Size, Share & Trends Analysis Report 2023 - 2030.
  https://www.giikorea.co.kr/report/grvi1554159-environmental-remediation-market-size-share-trends.html
- Griscom, B. W., *et al.* (2017). Natural Climate Solutions. Proceedings of the National Academy of Sciences. Proceedings of the National Academy of Sciences 114(44).
  http://DOI : 10.1073/pnas.1710465114
- Intergovernmental Panel on Climate Change. (2022). Climate Change 2022 : Impacts, Adaptation and Vulnerability - Chapter 3 : Oceans and Coastal Ecosystems and Their Services. IPCC.
  https://www.ipcc.ch/report/ar6/wg2/chapter/chapter-3
- Maathai, W. (2006). Unbowed : A Memoir. New York : Knop.

- Microsoft. (2024). Carbon Reduction Plan Guidnace. Microsoft Corporation. https://cdn-dynmedia-1.microsoft.com/is/content/microsoftcorp/microsoft/final/en-us/microsoft-brand/documents/RW1p01M.pdf
- Ministry of Economy, Trade and Industry of Japan (METI). (2023). Green Growth Strategy and Carbon Neutrality Policies. https://www.meti.go.jp
- Ministry of the Environment of Japan (MOE). (2023). Annual Report on the Environment In Japan 2023. https://www.env.go.jp/content/000175165.pdf
- MSCI. (2023). Sustainable Investing : ESG Ratings - MSCI. https://www.msci.com/sustainable-investing/esg-ratings
- UNEP. (2021). Nature-based Solutions for Climate Mitigation and Adaptation. https://www.unep.org
- UNEP-WCMC, WWF, IUCN. (2021). Nature Positive : What does it mean? Nature Positive Initiative. https://www.naturepositive.org/what-is-nature-positive
- Unilever. (2023). Regenerative agriculture : what it is and why it matters. https://www.unilever.com
- United Nations Environment Programme (UNEP). (2021). Becoming #GenerationRestoration : Ecosystem Restoration for People, Nature and Climate. UNEP. https://www.unep.org/resources/ecosystem-restoration-people-nature-climate
- United States Environmental Protection Agency (EPA). (2023). Climate Change Regulatory Programs. https://www.epa.gov
- World Business Council for Sustainable Development (WBCSD). (2023). A shared vision for regenerative agriculture. https://www.wbcsd.org

- World Economic Forum. (2020). The Future of Nature and Business. World Economic Forum.
  https://www3.weforum.org/docs/WEF_The_Future_Of_Nature_And_Business_2020.pdf

- World Wide Fund for Nature (WWF). (2023). 10 Key Principles for Effective Marine and Coastal Restoration : Setting the Scene for Success in the EU. WWF.
  https://www.wwf.eu/?17804891%2FNew-WWF-report-10-key-principles-to-revive-EUs-seas-and-coasts

- WWF Japan. (2023). Sakura Revival Project : Preserving Cherry Blossom Habitats. WWF Japan.
  https://www.wwf.or.jp

- WWF. (2023). Protecting and effectively managing blue carbon ecosystems to realise the full value to society- a sea of opportunities.
  https://www.wwf.org

- 금융위원회. (2023). K-ESG 가이드라인 및 기업공시정책. 금융위원회.
  https://www.fsc.go.kr/eng/pr010101/82159

- 대한민국 정부(관계부처 합동). (2020). 2050 탄소중립 추진전략. 2050 탄소중립위원회.
  https://www.2050cnc.go.kr/base/contents/view?contentsNo=58&menuLevel=2&menuNo=110

- 산업통상자원부, 한국생산성본부. (2021). K-ESG 가이드라인 v1.0. 산업통상자원부.
  https://k-esg.org/uploads/post/2024/12/a5cee894a56dbd9a63cbf51a7a09591e.pdf

- 한국ESG기준원. (2021). ESG 모범규준. 한국ESG기준원.
  https://k-esg.org/uploads/post/2024/12/e6d63e812307ab3e093a783e074db91d.pdf

김경훈

훼손지 복원 연구로 농학박사(산림자원학) 학위를 취득한 이후, 25년 넘게 생태복원 분야에 전념해오며 자연과 인간이 공존하는 지속 가능한 환경 조성에 힘써왔다. 자연 생태계를 기반으로 한 학술 연구, 컨설팅, 기술 개발 등 다양한 실무 경험을 바탕으로, 생태복원의 실천적 가치와 현장 적용 가능성을 꾸준히 모색해왔다.

현재는 사단법인 한국산림복원협회 회장으로서 국내 산림 복원의 방향성을 제시하고, 복원 기술의 확산과 체계화에 앞장서고 있다. 이와 함께 한국환경복원기술학회, 한국환경생태학회, 한국산림공학회, 한국생태복원협회, 치산기술협회 등 다수의 학술 및 전문 단체에서 활발히 활동하며, 학제 간 협력과 정책 연계를 통한 복원 기술의 통합적 발전을 이끌고 있다.

또한, 생태학과 복원공학을 아우르는 실용적이면서도 학문적인 저술 활동을 지속하며, 생태복원의 사회적 인식 제고와 생태적 가치의 대중적 확산에도 기여하고 있다.

공동(또는 단독) 저서로는

- 「산림공학」
- 「경관생태학」
- 「자생식물을 이용한 식생복원녹화」
- 「생태복원콘서트」
- 「훼손지 생태복원」
- 「생태복원공학」
- 「석회석 광산의 생태적 복원」

등이 있다.

서정영

한경국립대학교 조경공학과를 졸업하고, 상명대학교 환경자원학과에서 석사, 박사 과정을 거쳐 2009년 이학박사 학위를 취득하였다. 학문적 기반을 바탕으로 생태복원을 위한 학술연구와 컨설팅, 기술개발, 그리고 실시설계 실무에 이르기까지 다양한 영역에서 활동하며 전문성을 쌓아왔다.

백마고지 유해발굴지 일원의 산림복원 기본계획 수립을 비롯하여, 계룡산과 한라산 국립공원의 보전 관리계획, 광산 경관 및 복구계획 수립 등 생태계 복원과 보전을 위한 주요 프로젝트를 수행하였다. 또한 도시공원 계획 및 설계, 자연경관과 문화재 보존에 관한 연구와 저술 활동에도 힘써 왔다.

조경기사와 자연생태복원기사를 보유하고 있으며, 생태복원 및 경관계획 분야에서 깊은 실무 경험을 바탕으로 공공 및 민간의 다양한 환경 프로젝트에 기여하고 있다. 낙동강수계 관리위원회 위원과 경상북도 지방건설기술심의위원으로 활동하며 공공정책 자문에도 참여하고 있으며, (사)한국환경과학회와 (사)한국환경복원기술학회 이사로서 학문적 발전과 학술 교류에도 적극적으로 나서고 있다.

학문과 실무, 정책을 아우르는 폭넓은 경험을 바탕으로 생태복원 분야의 전문성을 높이고, 지속가능한 환경 조성과 자연자원 보전을 위해 꾸준히 노력하고 있다.